权威·前沿·原创

测绘地理信息蓝皮书

BLUE BOOK
OF CHINA'S SURVEYING & MAPPING &
GEOGRAPHIC INFORMATION

中国地理信息产业发展报告（2011）

主　编／徐德明
副主编／王春峰　柏玉霜

REPORT ON STATUS OF GEOGRAPHIC INFORMATION
INDUSTRY IN CHINA(2011)

社会科学文献出版社
SOCIAL SCIENCES ACADEMIC PRESS (CHINA)

法律声明

"皮书系列"(含蓝皮书、绿皮书、黄皮书)为社会科学文献出版社按年份出版的品牌图书。社会科学文献出版社拥有该系列图书的专有出版权和网络传播权,其LOGO( )与"经济蓝皮书"、"社会蓝皮书"等皮书名称已在中华人民共和国工商行政管理总局商标局登记注册,社会科学文献出版社合法拥有其商标专用权,任何复制、模仿或以其他方式侵害( )和"经济蓝皮书"、"社会蓝皮书"等皮书名称商标专有权及其外观设计的行为均属于侵权行为,社会科学文献出版社将采取法律手段追究其法律责任,维护合法权益。

欢迎社会各界人士对侵犯社会科学文献出版社上述权利的违法行为进行举报。电话:010-59367121。

社会科学文献出版社
法律顾问:北京市大成律师事务所

测绘地理信息蓝皮书编委会

主　　编　徐德明

副 主 编　王春峰　柏玉霜

执行主编　徐永清

策　　划　国家测绘地理信息局测绘发展研究中心

编 辑 组　陈常松　常燕卿　乔朝飞　管　谌　桂德竹
　　　　　　刘　利　贾　丹　阮于洲　孙　威　徐　坤
　　　　　　曹会超　宁镇亚　熊　伟　刘　芳　张永波
　　　　　　周　晔

摘　要

为使社会各界全面了解我国地理信息产业的发展状况,推进地理信息产业快速健康发展,扩大测绘地理信息工作的影响力,国家测绘地理信息局测绘发展研究中心组织编辑、出版了测绘地理信息蓝皮书《中国地理信息产业发展报告(2011)》一书。本书由国家测绘地理信息局徐德明局长主编,是社会科学文献出版社皮书系列之《测绘地理信息蓝皮书》的第三本,以地理信息产业为主题,邀请有关领导、专家和企业家撰文,对近年来我国地理信息产业的进展、取得的成果以及存在的问题等进行系统整理和深入分析,同时介绍国际地理信息产业的有关情况。

本书包括前言、主报告和专题报告三部分。前言指出,发展地理信息产业对于促进我国经济社会发展具有重要意义,各有关方面要大力推动地理信息产业做大做强,提出了国家测绘地理信息局今后推动地理信息产业科学发展的举措。

主报告对近年来特别是2011年我国地理信息产业以及国际地理信息产业的发展机遇、现状、特点、存在问题进行了全面分析,研究了进一步发展中国地理信息产业的对策,提出了有关建议。

专题报告由产业大观篇、产业创新篇、资本运营篇、企业管理篇和国际市场篇组成,从不同方面和角度介绍了我国地理信息产业近年来取得的重要成果。

关键词：地理信息产业　测绘　现状

Abstract

In order to comprehensively review geographic information industry in China, to promote development of surveying and mapping affairs, and to expand implication of surveying and mapping work, the Development Research Centre of Surveying and Mapping of National Bureau of Surveying and Mapping edited this blue book *Report on Status of Geographic Information Industry in China (2011)*. The book is the third one of the *Blue Book of China's Surveying & Mapping & Geographic Information* in the Social Sciences Academic Press series. Xu Deming, the director of the National Bureau of Survey and Mapping, is the chief editor of this book. Officals, experts and entrepreneurs were invited to write articles about the geographic information indurstry. In these papers, development, achievement and problems of geographic information industry in China in recent years are analyzed, and geographic information indurstry in aborad are introduced.

The book includes preface, keynote article and special reports. The preface points out that, developing geographic information industry is the necessity for improving China's economic and social development. Major measurements which will be carried out by the National Bureau of Survey and Mapping and Geographic Information to propel scientific development of geographic information industry are proposed.

In the keynote article, the opportunities, status, features and problems about geographic information industry in China and abroad in recent years especially in 2011 are systematically analyzed. Suggestions for improving geographic information industry in China are proposed.

Special reports are classified as sorts of industry overview, innovation of industry, capital management, business management and international market. These reports illustrate the great achievements of geographic information industry in China in recent years from different aspects and sights.

Keywords: geographic information industry; surveying and mapping; status

目　录

前言　大力推动我国地理信息产业科学发展 …………… 徐德明 / 001

BⅠ　主报告

B.1　2011年中国地理信息产业发展研究报告 ………… 徐永清　刘　利 / 001

BⅡ　产业大观篇

B.2　我国卫星导航产业发展现状及趋势 …………………… 曹　冲 / 048
B.3　地理信息产业发展的影响因素分析及产业发展思考 ……… 钟耳顺 / 058
B.4　卫星导航产业经济分析 ………………………………… 李尔园 / 067
B.5　我国卫星测绘产业发展现状和几点建议 ………… 刘小波　李　航 / 075
B.6　我国地图市场发展的现状、趋势和对策 ……………… 赵晓明 / 081
B.7　中国地理信息产业2010年就业状况调查
　　　……………………………… 3sNews 中国地理信息产业网 / 089
B.8　把握数字城市建设契机　促进地理信息产业快速发展
　　　………………………………………………… 王　华　陈晓茜 / 107

BⅢ　产业创新篇

B.9　SSW车载移动测量系统及其应用 ……………………… 刘先林 / 117

B.10 创新地理信息服务模式 打造网络地理信息服务
民族优秀品牌 ………………………………………… 李志刚 / 131
B.11 为政府企业市场架桥 促地理信息产业发展 ………… 丛远东 / 136
B.12 先进测绘技术服务数字城市建设
………………………………… 曹天景 万幼川 陈 军等 / 144
B.13 关于地理信息产业商业模式创新的若干思考 ………… 孙 冰 / 153
B.14 无人机遥感系统产业化发展与创新 …………… 王 鹏 张宗琦 / 166
B.15 以创新为己任 助力地理信息产业快速发展 …… 高 霖 栗向锋 / 176
B.16 移动测量系统及实景三维技术的发展与应用
……………………………………… 周落根 韩聪颖 王星卓 / 185

BⅣ 资本运营篇

B.17 地理信息产业发展中资本要素问题的思考
………………………………… 北京四维图新科技股份有限公司 / 197
B.18 地理信息企业兼并重组分析 ……………………………… 雷方贵 / 205
B.19 接轨资本市场 加快发展步伐
——北京数字政通科技股份有限公司上市历程 ………… 吴强华 / 212

BⅤ 企业管理篇

B.20 试论地理信息企业的营销与管理 ………………………… 杨震澎 / 220
B.21 推动移动互联网位置服务 发展地理信息新型服务业态
……………………………………………………………… 成从武 / 228
B.22 中国 GIS 企业的变革之道
——以武大吉奥为例 ……………………………………… 刘奕夫 / 233

B.23 新时期　新机遇　新起点
　　——从易图通的成长看导航电子地图行业的发展特点
　　………………………………………… 王志纲　刘志勇　刘　永 / 242
B.24 把握地理信息新兴业态　促进产业"鲜活"发展 ………… 曹红杰 / 250

BⅥ　国际市场篇

B.25 国际地理信息产业发展现状及趋势分析 ………… 乔朝飞　孙　威 / 261
B.26 国外GIS政务信息化和空间信息共享与服务的
　　应用现状和发展趋势 ……………………………………… 蔡晓兵 / 268

皮书数据库阅读使用指南

CONTENTS

Preface   Promoting Scientific Development of China's
           Geographic Information Industry   *Xu Deming* / 001

B I   Keynote Article

B.1 Report on Status of Geographic Information Industry
     in China in 2011   *Xu Yongqing, Liu Li* / 001

B II   Industry Overview

B.2 Status and Trends of Satellite Navigation Industry in China   *Cao Chong* / 048
B.3 Analysis of Factors of Development of Geographic
     Information Industry and Some Thoughts of the Industry
     Development   *Zhong Ershun* / 058
B.4 Economic Analysis of Satellite Navigation Industry   *Li Eryuan* / 067
B.5 Status of Satellite Surveying and Mapping Industry in China
     and Suggestions on Its Development   *Liu Xiaobo, Li Hang* / 075
B.6 Status and Trends of Map Market in China and
     Suggestions on Its Development   *Zhao Xiaoming* / 081
B.7 Investigation on Geographic Information Industry
     Employment in China in 2010   *3sNews* / 089

B.8　Grasping the Opportunity of Digital City Construction to Promote the Rapid Development of Geographic Information Industry
　　　　　　　　　　　　　　　　　　　　　　　　Wang Hua, Chen Xiaoxi / 107

BⅢ　Industry Innovation

B.9　Mobile Vehicle Surveying System SSW and Its Application　　*Liu Xianlin* / 117

B.10　Innovating Geographic Information Service Model to Build Excellent Brand of Geographic Information Network Service　　*Li Zhigang* / 131

B.11　Connecting Government, Enterprises and Market to Promote the Development of Geographic Information Industry　　*Cong Yuandong* / 136

B.12　Application of Advanced Surveying and Mapping Technologies in Digital City Construction　　*Cao Tianjing, Wan Youchuan and Chen Jun, et al.* / 144

B.13　Some Thoughts on Business Model Innovation of Geographic Information Industry　　*Sun Bing* / 153

B.14　Status of Industrial Development and Innovation of UAV Remote Sensing System　　*Wang Peng, Zhang Zongqi* / 166

B.15　Taking Innovation as Responsibility to Promote Rapid Development of Geographic Information Industry　　*Gao Lin, Li Xiangfeng* / 176

B.16　Development and Application of Mobile Survey System and Real-Scene 3D Technology　　*Zhou Luogen, Han Congying and Wang Xingzhuo* / 185

BⅣ　Capital Management

B.17　Some Thoughts on Capital Issue in the Process of Development of Geographic Information Industry　　*Beijing Siweituxin Co.,Ltd.* / 197

B.18 Analysis of Merger and Restructuring of Geographic
Information Enterprises　　　　　　　　　　　　*Lei Fanggui* / 205

B.19 The Process of Listing of Beijing Shuzizhengtong Co.,Ltd.　*Wu Qianghua* / 212

B V　Enterprise Management

B.20 Study on Marketing and Management of Geographic
Information Enterprises　　　　　　　　　　　　*Yang Zhenpeng* / 220

B.21 Promoting Mobile Internet Position Services　　*Cheng Congwu* / 228

B.22 Reform of China's GIS Enterprises—Take Wuda Ji'ao Co., Ltd.
as an Example　　　　　　　　　　　　　　　　　*Liu Yifu* / 233

B.23 Analysis of Features of Electronic Navigation Map Industry—Take
Yitutong Co., Ltd. as an Example　*Wang Zhigang, Liu Zhiyong and Liu Yong* / 242

B.24 Promoting Development of Geographic Industry Which
is a New Kind of Industry　　　　　　　　　　　　*Cao Hongjie* / 250

B VI　International Market

B.25 Status and Trends of Geographic Information Industry Abroad
　　　　　　　　　　　　　　　　　　　　Qiao Chaofei, Sun Wei / 261

B.26 Status and Trends of Applications of GIS in Government
Information Management Spatial Information Sharing
and Service Abroad　　　　　　　　　　　　　　*Cai Xiaobing* / 268

前 言
大力推动我国地理信息产业科学发展

徐德明[*]

地理信息产业是以地理信息开发利用为核心的新兴高技术产业。近年来，地理信息的开发和应用得到了全世界的广泛关注，国际地理信息产业迅速发展，我国地理信息产业呈现蓬勃发展态势，地理信息应用与服务已在国民经济、社会建设和国防的各部门、各领域得到广泛应用，并延伸到人民群众的衣食住行等各个方面。

党中央、国务院高度重视地理信息产业发展。胡锦涛总书记、温家宝总理、李克强副总理多次对地理信息产业发展做出批示。《国民经济和社会发展第十二个五年规划纲要》提出，要强化地理信息资源建设、管理与社会化综合开发利用，发展地理信息产业。深入贯彻落实党中央国务院决策部署，大力推动地理信息产业科学发展，对于促进我国经济社会发展具有重要意义。

地理信息产业是潜力巨大的战略性新兴产业。作为新兴的朝阳产业，地理信息产业服务面广、市场前景广阔，资源消耗少、无环境污染，带动系数大、就业机会多，产出附加值高、综合效益好，极具发展潜力和空间。加快发展地理信息产业，是我们在后国际金融危机时期国际竞争中抢占制高点、争创新优势、努力构建现代产业体系的必然要求。

发展地理信息产业是转变经济发展方式的客观要求。地理信息产业是生产性服务业和低碳的环境友好型产业，对于促进消费、扩大内需具有积极的促进作用，是现代服务业新的经济增长点，符合国家产业结构调整的方向。利用地理信息可以准确把握自然地理环境的变化和发展趋势，有助于研究和解决资源、环

---

[*] 徐德明，国土资源部副部长，国家测绘地理信息局局长、党组书记。

境、人口、灾害等可持续发展重大问题，对于转变经济发展方式具有重要推动作用。

发展地理信息产业是提升科技综合实力的迫切要求。地理信息产业是以卫星导航定位、航空航天遥感、地理信息系统等技术，即"3S"技术为支撑的高新技术产业。"3S"技术及其应用，是国际上公认的最具发展潜力的领域之一，并已成为衡量一个国家科技发展水平的重要标志。加快发展地理信息产业，突破若干关键技术，造就一批拥有自主产权和品牌、具有国际竞争力的优势龙头企业，对于加快我国科技进步具有重要意义。

我国地理信息产业形成于20世纪90年代末，经过10余年的快速发展，现已初具规模。到"十一五"末，地理信息产业相关企业已近2万家，从业人员超过40万人，年总产值接近1000亿元。近年来，产业产值以每年不低于20%的速度持续增长。同时也应当看到，产业发展距离中央要求和社会期望仍有较大差距。产业结构不够合理，企业数量较少、规模偏小、国际竞争力较弱，地理信息资源开发利用不足、产品不丰富，地理信息市场无序竞争、非法采集数据等现象时有发生。要有效解决上述问题，迫切需要政府、企业、社会各方力量的携手努力。

"十二五"是我国工业化、信息化、城镇化、市场化、国际化深入发展的重要时期，经济社会各领域对地理信息应用的需求日趋旺盛，我国地理信息产业面临良好的发展机遇。新形势下，必须用世界的眼光、战略的眼光、发展的眼光、辩证的眼光，从更高的层次、更宽的视野，大力推动地理信息产业科学发展。

首先，要大力拓展产业发展空间，尽快将产业做大。国务院发展研究中心有关研究预计，到2020年，我国地理信息产业年总产值将达10000亿元。为顺利实现此目标，尽快将产业"蛋糕"做大，有关部门应坚持"多扶持、少干预，多服务、少伸手"的原则，实行"放水养鱼"，为产业发展创造良好环境。

一是加强财政税收金融支持。完善政府采购中支持自主知识产权地理信息产品及服务的有关制度，进一步提高政府采购信息的透明度，为企业创造更多的参与机会。制定专门针对地理信息企业的税收优惠政策，减轻企业税收负担。加大对地理信息企业投资、融资、信贷等的支持力度。

二是降低市场准入门槛。建立健全地理信息资质管理制度，对地理信息产业发展重点领域实行适度宽松的准入政策。支持企业通过并购、参股等方式进入地理信息产业，鼓励地理信息企业兼并重组。鼓励有条件的地区建立地理信息产业园区，实施优惠政策，发挥产业园孵化器和辐射带动作用，推动产业集团化、集群化、规模化发展。

三是规范地理信息市场秩序。建立健全地理信息市场招投标、资产评估、咨询服务制度，以及工程监理、监督检验等质量保障体系。加大地理信息知识产权保护力度。完善地理信息市场统一监管机制，提高监管能力。强化地理信息安全监管，加强涉密地理信息安全监管。

其次，要大力提升产业核心竞争力，尽力将产业做强。与国际上的地理信息产业强国相比，我国地理信息产业的核心竞争力较弱，距实现地理信息产业强国的目标还有很大差距。为此，要大力提升地理信息科技创新能力，培养龙头企业和知名品牌，推动地理信息产业由大变强。

一是加强地理信息科技创新。建立和完善企业为主体、市场为导向、产学研相结合的地理信息科技创新体系。对地理信息领域的技术创新、产学研平台搭建、成果转化等进行支持。振兴地理信息装备制造，推进技术装备的国产化和现代化。

二是科学调整产业结构。提升产业链上游，建立天空地一体化、多平台数据获取体系。壮大产业链下游，引导地理信息企业将业务由低附加值向高附加值、由低加工度向高加工度转变，促进企业在智能交通、现代物流、手机定位、互联网服务等新兴领域不断拓展业务。

三是大力加强人才培养。着力培养高层次、创新型的核心技术研发人才和科研团队。努力培养国际化、复合型、具有世界眼光的经营管理人才。对高层次人才引进给予多种优惠政策。建立健全测绘地理信息执业资格制度，不断完善注册测绘师制度。

2011年5月，原国家测绘局更名为国家测绘地理信息局，充分体现了党中央、国务院对测绘地理信息工作的高度重视和亲切关怀，是对测绘地理信息事业发展取得成绩的充分肯定和对未来发展的更高要求。国家测绘地理信息局作为我国地理信息产业的业务主管部门，高度重视对产业发展的引导和支持，近年来在优化环境、扶持引导、规范秩序等方面开展了诸多扎实有效的工作。

努力优化政策环境，适时增加了测绘资质种类，实行适度宽松的市场准入政策；积极实施地理信息企业"走出去"战略。加大对企业的支持力度，2011年

3月发起的首个国家地理信息科技产业园在北京顺义开工建设，推动各地建设地理信息产业园区；努力促成5家地理信息企业先后获得国家发改委产业化示范工程项目的支持；积极为企业上市牵线搭桥。大力推动地理信息科技创新，支持设立地理信息科技进步奖和卫星导航定位科学技术奖。加大力度净化市场环境，与相关部门合作开展了地理信息市场专项整治、互联网地图监管等专项整治工作。大力开展有关宣传工作，向社会各界广泛介绍地理信息产业的发展状况和美好前景。

当前，"发展壮大产业"已明确作为今后20年测绘地理信息事业发展的重要战略方向之一。国家测绘地理信息局将把推动地理信息产业发展作为一项重要战略任务，在政策支持、资源保障、市场监管、技术创新等方面加大工作力度，为地理信息产业加快发展营造良好环境。

一是完善产业发展政策。深化与有关部门的协作，推动《国务院关于促进地理信息产业发展的意见》尽快出台，组织研究和制定地理信息产业发展战略和发展规划。以确保安全、保障需求为原则，加快制定公开地理信息分层方案，研究出台互联网地图管理和影像公开使用有关政策，促进地理信息广泛利用。研究制定地理信息产业统计方法和指标体系，加强产业信息统计和发布工作，积极推进将地理信息产业纳入国民经济统计范围。

二是加快推进"天地图"建设。国家地理信息公共服务平台——"天地图"既是政府服务的公益性平台、产业发展的基础平台，又是方便群众的服务平台、国家安全的保障平台，还是抢占国际竞争制高点的重要方面，甚至是突破口。今后，国家测绘地理信息局将加快推进"天地图"建设，进一步丰富数据资源，完善服务功能，扩大应用范围，使企业能够利用"天地图"便捷、直观地推介商品和服务，开展更多的增值服务。

三是加强地理信息市场监管。加强对地理信息获取、加工、传播、应用的监管，营造公平、竞争、有序的市场环境。与有关部门密切协作，加强地理信息市场的日常巡查和专项执法检查，严厉查处违法违规案件。加快建立地理信息市场信用体系，加强地理信息产品和服务质量管理。加强对国家版图意识的宣传教育和地理信息市场监管，减少"问题地图"的出现，保障国家地理信息安全。

发展壮大地理信息产业关乎国家战略、民族利益和国家综合竞争力，是我们共同的责任。我坚信，在党中央、国务院的亲切关怀下，在各部门各方面的大力支持下，在地理信息产业界广大同人的共同努力下，我国地理信息产业必将迎来大发展、大繁荣，实现新跨越！

为了坚决贯彻、落实党中央国务院的战略决策，推动地理信息产业科学发展，我们编辑、出版这本《测绘地理信息蓝皮书》之《中国地理信息产业发展报告（2011）》，期望能够较为全面地反映我国地理信息产业近年来的发展情况，提供国内外地理信息产业发展的最新信息，引起社会各界对我国地理信息产业更多的关注、了解和支持，共同推动我国地理信息产业健康、快速发展。

2011 年 9 月

B I 主报告
Keynote Article

B.1
2011年中国地理信息产业发展研究报告

徐永清 刘 利*

摘 要：本文对近年来特别是2011年我国地理信息产业以及国际地理信息产业的发展机遇、现状、特点、存在问题进行了分析，研究了进一步发展中国地理信息产业的对策，提出了有关建议。

关键词：地理信息产业 现状特征 发展对策

地理信息产业是生产性服务业①，也是以地理信息系统、遥感、导航卫星定位系统等地理信息技术为基础，以地理信息资源的生产和服务为核心的战略性新

---

* 徐永清，国家测绘地理信息局测绘发展研究中心副主任，高级记者；刘利（女），国家测绘地理信息局测绘发展研究中心战略与政策研究室副主任，副研究员。
① 见《我国国民经济和社会发展十二五规划纲要》第四篇第十五章第三节。

兴产业。地理信息产业，包括航天航空遥感、大地与工程测量、装备制造、相关软件开发、应用工程服务、导航定位及位置服务、地图制作与出版等主要产业内容。航天航空遥感主要包括航天航空遥感数据获取与处理、遥感数据应用服务，以及遥感数据代理。大地与工程测量主要包括大地测量服务和各类工程测量服务。测绘地理信息装备制造主要包括测量仪器、航空航天遥感传感器、导航定位终端、地面接收终端等硬件制造。地理信息相关软件主要包括地理信息系统软件、摄影测量软件、遥感数据处理软件、导航软件以及行业应用软件等。地理信息应用工程服务主要包括地理信息应用系统集成、地理信息外包服务等。导航定位与位置服务主要包括导航电子地图生产、卫星导航与定位服务、互联网地图服务、LBS等。地图制作与出版服务包括基于不同介质、不同内容和不同形式的地图及相关产品的生产和服务。

地理信息产业活动主要围绕地理信息产品的生产和服务的提供进行。地理信息产品包括数据产品、相关硬件、软件以及系统集成，地理信息服务包括地理信息产品服务、应用服务和技术服务。地理信息产业链由地理信息获取与加工、硬件制造、软件研发、数据与系统的生产、开发和地理信息服务等构成。地理信息数据与系统等产品的生产和服务，在地理信息产业链条中占据重要位置，是地理信息产业活动的核心。

一 我国地理信息产业发展迎来机遇期

2011年是我国实施"十二五"规划的开局之年，方兴未艾的中国地理信息产业躬逢盛世，呈现生机蓬勃的新局面。产业的发展登上新台阶，进入新阶段，迎来了发展的机遇期。这个机遇期的关键词是科学发展与快速增长，这个机遇期的主要标志有以下几点。

（一）产业发展进入新阶段

我国正进入一个由创新推动经济社会发展的新阶段。经济快速增长，社会不断进步，科技在经济社会发展中的促进作用日益突出。通过加快转变经济发展方式，推动产业结构优化升级，来解决经济社会发展中的资源短缺、环境污染、生态退化、人口以及区域发展不协调等问题，已经成为我国的发展战略，为地理信息资源和技术服务于经济社会创造了源源不断的需求。

我国正处在信息技术快速发展的新阶段。计算机、网络通信和信息处理技术迅速发展并相互融合，继续改变着人类的生活方式与生产方式，并将继续推进新军事变革。信息技术与其他技术交叉融合，促进了传统产业升级换代，催生出新的产业门类，改变了人类社会的产业结构，成为地理信息技术和产业发展的重要动力。

地理信息产业产值迅速增长。我国地理信息产业萌芽于20世纪90年代，经过近二十年的发展，2010年从业单位已近2万家，产值近1000亿元人民币，"十一五"期间年均增长率超过25%。"十二五"末产值预计可达2000亿元。我国近十年来地理信息产业产值增长情况如图1所示，从图中可以看出，我国地理信息产业正处于快速成长阶段。

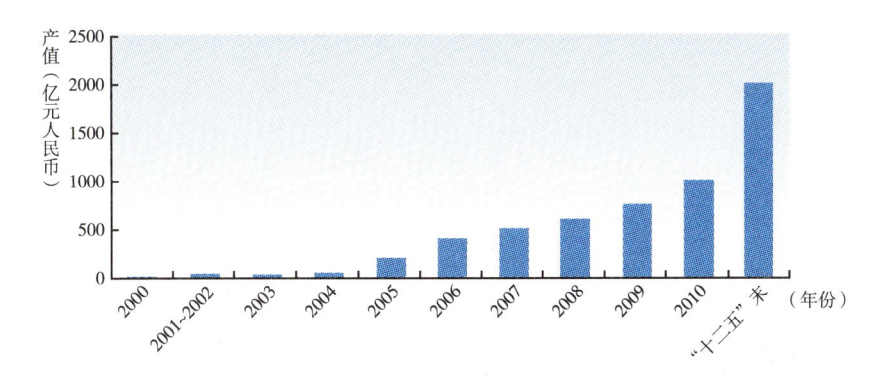

图1 中国地理信息产业10年产值及"十二五"预期目标

从业人员大幅增加。2010年，我国地理信息产业从业人员超过40万人，210多所高校开设了地理信息技术专业教育，200多个研究机构开展了地理信息相关技术研究工作。

就业形势良好。2010年新成立的地理信息企业超过500家，新增大中专毕业生就业岗位25000个以上，测绘与地理信息相关专业毕业生就业签约率在所有专业中排名第二，从事地理信息相关技术设计和研发的高级专业人才供不应求。

从区域发展情况看，地理信息产业已遍布全国31个省、自治区、直辖市和港澳台地区。其中，北京、上海、广州、武汉是我国地理信息产业发展较好的城市。据国家统计局统计结果，北京、上海、广州、武汉四个城市2008年的地理

信息产业相关企业分别为 1161 个、829 个、472 个、373 个，主营业务收入分别为 106 亿元、172 亿元、43 亿元、35 亿元人民币①。

我国地理信息产业正处在快速发展的成长阶段，内涵不断扩展，作用更加宽泛，功能更加彰显，正面临巨大的发展机遇。

（二）党和国家十分重视、大力支持

近年来，党中央、国务院十分重视、支持发展地理信息产业。

2009 年 4 月，胡锦涛总书记在山东视察地理信息企业并作重要指示。

2006 年，温家宝总理就地理信息产业发展相关内容作出重要批示，强调："测绘和地理信息产业关系到经济、社会发展和国防建设"。2011 年 3 月，温家宝总理在十一届全国人大四次会议上所作的《政府工作报告》明确要求，要积极发展地理信息新型服务业态。

2009 年 7 月，中共中央政治局常委、国务院副总理李克强参观全国地理信息应用成果及地图展览会。2011 年 4 月，李克强对国家发改委关于大力发展地理信息产业的相关建议作出重要批示。2011 年 5 月 23 日，李克强副总理专程到中国测绘创新基地考察调研，发表重要讲话。他指出，地理信息产业是新兴的战略性产业，是一个有着广阔前景的产业。要进一步提高对做好测绘地理信息工作、发展地理信息产业重要性的认识。他还就制定有利于地理信息产业发展的规划政策等作出重要指示。

2007 年，《国务院关于加强测绘工作的意见》提出了促进地理信息产业发展的政策措施。《国民经济和社会发展第十一个五年规划纲要》和《国民经济和社会发展第十二个五年规划纲要》都明确提出了要"发展地理信息产业"。《国民经济和社会发展第十二个五年规划纲要》提出，要强化地理信息资源建设、管理与社会化综合开发利用，发展地理信息产业。2011 年 5 月，经国务院批准，国家测绘局更名为国家测绘地理信息局。

（三）国家对产业提供积极政策支持

产业相关政策制定。国家测绘地理信息局正加强与发展改革、财政、税务、

---

① 数据来源：国家统计局采用 2008 年第二次全国经济普查数据库，通过与地理信息产业相关的关键字检索，对北京、上海、广州、武汉四个重点城市的地理信息产业发展情况进行了调查。

金融、工业与信息化、科技、保密等部门的沟通，起草《关于促进地理信息产业发展的若干意见》，从国家战略的高度研究制定扶植和推动产业发展的具体政策措施，为推动地理信息产业发展营造良好的发展环境。

国家测绘地理信息局正在起草制定《地理信息产业发展"十二五"规划》，将纳入国家"十二五"专项规划颁布实施，这个专项规划统筹部署地理信息产业发展优先领域，明确产业发展方向、合理布局及重点任务，强化宏观指导，推动我国地理信息产业做大、做强①。

地理信息相关技术应用已列入《产业结构调整指导目录》的十个鼓励类产业门类中。《国家重点支持的高新技术领域》中，对地理信息系统、遥感图像处理与分析软件技术、空间信息获取及综合应用集成系统、卫星导航应用服务系统都予以了明确支持。其中，空间数据获取系统包括低空遥感系统、基于导航定位的精密测量与检测系统、与 PDA 及移动通信部件一体化的数据获取设备等；导航定位综合应用集成系统，包括基于"北斗一号"卫星导航定位应用的主动/被动的导航、定位设备及公众服务系统；基于位置服务（LBS）技术的应用系统平台；时空数据库的构建及其应用技术等。

国家相关财政税收优惠政策支持。国家制定了对中小企业、高新技术企业、软件和集成电路企业、技术创新企业、对外出口企业的相关政策，对相关企业给予财政税收优惠支持。如《国务院关于印发进一步鼓励软件产业和集成电路产业发展若干政策的通知》、《财政部、国家税务总局关于贯彻落实〈中共中央国务院关于加强技术创新，发展高科技，实现产业化的决定〉有关税收问题的通知》、《国务院关于进一步促进中小企业发展的若干意见》等，这些政策也为地理信息产业发展提供了重要支持。抽样调查表明，33%的地理信息企业获得过国家相关政策的支持，同时获得多项国家优惠政策支持的地理信息企业占14%，图2所示为被调查企业获得相关国家优惠政策支持的情况。

国家提供的科技基金和项目支持。国家还以设立基金和项目的方式，鼓励相关技术创新和产业化。如国家设立的863课题、973课题、测绘科技项目等，对地理信息产业予以支持。据调查，我国2008～2010年被调查的661个地理信息企业共承担973项目18个、863项目50个、测绘科技项目1328个，其他科技项

---

① 见《徐德明就国家测绘局更名国家测绘地理信息局答记者问》，国家测绘地理信息局网站。

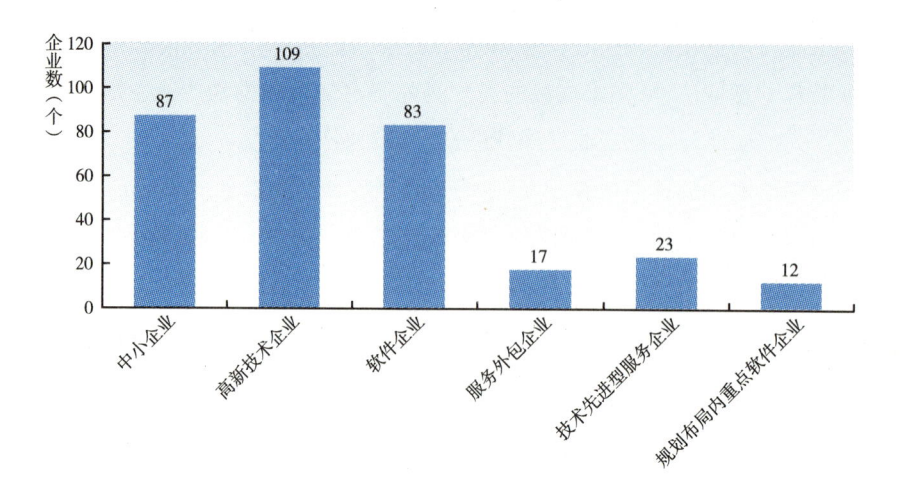

图2 地理信息企业获得相关国家优惠政策支持的情况

数据来源：据调研数据统计。

目6150个（如图3所示）。2010年，科技部科技型中小企业技术创新基金支持地理信息的相关项目为36项，支持金额为2390万元，占2010年总支持金额的0.6%。

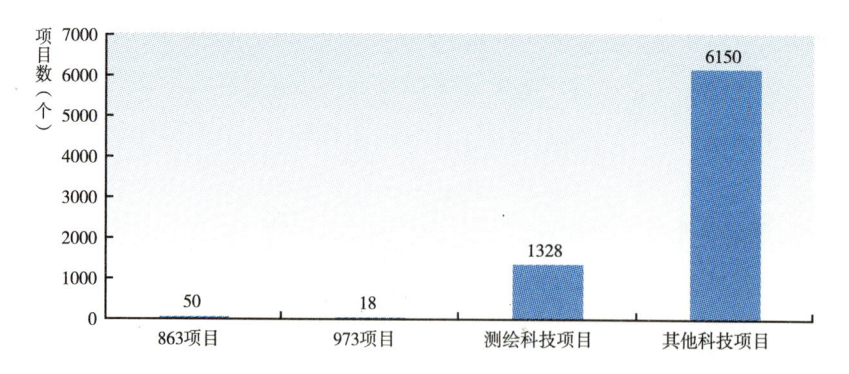

图3 2008~2010年被调查的661个地理信息企业承担科技项目情况

（四）产业发展呈现新特征

目前，我国地理信息产业已经形成了一批具有一定市场竞争能力的地理信息硬件、软件和数据产品。地理信息在国土资源、交通、农业、环保、公共应急等领域得到广泛应用，并日益服务于大众的衣食住行。我国地理信息产业需求旺盛,企业不断壮大,产业园区不断出现,企业出现上市以及并购重组,一部分企业"走出去"参与国际市场竞争。现阶段,地理信息产业发展呈现以下新特征。

金融资本涉入地理信息产业市场。短短几年时间里,我国有10家地理信息企业在国内外陆续上市(如表1所示),完成了从私人权益资本市场向公开资本市场的历史性跨越,标志着地理信息企业开始了一个崭新的生命历程,其融资活动、产权结构、公司治理和经营管理都将表现出新的形式。企业上市也说明了地理信息产业发展已经得到资本市场的关注,其发展潜力得到充分显现。地理信息产业的发展进入了一个新的更加快速的发展阶段。怎样通过资本运营,找到增值点,快速发展壮大产业,是当前产业面临的重要问题。

表1 近年来我国地理信息企业的上市情况

编号	企业名称	上市时间	上市场所	企业业务
1	北斗星通	2007年8月	深交所	导航
2	中信安	2008年5月	纳斯达克	应用软件开发和系统集成及全面GIS解决方案
3	北大千方	2008年7月	纳斯达克	交通信息化、国土资源,以及数字城市
4	北京超图	2009年12月	深交所创业板	GIS基础平台制造
5	合众思壮	2010年4月	深交所中小板	硬件终端制造,卫星导航
6	数字政通	2010年4月	深交所创业板	基于终端、平台、数据的行业应用开发
7	四维图新	2010年5月	深交所创业板	地图数据制图
8	高德软件	2010年7月	纳斯达克	地图数据内容、导航和位置服务解决方案
9	国腾电子	2010年8月	深交所创业板	北斗卫星导航应用
10	中海达	2011年2月	深交所创业板	GNSS研发、生产、销售

大型IT企业涉足地理信息市场。随着地理信息新应用与新服务的不断产生,互联网搜索、电子商务提供商、通信服务提供商、汽车厂商等都纷纷涉足地理信息产业,如百度、华为、中兴、中国移动、阿里巴巴等,为地理信息产业发展开辟了新的市场空间。

各地积极组建地理信息产业园区和测绘地理信息科技创新基地。由国家测绘地理信息局与北京市政府联袂打造的国家地理信息科技产业园,位于北京顺义区国门商务区,占地面积近1000亩,总投资额达150亿元,计划于2012年底前建设完成,计划引入国内外地理信息相关企业100家以上,预计年产值超100亿

元。目前，首批80万平方米工程正在加紧施工。园区建成投入使用后，将带动基础测绘、数据加工、系统集成、服务外包、设备制造等相关业务的发展，形成相对完整的地理空间信息服务产业链。

除了北京、黑龙江、武汉、西安等地外，浙江、福建、江苏、海南等十多个省市也正在积极筹建地理信息产业园区和测绘地理信息科技创新基地，以期通过地方政府的统筹，形成地理信息产品密集区、企业密集区、研发密集区、人才密集区，通过集群效应和规模经济，通过集约化使用土地、节约公共设施投入成本、提高资源使用效率，降低企业成本，促进地理信息产业发展。

建立产业联盟，构建和谐产业链。中关村空间信息技术产业联盟于2011年8月16日在北京成立。目前国内卫星导航市场产业规模、企业规模小，业内商家数为3000家左右，但大多为中小企业，营业额不足千万元的占多数。联盟将积极推动产业集聚区建设，布局规划由总部基地、研发科技园基地、制造生产基地三大区域建设产业核心城和科技产业园区，将预留2~3倍的建设区域，以提供给后续加入的国内外企业及上下游企业，辅导有实力的公司上市，培育有潜力的公司准备上市。以国家重大专项为核心，行业地方项目和专项基金为两翼，目前主要瞄准北斗导航和高分对地观测项目。同时关注科技部、发改委、工信部、交通部等相关部委的项目。可以申报符合条件的一些地方部委、科委，除中关村项目外，还有一部分专门面向联盟组织的项目。

企业积极"走出去"参与国际市场竞争。2000年以来，我国地理信息企业参与国际竞争明显增多。抽样调查表明，我国目前已有18%的地理信息企业参与了国际市场竞争。

我国现已出现多家以出口为主的地理信息企业，部分地理信息企业成立了对外商务部门和翻译部门，设立了国外分支机构和产品代理商，积极参与国际竞争。企业的主要出口业务为：数据处理外包服务、软件出口、对外工程测绘、硬件（测绘仪器）出口和对外地图出版。日本、美国、欧洲、韩国、东南亚、澳大利亚是目前我国地理信息产业对外出口的主要市场。

二 国际地理信息产业发展现状

地理信息产业链，尤其是它的上游，呈现高度国际化、全球化的特点，西方发达国家引领地理信息产业主流技术和市场模式。国际地理信息产业的发展动态，与我国地理信息产业息息相关。

（一）高速发展拓宽市场空间

近年来，国际高分辨率遥感卫星数据获取、卫星导航应用、空间数据处理技术等核心地理信息技术迅速发展，并和互联网、通信和物联网等技术融合，极大地促进了地理信息产业发展，开拓了市场空间。

GIS产业在过去8年的平均年增长率北美为11%，亚太地区为8.7%，欧洲为7.9%。2010年，全球地理信息软件、服务和数据的销售额共计44亿美元，实现了10.3%的快速增长。据美国Daratech最新的行业研究报告称，2011年，全球地理信息产业的销售额预计达到50亿美元，年增长率8.3%。

GIS数据是全球地理信息产业增长最快的一个部分，在过去的8年中以年平均增长率15.5%的速度增长，约为地理信息软件和服务增长速度的两倍。Daratech的估算显示，随着越来越多基于位置的数据得到应用，地理空间分析的应用也相应地得到了显著增长。

2001~2009年国际导航与定位应用市场规模年均增长率为23.3%，2009年增长率为15%，市场规模达到660亿美元，是2000年的6.61倍。据Berg Insight的研究报告结果，2009年上半年利用手机下载导航数据的用户数较2008年上半年增加了两倍，达2800万，预计到2015年全球移动导航用户将达1.6亿。

2009年北美地区位置服务（LBS）用户已超过1600万人，预计2015年将增至5000万人以上。Gowalla、Family Finder、Google Latitude等移动定位应用产品快速问世。

（二）发达国家政府积极制定地理信息产业法规政策和战略规划

美国Daratech的行业研究报告称，在过去的8年中，全球范围地理信息产业在政府部门的销售量年平均增长7.2%。国际上，美国劳工部将地理空间技术与纳米技术、生物技术一起确定为当今世界最重要的三大技术。近年来，各国都积极支持地理空间信息基础设施建设并取得重要进展。美国和加拿大制定了遥感空间系统运营的相关法律。美国的影像发展得到联邦、州、市政府的支持，并于2006年通过了关于支持国家地理空间影像和信息发展的项目。法国生态、能源、可持续发展和空间规划部（MEEDDAT）已将地理信息作为优先发展的国家政策。澳大利亚于2001年制定了《空间信息产业行动纲领》，明确提出了地理信息产业发展愿景、目标、战略和行动指南，之后一直积极支持地理信息产业发展。新西兰于2007年发布了《理解我们的地理信息前景：新西兰地理信息战略》。日本经济、贸易和产业部正在全面推进国家政府致力于"创造和发展基于地理信息的新产业和新服务"。加拿大地理信息产业协会（GIAC）2009年也向政府提出了制定国家地理信息产业发展战略的建议。

（三）地理信息产业对经济社会发展的带动作用日益明显

加拿大GIAC认为，地理信息数据和技术应用可以帮助政府实现包括经济繁荣、生产力、安全、环境挑战、安全应急和危机基础设施等公共政策目标，很少有其他产业像地理信息产业一样涉及这么多行业。

澳大利亚空间信息合作研究中心（CRCSI）研究表明，2006~2007年，澳大利亚由于采用地理信息而增加的居民消费累积占居民消费总额的0.61%~1.16%；增加的投资累积占投资总额的0.61%~1.2%；增加的实际工资占0.6%~1.12%；对贸易平衡有积极的影响，出口占0.58%~1.07%，进口占0.52%~1.98%。澳大利亚甚至将地理信息定义为经济基础设施的组成部分。新西兰视地理信息与政府经济转型目标直接相关。

随着地理信息在大众领域的应用，美国国家航天航空局（NASA）预言，地理信息技术将比个人电脑更大程度地改变人们的生活和工作方式。

（四）国际地理信息产业市场集中度趋高

全球应用最多的商用卫星导航定位系统是美国的全球定位系统。

2009年美国ESRI公司占全球GIS软件市场份额的30%，Intergraph公司占16%。

全球高端测绘仪器市场主要集中在Trimble、Thales、Nov Atel、Javad、Topcon等几家公司，其中Trimble占有国际高精度市场40%以上的份额。

全球GPS芯片生产主要集中在SiRF、Garmin、Motorola、Sony、u Box、Atmel等企业，其中SiRF市场份额最大。

全球导航电子地图市场高度集中在美国的NAVTEQ、荷兰的Tele Atlas和日本的 Zenrin、Toyota Map Master、IPC 五家公司，它们垄断了全球 95% 左右的市场份额。

全球网络地图服务市场以 Google 为代表。

全球卫星导航设备生产市场以 TomTom、Garmin、Mio 三大品牌为主，其中 TomTom 为全球第一大便携式导航品牌，在欧洲市场占领近 50% 的市场份额，在美国市场也有近 25% 的市场份额，Garmin 占 33% 的市场份额。

世界商用遥感数据主要来源于美国 Digital Globe 公司的 Quickbird 和 WorldView 卫星、GeoEye 公司的 GeoEye 和 IKONOS 卫星及法国的 SPOT 卫星。

三 我国地理信息产业发展现状[①]

为准确了解我国地理信息产业目前的发展现状，以量化方法进行实证分析，在国家测绘地理信息局测绘管理信息中心的大力支持和相关企业的全力配合下，我们开展了一次有关我国地理信息产业的问卷调查，下文的主要数据即来源于此。

（一）市场日益繁荣

测绘和地理信息应用工程服务成倍增长。随着我国经济社会的发展，除了金土、金盾、数字城市、基础测绘等国家大项目外，国家基础建设和各行业的信息化建设为测绘和地理信息应用工程服务提出了巨大需求，产业项目数成倍增长。据不完全统计，2010 年 2 月关于地理信息的公开招标项目共计 162 个，有 26 个省、市、自治区进行了与地理信息有关的公开招标[②]。地理信息技术无论是在传统的应用领域（如测绘规划、国土、资源、环境等），还是在新兴应用领域（如社会、经济、公共服务等）都随处可见。目前，在电子政务、电子商务、智能交通、移动位置服务以及行业、区域甚至企业信息化建设中，地理信息应用都受到了广泛的关注。据中国地理信息产业网（3sNews）不完全统计，2011 年 6 月，仅 3S 行业内参整理发布的招标项目就有 66 条，中标公告 31 条，

---

① 本文关于我国地理信息产业现状和问题的相关数据来自于对全国甲乙级测绘资质单位进行问卷调研的结果，调研共发放问卷近 2570 份，回收问卷 1069 份，回收率达 42%。在此，对协助调研的测绘管理信息中心和配合调研的企业表示衷心感谢！

② 数据来源：GIS 协会相关资料。

招标项目所涉及的行业众多（如图4所示）。与此同时，地理信息在行业的应用不断加深，一些地理信息企业专注于某些特定的行业和领域，应用不断精细化、专业化。

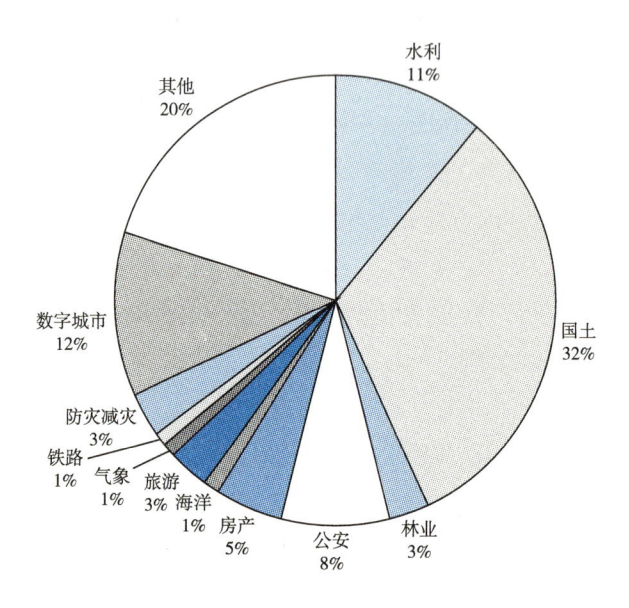

图4　2011年6月地理信息项目行业分布图（据3sNews数据）

测绘地理信息应用工程的主要用户是政府和企业，政府仍然是传统测绘、遥感应用和地理信息系统应用与服务的最大买家。即使是导航和位置服务应用市场，尽管近年来个人应用迅速增加，但除了手机定位、车载导航等市场外，由于互联网服务等赢利模式正在探索之中，地理信息服务的许多个人应用仍然是政府和企业买单，政府和企业在城市管理、安全监控、生产调度、物流管理、野外数据采集等方面的应用仍占有相当大的比重。抽样调查表明，75%的企业拥有50~100个单位用户，一些企业的单位用户数甚至超过了1000个（如图5所示）。

地理信息系统和导航应用软件产品持续增长。近年来，GIS应用软件和导航应用软件产品不断发展。从中国双软认证网查询结果可以看出（如图6所示），地理信息系统软件产品在数量上占绝对优势。导航软件近年来发展较快，产品数量仅次于地理信息系统软件。遥感软件产品的数量最少，而且近年来产品数量增长较慢。位置相关的软件产品数量超过了遥感软件产品数量。由于目

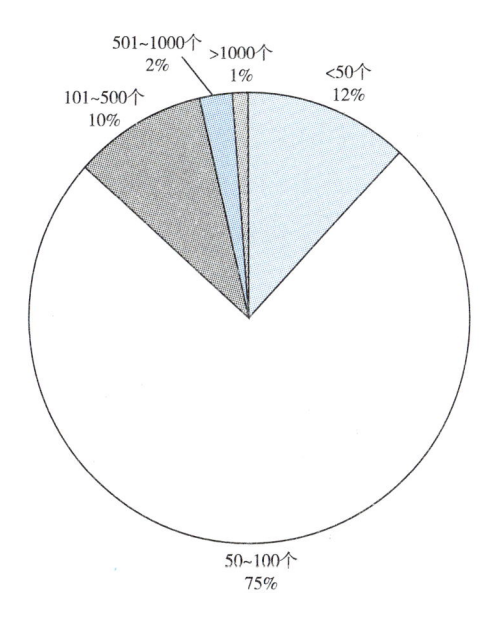

图5 企业的单位用户数情况

数据来源：据调研数据统计。

前我国地理信息系统平台软件目前提供商较少，GIS 软件产品目前主要为应用软件产品。2010 年地理信息软件测评的 22 个 GIS 软件参评单位中，除 2 个平台软件外，其余均为 GIS 专业应用软件；参与测评的 9 个导航软件均为专业应用软件。

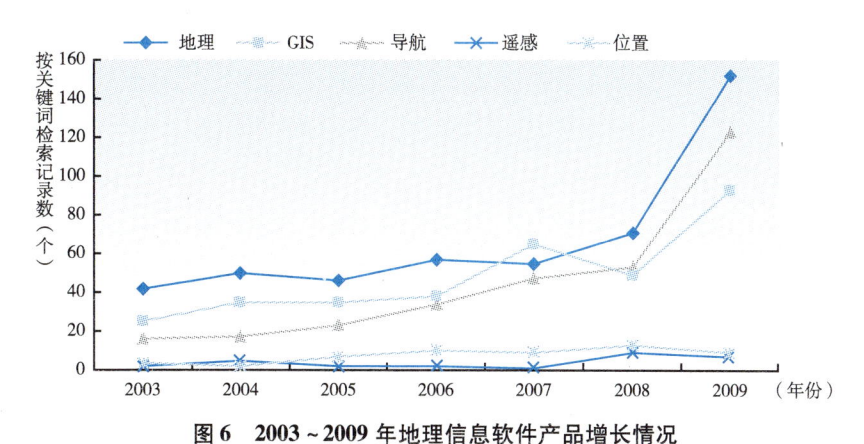

图6 2003~2009 年地理信息软件产品增长情况

数据来源：中国双软认证网 http://www.chinasoftware.com.cn/，截至 2011 年 6 月 13 日。

卫星导航与位置服务市场突飞猛进。2010年我国卫星导航应用与服务产业的产值约为500亿元左右，应用终端社会总持有数量接近1.3亿个，呈高速增长态势。据赛迪顾问，2010年，中国卫星导航定位市场在市场推进、技术发展、应用创新的推动下飞速发展，全年GPS市场容量达到908.3万套，同比增长117.8%。其中，车载导航产品销量达到342.7万套，较2009年增长102.2%；便携式GPS销量达到523.1万套，较2009年增长148.4%；前装市场销量为42.5万套，同比增长15.2%。随着带有GPS功能的智能手机的出现，导航仪销售正在逐渐回落。手机导航成为导航市场新的增长点，并通过标配随着手机销量的增长迅速上升。

国产遥感卫星数据应用取得突破性进展。我国遥感市场应用的主要用户以国家遥感中心、国家卫星气象中心、中国资源卫星应用中心、卫星海洋应用中心和中国遥感卫星地面接收站等国家及遥感应用机构，以及国务院各部委及省市地方建立的160多个省市级遥感应用机构为主。目前，遥感应用主要分布于气象预报、测绘、国土普查、作物估产、森林调查、地质找矿、海洋预报、环境保护、灾害监测、城市规划等领域。中国已和一些发展中国家签署协议，向一些地区提供中巴地球资源卫星02B星数据，打破了遥感对地观测数据的出口记录，说明我国遥感数据产品正处于由试验应用型向业务服务型转变的重要时期。代理国外卫星遥感数据的企业目前的市场活动活跃，正从单一的数据代理向数据服务转变，近年来为国家抗击地震等自然灾害及时提供影像图，作用凸显。

国产测绘地理信息装备占据国际中低端市场。我国测绘仪器市场上，高端仪器仍以国外品牌为主。国内主流品牌以南方、苏一光、博飞、欧波、中海达和华测为代表。其中，南方测绘仪器有限公司领航中国测绘仪器，已在国际上具有一定的知名度。南方测绘公司的GPS接收机、全站仪和电子经纬仪产品出口至世界上遍布六大洲的100多个国家和地区。继徕卡、天宝和拓普康之后在测绘仪器界排名世界第四，基本垄断国际中、低端市场，主要面向发展中国家销售。中国无人飞机航摄系统推广应用效果显著，目前已完成除上海、辽宁、内蒙古外的全国测绘系统30个省级测绘单位的60套无人飞机航摄系统的配备。国产导航仪的市场份额也在不断提升。

地图制作与出版市场正在变革发展。我国从事地图出版的单位数量少，专业从事地图出版的单位不过十几家。目前，根据国家相关政策，多数地图出版单位正在改制或者刚刚由事业单位改制。随着互联网技术的不断发展，地图产品的内容不断丰富，形式更加多样。近年来，基于地图的文化创意产业也在不断推陈出新，各种个性化产品不断显现。

（二）地理信息技术不断发展与集成

我国一些重大地理信息技术取得明显进展。目前，我国已初步建成全国卫星遥感信息接收、处理、分发体系和卫星对地观测应用体系，首颗自主民用高分辨率立体测绘卫星"资源三号"将于2011年底择机发射。北斗卫星导航系统已进入发射组网阶段，系统建设稳步推进，到2020年，中国将建成覆盖全球的北斗卫星导航系统。开发了与北斗兼容的多频多系统高精度定位芯片，结束了我国高精度卫星导航定位产品"有机无芯"的历史，打破了国外品牌一统天下的局面。

国产GIS平台软件技术水平已与国外同类软件相当，在某些算法性能和支持机制方面，甚至较国外同类软件更有优势。

航空（天）影像测图自动化软件取得了重大成果并实现了产业化。

地理信息技术等方面的专利有不断增长的趋势，其中，与导航相关的专利在21世纪初以后明显增加（如图7所示）。抽样调查表明，661家被抽查企业共获专利514项，获国家级奖375项，获省部级奖1860项，专利最多的地理信息企业高达87项。

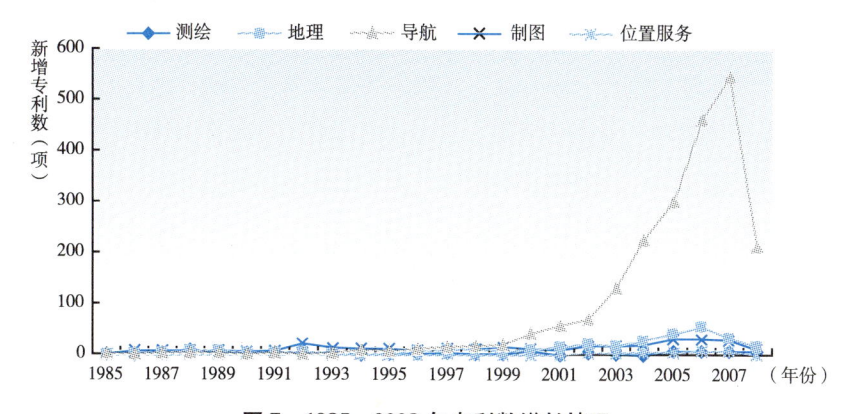

图7　1985～2008年专利数增长情况

数据来源：中国专利信息网。

地理信息技术集成应用已成为主流。调查表明，单独采用 GIS、遥感、卫星导航、制图技术的地理信息企业仅占 1% 左右，3S 的集成应用现状如图 8 所示。

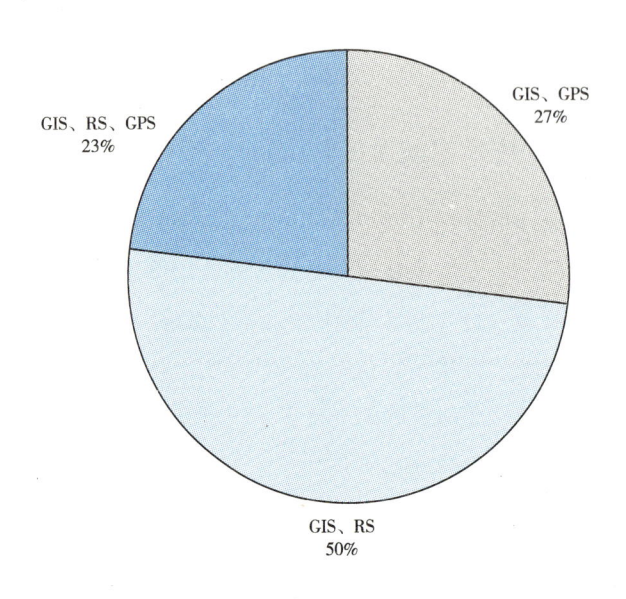

图 8　3S 技术的集成应用情况

数据来源：据调查数据统计。

技术应用范围极大拓展。在政府应用领域，地理信息技术不断与办公自动化技术、管理信息系统技术、决策支持技术等集成，使地理信息资源成为政府的重要信息资源，地理信息技术与信息系统成为政府增强管理和透明度的重要手段。

在企业应用领域，地理信息技术与 ERP、CRM、组态技术等集成，正在变成企业基础设施管理、客户关系管理、生产自动化的重要组成部分。

在大众应用领域，地理信息技术与互联网技术、无线通信技术、数字媒体技术、出版技术等集成，为地图和地理信息服务和分发提供新形式，数字地图正在变成交流和信息分发的新手段。

此外，地理信息技术正在与云技术、物联网技术等新兴技术集成，不断拓展地理信息市场。

（三）企业发展现状

企业规模小，发展迅速。我国地理信息企业成立时间短，发展极为迅速。从

图9可以看出，20世纪90年代初是我国地理信息产业发展的一个重要拐点，企业数量呈快速增长趋势。调查表明，1990年以后成立的企业达83%，60%的企业成立于2001年以后。

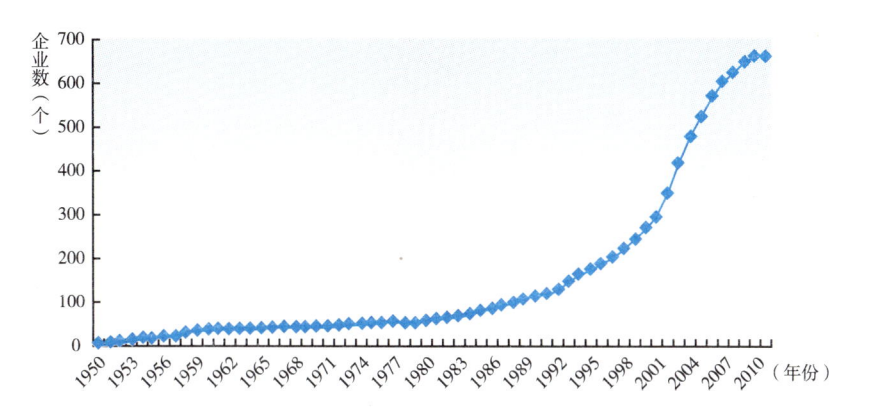

图9 我国1950~2010年历年地理信息企业数

数据来源：据调研数据统计分析。

我国地理信息企业以小型企业为主。按照《中小企业划型标准规定》关于软件和信息技术服务业的相关规定，我国中型以上地理信息产业企业约占3%，从业人员不到10人的微型企业不到1%，绝大部分为中小型企业，呈"两头小，中间大"的企业规模结构。在中小企业中，又以小企业为主，约占70%~85%；中型企业占10%~23%（如表2和表3所示）。

表2 我国地理信息企业的从业人员分布

从业人员数	企业数(个)	比例(%)	企业类型
<10人	4	0.6	微型企业
10~100人	561	85.1	小企业
100~300人	70	10.6	中型企业
300人以上	24	3.6	中型以上企业

表3 我国地理信息企业的营业收入分布

营业收入	企业数(个)	比例(%)	企业类型
<1000万元	491	74	微小型企业
1000万元~1亿元	150	23	中型企业
1亿元以上	20	3	中型以上企业

由于企业规模所限，企业分支机构的设置也较少。82%的企业未设置分公司，84%的企业未设办事处。大多数企业设置的分公司和办事处个数为1~4个（如图10所示）。

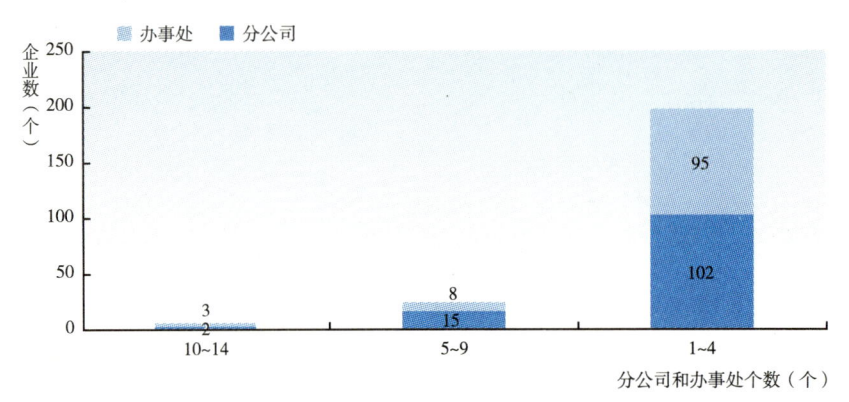

图10　企业设置分公司和办事处的情况

（四）企业普遍资金短缺

我国地理信息企业发展首先受注册资金影响。调查企业中，注册资金在200万元以下的企业占40%，500万元以下的几乎占2/3（如图11所示），企业普遍面临资金短缺。

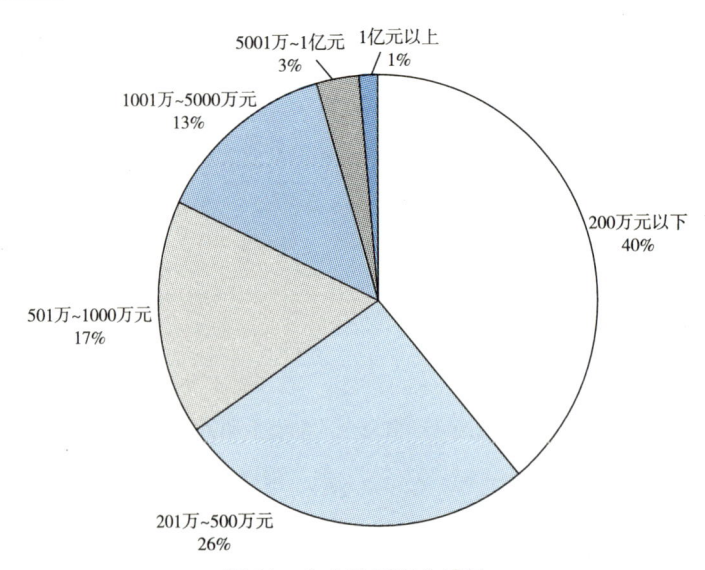

图11　企业注册资金情况

企业营业收入增长迅速，但总体基数不大。2008～2010 年，被调查企业的平均年增长率分别为 32%、35% 和 31%，三年的平均年增长率达到 32%，充分体现了新兴产业和高成长产业的特征。但从营业收入规模来看，53% 从事测绘地理信息的企业营业收入在 500 万元以下，74% 的企业营业收入在 1000 万元以下（如图 12 所示）。

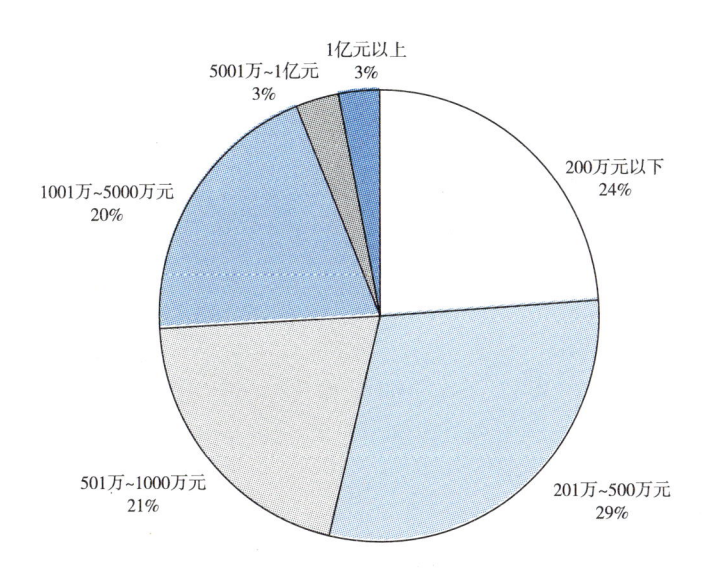

图 12　2010 年企业营业收入结构

企业净利润不高。净利润占营业收入的平均比例为 13.53%，80% 的企业利润占营业收入的比例不到 20%（如图 13 所示）。与此同时，支付劳动报酬金额占营业收入的平均比例为 34.8%，18% 的企业支出的劳动报酬金额超过营业收入的一半（如图 14 所示）。27% 的企业纳税金额超过营业收入的 10%，纳税金额占营业收入的平均比例为 9.45%（如图 15 所示）。

综上可以看出，由于我国地理信息产业发展时间较短，地理信息市场和用户还不成熟，产业商务模式也正在探索之中，小型地理信息企业在短时间内迅速发展，还存在利润较薄、税负过高、生存困难的情况，发展的过程中遇到的资金压力大，急需国家政策扶持。

可喜的是，目前有相当一部分企业已完成股份制改造，正为进入资本市场融

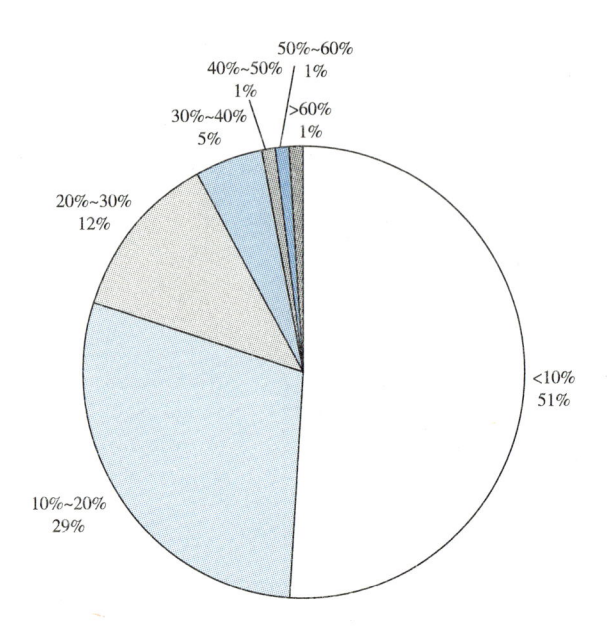

图 13　企业净利润占营业收入的比例

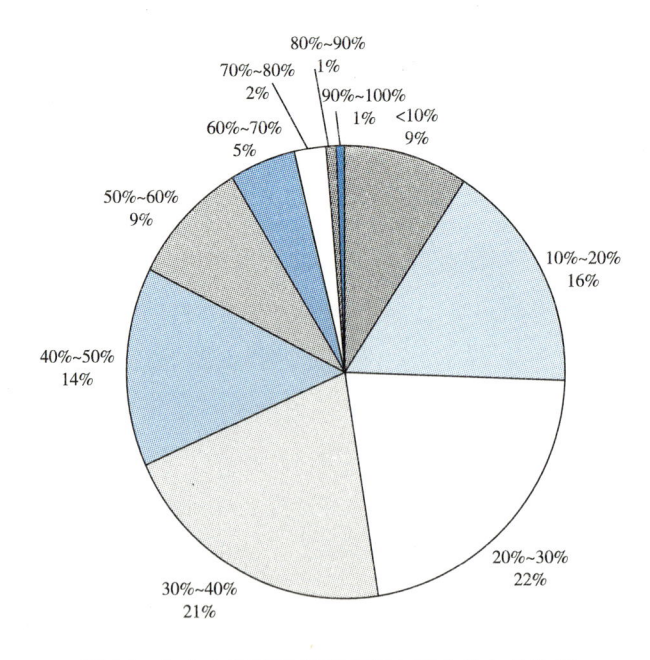

图 14　企业支付劳动报酬金额占营业收入的比例

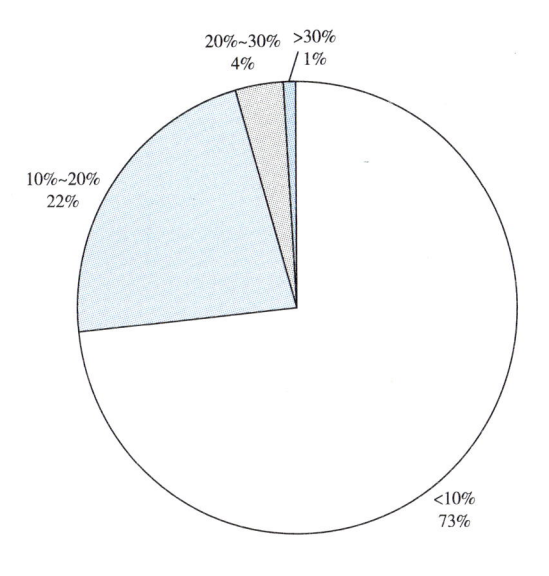

图15 企业纳税金额占营业收入的比例

资做准备。调查表明，企业类型中，有限责任公司占61%，股份有限公司占11%（如图16所示），这从一个侧面反映了在地理信息产业的快速发展过程中，一些企业面临资金困难和迅速扩大的市场需求，想通过融资等手段进一步扩大规

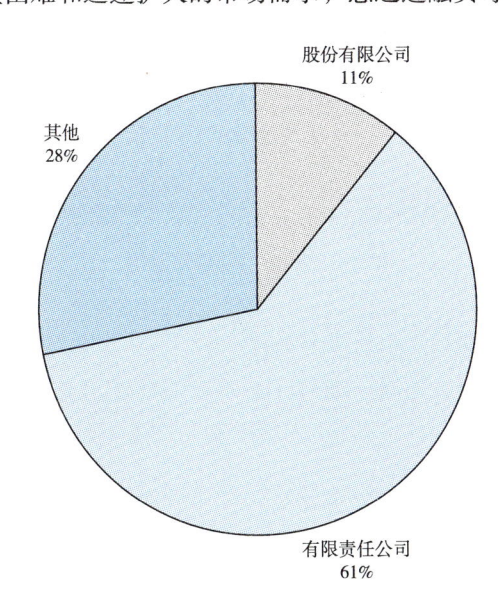

图16 企业类型分布

模；另一方面，企业通过股份制改革，可以按照现代企业制度的要求，明确产权，塑造真正的市场竞争主体，以应对激烈的市场竞争。

（五）企业人员情况

我国地理信息企业人员规模小，增长迅速。85%的企业从业人员数在100人以下，30%的企业从业人员数不到30人（如图17所示）。2009年和2010年的从业人员增长率分别为10%和9%。

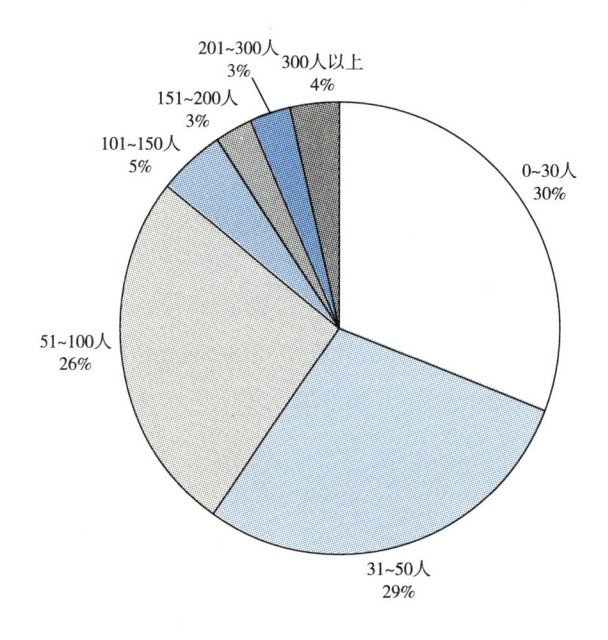

图17 企业人员规模分布

从人员结构看，初级及以下职称占70%，本科及以上学历占到46%，从事研发和生产的技术人才占56%，如图18、图19和图20所示。

我国地理信息企业的从业人员相对稳定，离职率较低。2008~2010年我国地理信息企业的离职率分别为8.6%、9.6%和9.2%，远远低于2010年中国19个行业的员工平均离职率18.5%[①]。

---

① 据《2011企业离职与调薪调研报告》。

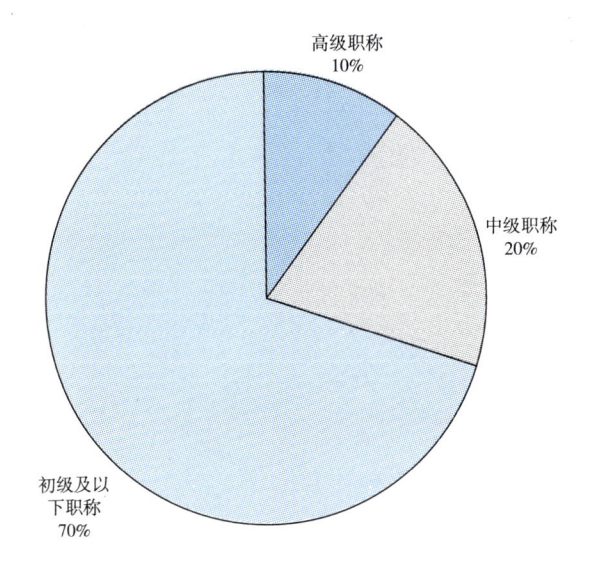

图 18 从业人员的职称结构

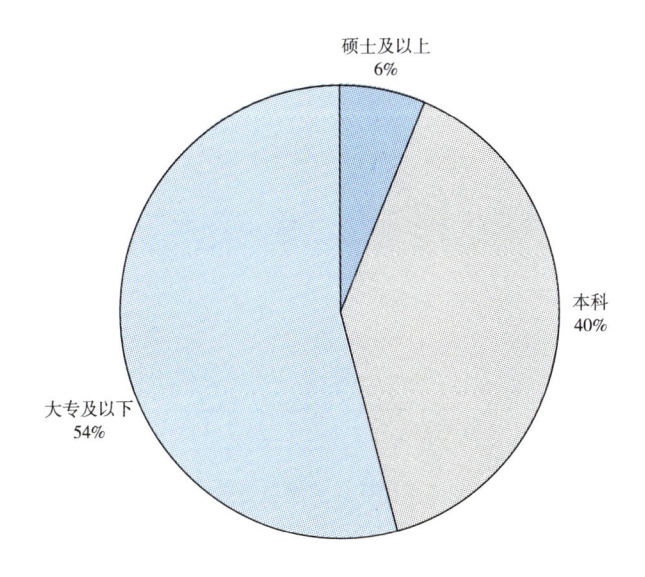

图 19 从业人员的学历结构

（六）企业的质量管理

普遍重视质量管理。抽样调查表明，我国有79%的地理信息企业采用了质量体系。其中有15%的企业采用了地方或行业质量认证单位的管理体系，其余

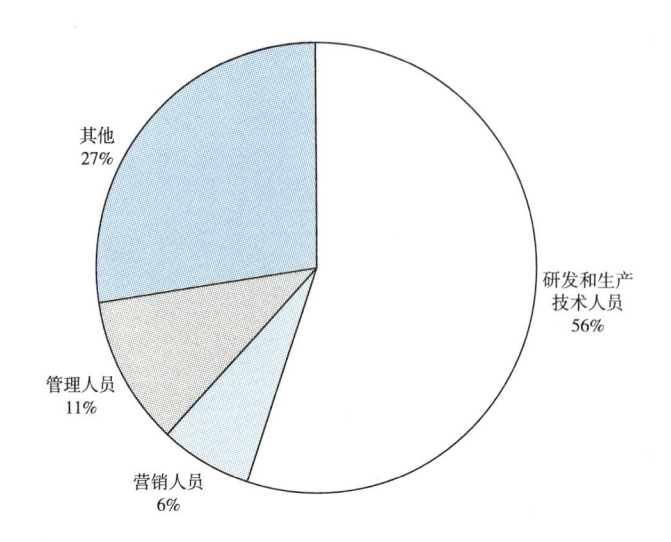

图 20　从业人员的岗位结构

企业采用了国际和国家标准的质量体系，主要有：ISO、CMM、GB，采用情况如图 21 所示。

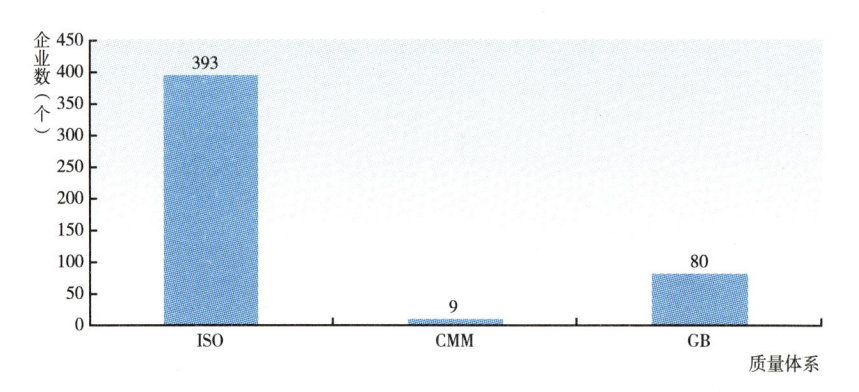

图 21　企业采用国际和国家级质量体系的情况

四　我国部分地理信息企业近年的市场表现

企业是产业的核心与主体，我国地理信息产业的企业建设，近年来突飞猛进，日新月异，取得长足进展。以下选取业界部分有代表性的企业，加以简要分析。

（一） 天地图有限公司成立

中国互联网地图服务网站"天地图"（www.tianditu.com）正式版于2011年1月18日上线。"天地图"由国家测绘地理信息局监制、国家基础地理信息中心管理、天地图有限公司运营。天地图有限公司2010年12月成立，天地图有限公司法定代表人为李志刚，公司类型为有限责任公司，注册资本1亿元，由国信司南（北京）地理信息技术有限公司、北京四维图新科技股份有限公司、北京东方道迩信息技术有限公司、四维航空遥感有限公司、北京吉威数源信息技术有限公司、武大吉奥信息技术有限公司共同出资设立，资本构成如表4所示。该公司将从事以互联网信息服务为主营的经营活动，但不限于互联网信息服务和软件开发，还包括测绘与地理信息服务，地理信息软件、硬件及数据销售，测绘专用仪器仪表制造，计算机及通信设备租赁，投资与资产管理，广告、会议及展览服务，职业技能培训，音像制作，物业管理，咨询服务等。

表4 天地图有限公司注册资本构成

出资单位	出资金额（万元）	出资比例（%）
国信司南（北京）地理信息技术有限公司	3400	34
北京四维图新科技股份有限公司	1750	17.5
北京东方道迩信息技术有限公司	1550	15.5
四维航空遥感有限公司	1500	15
北京吉威数源信息技术有限公司	1000	10
武大吉奥信息技术有限公司	800	8

2011年5月11日，国家测绘地理信息局局长徐德明在天地图有限公司调研时说，"天地图"自2010年10月开通以来，受到中央领导同志的充分肯定和全社会的广泛赞扬，社会价值不可估量。"天地图"的开通，拓展了测绘成果转化的途径，推进了地理信息社会化应用，标志着数字中国建设取得了历史性突破。目前，"天地图"已经和数字城市建设、地理国情监测一起成为测绘事业的三大品牌项目。要通过不懈的努力，将"天地图"打造成为网络地图的民族优秀品牌。下一步，应该将工作重点放在加强能力建设和加快产品开发上。要想方设法加大投入，积极寻求各方支持，寻找战略合作伙伴，不断提高"天地图"浏览

速度。要紧盯市场需求，密切关注形势变化，快速、及时、不断地推出各种新产品，更多地吸引用户的眼球，不断扩大"天地图"的影响。要加强测绘内部的资源整合，尽快把数字城市等建设成果整合到"天地图"系统中，提供更加精细的城市地理信息服务，同时也要充分利用"天地图"的资源，为地理国情监测工作提供基础数据资源支撑和信息发布平台。

（二）中国地图出版集团组建成立

2010年9月28日，中国地图出版集团组建大会在北京中国测绘创新基地召开。为深入贯彻落实党中央、国务院关于进一步推动文化体制改革、深化中央各部门各单位出版社体制改革的有关精神，根据中央各部门各单位出版社体制改革工作领导小组办公室《关于同意中国地图出版社、测绘出版社、中华地图学社转制及组建中国地图出版集团方案的批复》，国家测绘地理信息局决定，由中国地图出版社、测绘出版社、中华地图学社先行组建中国地图出版集团。集团设董事长、党委书记1名，副董事长、总经理、党委副书记1名，副董事长、党委副书记1名，董事、副总经理5名（由其中一名董事、副总经理兼任总编辑），监事会主席、纪委书记1名。

国家测绘地理信息局关于成立中国地图出版集团的通知指出，国家测绘地理信息局直属单位所属的出版社以及地方地图出版社，按照自愿的原则，可在转制完成后申请加入中国地图出版集团。中国地图出版集团将以文化体制创新和经营机制创新为契机，以地理信息内容提供服务为主要目标，以跨媒体的内容出版为突破口，构建国际化、专业化、规模化的出版平台，成为实用参考图、教材和教学地图、测绘科技书刊、新媒体地图等产品互相融合的有核心竞争力和文化影响力的专业出版企业。国家测绘地理信息局作为中国地图出版集团的主管主办部门，按照国家有关政策规定履行主管主办部门的职责。

作为中国地理信息产业的重要组成部分，中国地图出版集团组建成立一年来，围绕测绘地理信息事业发展的总目标，坚持改革、发展、稳定的有机统一，扎实推进各项工作稳步前进，较好地完成了各项任务。集团总体运行状况良好，各项经济指标平稳发展，2010年全年实现税前收入4.18亿元，较2009年增长6.2%。

（三）南方测绘集团全面进军地理信息产业

中国测绘仪器龙头老大南方测绘集团近年来在巩固本业的同时，全面进军地理信息产业。2010年，南方测绘集团旗下三大经营部分——测绘仪器、卫星导航、地理信息成绩斐然。全年集团销售额达17亿元，成功实现年初目标，增幅超过30%。其中南方全站仪年产销量达到35000台，稳居世界第一，成功实现南方第十万台全站仪下线；集团旗下南方卫星导航公司全年销售额达到4.5亿元，RTK年产销量突破15000台，持续稳居行业第一；集团旗下南方数码公司连续实现超过50%的增长，全年业绩超过5000万元，再上新台阶；集团外贸、激光、高铁、多品牌等经营部分，均保持稳定增长，势头愈佳。

南方测绘集团总经理马超表示，经过二十多年的竞争，2010年是个转折点，在测绘仪器行业诞生了一个鹤立鸡群的南方测绘。现在，在国家测绘地理信息局的强势推动下，数字城市启动，全国上下从测绘到房产，到土地，到数字城市等，都在大力发展地理信息产业。他表示，2011年是南方测绘集团的"数字城市"年，集团上下众心会聚，通过数字城市，全面推动服务平台、数据、应用系统建设，贯穿整个产业链。他号召全集团，抓住数字城市契机，再造一个更大的"南方"，2011年力创20亿元。

2011年初，南方测绘集团全面启动数字城市业务，将2011年定为"数字城市年"。经过集团全体员工的努力，2011年上半年销售额达到9.95亿元，同比增长达到17.84%。集团各分公司、导航、数码、硬件事业部等均有稳步上升；南方RTK在全国一枝独秀，稳占上风。全站仪日趋成熟，销售量不断增加。分公司业绩增速可喜。数码业务进展顺利，目前除昆明分公司外，南宁、杭州、武汉、南京、重庆、成都等城市和地区也都开办了数码分公司，数字城市业务有所递增。在南方高铁的全力支持下，尾库矿监测项目建设有所突破，成为南方新的增长点。

（四）四维图新2011年上半年营业收入达4.43亿元

北京四维图新科技股份有限公司（002405.SZ）2011年8月发布2011年上半年业绩报告（见表5）。在报告期内，公司主营业务稳步增长，1~6月实现营业收入44277.82万元，营业利润18503.75万元、归属于母公司所有者的净利润

14217.01万元，分别比去年同期增长42.28%、66.11%和47.99%，主要是由于公司导航电子地图产品及动态交通信息服务销售继续保持较高增长速度。公司主营业务导航电子地图与技术服务的收入为44257.26万元，其中导航电子地图产品收入为41514.03万元，比去年同期增长39.52%；技术服务收入为2743.23万元，比去年同期增长105.83%。

表5 四维图新2011年上半年主营业务构成

行　业	业务分类	营业收入（万元）	占比（%）	营业收入比去年同期增减（%）
导航电子地图	车载导航领域	19747.28	44.62	-3.57
	消费电子领域及其他	21766.75	49.18	134.65
	小　计	41514.03	93.80	39.52
技术服务	动态交通信息服务	1563.2	3.53	141.98
	地图编译服务	952.95	2.16	
	其他	227.08	0.51	-66.93
	小　计	2743.23	6.20	105.83
合　　计		44257.26	100	42.36

另外，四维图新2011年1月使用超募资金6164万元，收购了荷兰Mapscape公司100%的股权，Mapscape公司主营业务为软件、系统解决方案以及地图编译工具，是四维图新下游软件厂商。该项收购丰富了公司业务结构，使公司掌控了导航产业链的核心环节，助力公司进入产业链下游，有力提升了公司业绩。

四维图新在上半年营业收入获得增长的同时，考虑到诺基亚在中国手机市场份额下降可能使公司来自诺基亚的收入增速放缓，四维图新将加强面向苹果、安卓（Android）等操作系统的导航地图及相关产品的营销。

在报告期内，四维图新来自前装导航领域的业务收入同比减少3.57%，主要原因是2011年3月的日本地震导致日系厂商汽车销量下降，公司来自日系车厂客户的收入也相应下降。

同时在上半年，四维图新使用非募集资金于2011年3月出资2500万元，设立了全资子公司西安四维图新信息技术有限公司，主要从事导航电子地图数据制作和服务。在4月，四维图新全资子公司北京四维图新科技有限公司（以下简称图新科技）出资250万元，参股北京足迹虎科技有限公司，图新科技持股20%，足迹虎主要从事 LBS 相关软件开发和商业运营服务。四维图新还与控股股东中国四维测绘技术有限公司以及北京环球星科技有限公司、数字地球中国投资有限公司共同签署《关于设立四维世景科技（北京）有限公司的合资合同》，其中四维图新拟出资 130 万元，占四维世景注册资本的 13%，目前四维世景工商登记手续正在办理，尚未正式成立。此外，在 6 月，四维图新出资 980 万元，牵手上汽信息设立上海安悦四维信息技术有限公司，持股 49%，这是公司营销模式继丰田、诺基亚的再次成功复制，安悦四维的成立将有利于继续稳固四维图新在车联网的业务地位，进一步抢占上汽的市场份额，提高竞争力。

报告预计在 2011 年下半年，随着日系汽车厂商产能的逐步恢复，公司来自日系车厂的收入会恢复正常；同时来自非日系汽车厂商的收入会继续保持增长态势，预计全年来自车载导航领域的收入仍会比去年有所增长。由于诺基亚公司在中国手机市场上的市场份额下降可能会导致来自诺基亚的收入增速明显放缓，因此四维图新下半年将加强面向苹果、Android 等操作系统的导航地图及相关产品的营销。公司动态交通信息服务业务持续保持快速增长，预计全年将实现赢利。四维图新对 2011 年前三季度归属于上市公司股东的净利润预期将比上年同期增长 20%~50%，达到 1.71 亿元。

（五）高德软件挺进移动互联网

2011 年 5 月 19 日，高德软件有限公司（纳斯达克 AMAP）公布了其 2011 财年第一季度的财报（截至 2011 年 3 月 31 日）：营收同比增长 53.2% 至 2540 万美元；毛利润同比增长 64.6% 至 1800 万美元；运营利润同比增长 395.7% 至 850 万美元；净利润同比增长 1083.8%（环比增长 83.2%）至 1060 万美元，每 ADS（1ADS=4 个普通股）摊薄收益为 0.21 美元；按非 GAAP 计算（剔除基于股票的薪酬支出和以股权方式投资账面价值调整后的收益）的净利润同比增长 93%（环比增长 62.2%）至 1000 万美元，每 ADS 摊薄收益为 0.2 美元。

高德公司强调向移动互联网领域转型，并且也在进行由 B2B 企业向 B2C 企业的角色转换，高德近期的市场活动无不突出这一战略转型。

2011 年 5 月 17 日，高德软件有限公司在北京发布了其自主研发的"高德地图"（Amap）手机客户端软件（Android 版）及网站 www.amap.com。高德地图将免费在线导航、LBS 交友系统、多种垂直生活服务频道、位置广告系统等充整合，打造出了全新的"移动生活位置服务门户"，为国内移动用户提供了一站式的生活消费指南及位置交友服务。"高德地图"的前身"迷你地图"，经过两年多的发展，已达到1500万的用户规模，并以每个月近150万的新增用户快速增长。高德软件决心将地图由以前的纯工具型产品升级改版，打造成一个综合性的移动生活门户高德地图，将与人们日常生活衣食住行等有关的各种动态、静态信息，以位置为纽带，整合入地图；并和第三方内容及服务提供商合作，将各类生活服务、电子商务融合其中，最终一站式解决用户在移动生活中的种种需求。

2011年5月18日，"高德杯"中国位置应用大赛拉开帷幕。大赛将以高德MapABC地图API为开发平台，以位置服务（LBS）为项目核心，鼓励广大LBS开发者开发出立意新颖、专业易用、价值出众、市场认可的位置服务应用，为广大用户提供便捷、实用的位置服务。赛事分为互联网和手机移动终端两大类。

2011年8月3日，高德公司发布市场策略及商业分析产品"商业图盟"。该产品由高德集团与日本国际航业联合打造。"商业图盟"服务是用于解码中国商业活动的地理分布规律、降低商业投资成本、提升商业运营精细化管理水平的专业地图服务系统。它可以帮助商业企业客户解决企业形象展示、拓展与营运管理、营业推广等方面的问题。其提供的形象服务包括企业地标、微观地图、全景地图、三维地图等。

（六）超图软件2011年上半年收入增近七成

北京超图软件股份有限公司2011年8月2日发布2011年半年度报告。2011上半年，超图软件实现营业收入9393.30万元，同比增长66.71%；实现营业利润364.88万元，较去年同期增长335.48%；归属于上市公司股东的净利润为626.73万元，同比增长12.38%；每股收益0.052元，同比下降29.73%。

2011年上半年，超图软件主营业务GIS软件营业收入为8928.46万元，包括软件产品销售收入和GIS定制软件收入，同比增长65.30%；GIS软件配套产品收入为425.05万元，包括数据库软件、遥感软件等在构建GIS各类应用系统时与之配套的各类产品，同比增长82.29%。公司主营业务总收入为9353.51万元，毛利率为74.47%，较去年下降5.61%。由于公司从2009年加强了区域营销服务网络的建设，报告期内，公司主营业务收入与去年同期比较，东北地区、华北地区、华东地区、华南地区、西北地区以及国际方面的销售收入增幅明显。其中，华北地区收入为 1885.93 万元，占总收入的 20.08%；北京市的收入为 1643.47 万元，占 17.50%；国际业务的收入为 1334.48 万元，占 14.21%。

在报告期内，超图软件研发费用的投入与同期相比增长 41.1%，达到 2216.75 万元。由于本期营业收入的快速增长，本期研发费用占营业收入比重与同期相比略微下降，为 23.60%。

2011 年上半年，超图软件正式发布了 SuperMap GIS 6 SP3 系列产品，中标水利部全国水利普查、环保部全国环境统计能力建设、统计局全国统计地理信息系统等国家级项目，在部分战略性行业、新兴行业的推广和深入应用方面取得了一定突破。为了改善办公环境和条件，公司总部搬入北京朝阳区酒仙桥电子城 IT 产业园；为了加强人力资源建设，公司实施了股权激励计划。

（七）丁丁网融资打造以位置技术为基础的本地生活平台

2011 年 2 月，上海的丁丁网推出基于 iPhone、Android 和诺基亚操作系统的手机客户端软件"丁丁生活"，这款软件将地图搜索、定位搜索和生活搜索三项功能融为一体。2011 年 4 月丁丁网推出"丁丁优惠"项目。

丁丁网是徐龙江在 2004 年创立的，2008 年收支平衡，2010 年开始赢利。目前丁丁网服务覆盖 30 多个城市，12 家分公司，500 多名员工，合作商家达到几十万。

基于位置服务技术的商务平台和地图领域的技术优势，形成丁丁网特有的商业模式。在 2008 年以前，丁丁网并没有自己的销售队伍，而是通过地图搜索引擎技术把适合商家的消费者引导到店铺去。为了保证用户对地图信息查询的准确性，丁丁网不断改良引擎，最后率先采用交叉路口、门牌号码、固定建筑物和习惯称谓等方式来满足消费者需求。此外，丁丁网还提供给用户不同的查询选择，包括最优推荐、地铁优先、只乘地铁、只坐公交、一部车直达等多种个性化需求的设计。2008 年丁丁网和商家签订合作协议，在保证真实性的基础上，商家将产品信息和各种优惠活动等发布到丁丁网上，同时主动更新数据。而消费者通过丁丁网的"生活搜索引擎"，在指定的地理范围内，利用关键字，选择适合自己的商家，利用丁丁网的地图路线指示到达。商家的会员费和竞价广告牌等成了丁丁网主要的收费项目。除了降价排名外，丁丁网还同时提供"点评量排序"和"人气排序"来保证公正。2009 年，丁丁网开始进入垂直化营销领域，已经开辟

了多个有关生活消费的生活频道。

丁丁网同许多IT企业一样，通过资本市场获得发展。从2005年开始，丁丁网已经获得了三轮投资，获得投资大约2000万美元。2005年5月丁丁网上线，同年11月丁丁网获得来自晨兴创投的150万美元的首轮投资，2006年2月到2008年初，丁丁网获得来自韩国KTB、晨兴创投等900多万美元的第二轮投资。2008年4月，丁丁地图正式更名为"丁丁网"，并建立自己的销售团队。2010年丁丁网获得了来自HTC约900万美元的第三轮投资。目前丁丁正在进行最后一轮超过5000万美元的融资，最新的融资主要将用于开拓推广移动手机生活领域，同时将上海收费模式复制到其他城市，获得一个爆发式的增长。在新一轮融资结束后的一两年时间里，丁丁网会考虑在美国上市。

五 我国地理信息产业发展存在的主要问题及分析

毋庸讳言，飞速前进中的我国地理信息产业，还存在不少困难和问题，主要表现在以下方面。

（一）政策支持力度须再加大

在地理信息市场日益全球化的今天，我国地理信息产业正处在高速成长的新阶段，如何应对愈演愈烈的国际市场竞争，在全球市场争夺赛中占据一席之地，离不开政策支持。

但是，目前我国对地理信息产业的优惠政策支持都只是包含性产业政策，尚缺乏直接性产业政策以及操作性政策与措施，如地理信息产业发展的中长期规划尚待出台，以及关于地理信息资源提供、财政税收支持等优惠政策规定尚不明确。此次调查表明，仍有67%的地理信息企业未获得任何优惠政策支持。

此外，我国在地理信息公开和保密管理、提供和使用管理、知识产权保护、标准与质量管理等方面缺乏行之有效的政策措施。在地理信息资源获取和使用方面还受共享和标准的制约。各部门地理信息共享渠道不顺畅，企业在地理信息资源和政府信息资源的获取方面还存在许多限制条件，存在获取难、获取费用较高等问题。

（二）产业结构不尽合理

我国地理信息产业链上游明显薄弱。在地理信息数据获取方面，硬件和软件都是短板，大比例尺的、影像的、三维的数据获取能力不强，地理信息快速获取能力较差，难以满足国家和市场需求，提供全面及时的地理信息保障服务。

我国地理信息企业以小型企业为主，产业缺少"领头羊"式的核心企业，还没有形成竞争力强的地理信息企业集团，企业家队伍建设亟待加强。

我国地理信息产品结构失衡，投资类产品的品种和产值大大高于消费类产品，生产过多地依赖于国家投入，不利于产业的市场化和可持续发展。

我国地理信息产业信息化水平还不高，突出表现在网络布局、技术配备滞后，公共平台应用不广泛，还没有产生足够的社会效应，网络化水平不高，产业内部仍存在不少"信息孤岛"。以互联网、物联网等IT产业前沿为主阵地和主营业务的地理信息企业为数寥寥，更缺少成功的经营模式。

我国地理信息产业先进技术装备水平不高。近年来虽然技术装备有所改善，但仍然难以满足需要。距离拥有生产现势性数据资源的高精尖设备，目前还有很大差距。

（三）产业人才紧缺

调查表明，近一半的企业认为人才是制约企业发展的重要限制因素。人才问题已经成为产业发展面临的首要问题。

相对于产业的高速发展，我国地理信息产业人才极为缺乏。

一是缺乏产业高端领军人才。我国地理信息产业的发展首先缺乏一批懂技术、懂管理、懂经营的领军人才；缺乏能带起一支创业团队，带动一个创新产业的科技领军人物；缺乏一批具有战略开拓能力、素质全面、能做大做强企业的优秀企业家缺乏准确判断产业发展方向的高端领军人才，直接影响了我国地理信息产业的技术开发能力、产业规模和水平。这是制约我国地理信息产业发展的关键。

二是缺乏一大批技术复合型人才。目前，我国地理信息产业技术人员的知识结构相对单一，而随着地理信息技术的集成，越来越需要跨学科的综合型技术人才。技术复合型人才是产业发展的中坚力量。

三是缺乏国际型人才。我国地理信息产业严重缺乏懂海外市场的营销人才、财务人才和法律人才，缺乏对海外人才和留学人才的吸引政策。随着我国"走出去"步伐的加快，国际型人才缺乏对地理信息产业发展的制约将日益显现。

四是人才结构不合理。在地理信息产业人才结构上，处于人才金字塔顶端的高端人才、市场资源不足，招聘困难；处于金字塔中端的中坚人才，人员流动性大，人才流失情况严重，而且由于企业对技术人员的职称评定等，这部分人的技术创新动力不足；处于金字塔底端的基层人员，多为高校应届毕业生，由于学校教育与产业需求脱节，往往培养周期较长，不能解决企业的当前之急，而且当这些基层人员成长为中坚人才后，流失情况又随之出现。

（四）技术创新不足

我国地理信息技术发展一直处于跟踪和追赶状态，缺乏一些核心和关键技术。

从产业链上游看，我国目前使用的卫星遥感数据90%以上来自美、法、加等国家。高空间分辨率和高光谱分辨率卫星、全天候雷达卫星在我国尚属空白。目前我国卫星导航应用至少95%以上的市场建立在美国GPS卫星系统之上，而且这种情况在短期内不会改变。目前，卫星导航定位系统、遥感卫星等核心基础设施和重大技术装备主要依赖国外。

从产业链中游看，我国核心遥感数据处理软件产品几乎处于空白状态，海量、多源地理信息数据处理、集成管理、地理信息数据分析、表达与可视化等方面的技术研发不够。

从产业链下游看，行业应用集成服务亟待深入，地理信息网络服务和LBS商业模式亟待创新。

中国卫星导航芯片成为北斗卫星导航应用产业化的重大瓶颈。中国卫星导航芯片市场的95%已被美国占领，国内大部分企业还不具备研发此类多模导航芯片的能力。

抽样调查表明，我国有87%的地理信息企业没有专利，绝大部分企业的专利少于10项。

技术自主创新不足使地理信息企业同质化现象较为明显，具有专、精、特能力的企业较少，缺乏自主创新产品，产品缺乏差异化，中高端地理信息产品在国际市场所占份额较低。对新技术和新商务模式的模仿多于创新，容易出现相类似的产品和服务在市场上一窝蜂出现的现象，如在商务模式不太明晰的情况下，在短短的一两年内，我国就有几十家网站纷纷推出国外的 check-in 服务模式。企业缺少差异化，将导致市场竞争压力大，企业利润空间较小，企业之间往往为了获得订单而恶性竞争。在此情况下，企业为了生存，需要不断加大订单量，导致企业员工任务不断加重，常常使企业人员处于疲于应对状态，这又是造成企业原创能力不足的原因。

我国地理信息企业自主创新不足有深刻原因。长期以来，我国的产业发展存在重引进、轻消化的趋向。我国技术和设备的引进费用与消化费用的比例超过3:1（韩国的比例是1:3），存在本末倒置的现象。每年，我国花大量资金引进先进技术装备，许多技术人才到国外去学习考察，但真正能将这些先进技术转化成我国的产业生产力的却很少，这是导致我国技术创新不足的重要原因。此外，对技术创新人员缺乏有效的激励机制，新技术获取渠道不畅通，也是重要原因。

（五）市场环境不规范

目前，我国地理信息产业市场环境的不规范主要表现在以下四个方面。

一是市场恶性竞争现象突出。抽样调查表明，超过30%的企业认为恶性竞争是影响目前地理信息市场存在的重要问题。一些企业在市场竞争中不执行地理信息产业行业取费标准，以低于成本的价格或者过短的工期恶意抢占市场，在使企业的正常销售和利润被严重冲击的同时，也带来质量问题和隐患。此外，地理信息产业行业产品和服务价格标准也还不完善，一些领域如航空摄影等还缺乏指导价格和收费依据，容易导致无序竞争。

二是知识产权侵权问题亟待解决。这主要表现在地理信息数据产品的盗版和核心技术的知识产权流失两个方面。导航电子地图等数据产品的制作和更新维护投入巨大，尤其是POI信息采集需要耗费大量的人力、物力和财力，产品的生产周期较长，但由于信息产品具有可复制特性，知识产权得不到很好的保护，盗版侵权极为普遍。遥感数据产品也存在一个单位购买多个单位使用的情况。此外，核心技术人员的流动导致企业核心技术的流失，也是目前地理信息产业市场存在的知识产权侵权问题，这极大地损害了企业的利益，同时也扰乱了公平竞争的市场秩序。

三是地理信息产业市场还存在行业保护和地方保护现象。一些单位在招标过程中，限制其他行业或地区的企业参与招投标，人为造成不公平的市场环境。

四是地理信息产业市场监管还不完善。如新推出的国家互联网地图的管理政策，在开展业务和监管方面还受到较大阻力。地理信息市场的监管程序还较为烦琐，审核管理的技术还相对滞后，对于盗版、抄袭以及无资质、超资质运营的监管仍不足。

（六）我国在产业的国际竞争中处于弱势地位

近几年来，欧美国家利用其在卫星导航定位、高分辨率卫星遥感数据获取、数码摄像机、高端测量仪器、大型地理信息系统等方面的技术优势，在互联网影像服务、导航定位产品等国际市场领域占据重要位置。我国民用导航定位市场和高分辨率卫星遥感数据市场主要为美、法等国的产品，先进高端测量仪器市场主流被美国、日本、瑞士等国产品占据。谷歌、微软、诺基亚等跨国企业集团已经在地理信息服务领域进行全球连锁经营，并展开了激烈的竞争。国际主要导航定位芯片厂商经过多年积累，也已形成成熟的产品质量控制体系和很强的成本控制能力。与此同时，我国地理信息企业规模普遍偏小，市场集中度低，年产值达到20亿元人民币的地理信息企业很少，在市场竞争中处于弱势地位。

六 地理信息产业发展趋势分析

作为新兴技术产业组成部分的我国地理信息产业，其发展前景、未来走向与趋势，呈现以下几个特点。

（一）地理信息产业市场的全球化趋势日益明显

在互联网和无线通信网络等重要信息传输和服务基础设施的支撑下，地理信息技术交流与合作也在全球范围内广泛开展，地理信息技术及相关信息技术的传播和扩散也在全球范围内快速进行。数字地球和智慧地球提出了一个全球性的发展新战略和新方向，为解决当前全球面临的许多重大问题提供了新思路。

从地理信息产业链来看，地理信息数据获取、处理和服务都在全球范围内进行。卫星遥感数据和导航定位数据的获取已超越国界，任何一个国家和地区发射的遥感和导航卫星可以获取全世界所有国家的影像和位置数据，并向全球各国提供相关服务。近年来，地理信息处理服务也越来越多地在全球范围内展开，美国、加拿大、日本等发达国家开始将地理信息产业中技术含量相对不高、人力资源耗费较大的环节，如地理数据处理环节，向印度、中国、拉美等发展中国家转移，在全球范围内进行产业链布局。

越来越多的国际跨国公司在我国开展地理信息相关服务。我国的地理信息企业也开始走出国门，承担地理信息数据加工处理、工程测量等外包服务，参与全球国际市场竞争。地理信息软件研发和硬件制造也在全球进行布局，如全球著名的 GIS 软件公司 ESRI 在世界各地有 80 多个分销商，并于 2011 年在北京建立了除美国之外的第一个研发中心。地理信息硬件厂商如拓普康（TOPCON）在全球范围内也设立了多个生产基地。

随着地理信息产业市场的全球化，地理数据获取市场将进一步开放，通过高分辨率遥感影像数据就能获取其他国家的基础地理信息，导致数据采集环节从各国垄断到日益全球化，地理信息产业在国际范围内的竞争将更加激烈，在此情况下，竞争将是企业生存的唯一出路，同时地理数据的安全与保密将面临更加严峻的挑战。在市场全球化趋势下，地理信息软件将受到国外开源和免费软件的冲击。

（二）集成与创新不断催生新市场

技术与应用的创新与集成将成为地理信息产业发展的重要驱动力。

地理信息获取技术的创新将不断拓展新的地理信息应用市场。当前，对数据精确性和数据质量的需求正在推动先进的技术获取和处理工具，通过工具获取更加智能化的信息，并通过这些信息的比较、集成和管理，为基于互联网或移动终端的不同平台的用户，提供不同解决方案。

地理信息技术越来越多地集成到 IT 解决方案中。地理信息技术正在利用 IT 产业主要的工具和技术进行增值，提升相关的应用。虽然在大部分情况下，用户仅仅是在他们广阔的 IT 应用中需要一些简单的地理信息功能，如浏览、查询等，但重要的是地理信息技术能随时随地将这些功能按其需要动态集成，这一点使其应用极为广泛。

云计算是多种技术的集成，正在改变地理信息产业的商务运作方式。云模型作为地理信息内容和服务分发的新平台，正在解决大量的问题，包括全球、安全分发和高端按需计算。目前，国际国内一些企业（包括谷歌）正在推出地理信息云服务计划，在不久的将来，随着新产品的推出，地理信息应用模式将得到极大的改变。

地理信息技术与三维技术的集成将在管线管理、数字城市等领域开辟新的应用，与三维和视频游戏技术的集成将极大地扩展在休闲娱乐方面的市场。地理信息技术和移动视频技术的集成，通过基于位置的移动视频、基于位置的数码相机，可以得到具有经纬度坐标的许多相片，如 Flickr and Picasa。国际上，Qik 等移动视频平台正在迅速增长和流行，越来越多的人将智能手机用于更多的数据规划。随着物联网技术、虚拟现实技术、室内定位技术的发展，以及与地理信息技术的集成，毋庸置疑，未来基于位置的服务将会有极其光明的前景。

GPS 芯片嵌入，将大大拓展地理信息产业市场。其主要原因在于，从企业的角度，增加 GPS 芯片的成本并不高，但是对最终用户来说却有很大的价值。目前，许多数码相机和视频相机将嵌入 GPS 芯片。

地理信息与移动电子商务、社交网站的集成，将商务信息和消费者信息与位置信息链接，开拓了新市场。国际上，Foursquare 和 Gowalla 是两个最大的基于 GPS 移动应用集成游戏机的成功典范，它们都通过增加位置信息相当成功地获得了用户。Foursqure 公司因为结合了地理信息服务以及移动电子商务，获得了第二轮融资 2000 万美元，同时每天新增用户数超过 2 万。Facebook 是地理信息与社交网站集成的先驱者，Facebook 于 2010 年 8 月推出了移动地理位置应用 Facebook Places，准许用户通过"签到"（check-in）向朋友广播自己所处的地理位置，成功开拓了移动社交应用市场。目前，已有公司在 Facebook Places 中增加签到游戏。

（三）导航与位置服务不断拓展

服务内容、功能、方式、领域等不断拓展。基于导航定位与位置的服务领域和功能不断拓展，从以交通出行为主拓展到商业、旅游、房产、消费、交友、娱乐等领域，从以网络地图服务、车载导航、手机定位服务等为主的导航与位置服务拓展到智能交通、不停车收费、车辆信息系统（Telematics）、车队管理系统等服务。服务终端不断拓展，从以互联网、汽车、手机为主的终端拓展到各种行驶记录仪、手表、腰带、船舶、电视、物联网等终端。服务领域不断拓展，从个人生活领域拓展到智能生产领域，从以车载导航、手机地图为主的个人应用发展到以互联网技术为支撑的物联网（包括车联网）等应用。服务内容不断拓展，从提供位置服务到提供位置、导航、时间、监控等集成的服务。

当前，基于智能手机的地图应用明显增多，成为产业发展的重要趋势。2010年，全球具有 GPS 功能的 GSM/WCDMA 手机出货量几乎增长了 97%，达到 2.95 亿部。Apple OS 和 Google Android 系统导致集成 GPS 可提供位置服务的智能手机销售高速增长。2011 年上半年智能手机出货量为 1.18 亿部，较去年同期 7680 万部增长 54%，其中绝大多数集成 GPS，提供位置服务；智能手机的快速普及奠定了地理信息以及位置服务广阔的市场空间，其中 Nokia、三星等著名厂家以提供相关地图服务作为智能手机的最大卖点。与此同时，基于 LBS 的个人导航终端体现出了明显的减少趋势，目前 Tomtom 等厂商已经在削减个人导航终端硬件的生产。手机地图服务市场潜力巨大。Gartner 2010 年曾预测，到 2013 年，手机将取代 PC，成为最常用的上网工具。到 2014 年，30 多亿成人将在手机和互联网上交易。

我国导航与位置相关服务不断增多。从调查企业的用户类型看，目前已有 3% 的地理信息企业个人用户数已经超过了 1 万个。从调查企业填报的新增业务类型来看，2010 年一些企业增加了 LBS、互联网地图服务、物联网、三维等相关业务，如车载综合娱乐导航影音系统研发、基于 LBS 的景区智能导游服务、位置娱乐、智能交通系统研发、车载信息服务、手机综合地图、物联网地理信息综合应用（共享）平台、三维地籍、三维城市、高精度超自然真三维立体图、机载激光雷达数码摄影测量应用于数字城市测量、无人机航测、RTK 测图等。

（四）企业并购和重组势不可当

21 世纪以来，地理信息产业的发展潜力日益凸显，国际一些大型 IT 企业开始涉足这一产业。自 2005 年起，国际大型 IT 公司通过收购传统地理信息企业，获得了地理信息数据资源和地理信息核心技术，在短期内迅速进入地理信息市场。并购的目的主要在于增强在地理信息领域提供产品和服务的能力，并购对象都具有核心地理信息产品或技术。如 2005 年雅虎收购地理信息数据厂商

WhereOnEarth，以改善它的本地搜索和移动电话服务。2006 年，微软收购远程传感器制造商 Vexcel，强化其本地搜索和在线地图服务。2007 年，谷歌收购一家高清相机与影像公司 ImageAmerica 以提升其地图服务的质量。2008 年，诺基亚斥资 81 亿美元，如愿收购了美国电子地图服务商 Navteq。

与此同时，一些国际地理信息产业的龙头企业也开始通过并购增强自己的竞争力，如全球领先的测量系统供应商海克思康（Hexagon）于 2005 年收购了具有 180 多年历史的徕卡测量系统（Leica Geosystems），并于 2010 年收购全球市场份额仅次于 ESRI 的 GIS 软件厂商 Intergraph。全球领先数据库厂商 Sybase iAnywhere 于 2007 年收购了日本提供商 Coboplan，使得 Sybase 拥有了强大的地理信息系统解决方案产品。同年，徕卡公司收购澳大利亚 ERMapper 公司以补充现有产品线。2008 年，世界最大的车载导航设备供应商 TomTom 公司以 42 亿美元收购荷兰的数字地图供应商 TeleAtlas。

2009 年以来，随着位置服务的迅速发展，尤其是基于手机的位置服务的发展，地理信息被认为是吸引用户、增加分类广告收入的一个新领域。国际 IT 巨头都看到了地理信息产业市场的巨大潜力，开始在 LBS 领域争夺市场主导权，基于手机的位置服务市场日益成为竞争焦点，并购目的从最初的获取数据和核心技术演变为快速抢占市场，并购对象也发生了变化，如 Google 公司于 2009 年收购移动展示广告技术提供商 AdMob，并于 2010 年想用重金收购团购网站 Groupon，但未能成功。诺基亚于 2009 年收购了德国柏林的地图软件开发商 Bitside，诺基亚旗下的 Navteq 地图部门又于 2010 年收购了 ReachUnlimited 公司，以此获取 Trapster 手机应用程序技术，同时收购了定位技术公司 MetaCarta。苹果公司于 2009 年收购了一家网络地图公司 Placebase，随后于 2010 年收购了在线地图服务公司 Poly9，取代谷歌地图。2010 年，摩托罗拉收购德国 LBS 软件开发商 Aloqa。

自 2010 年以来，电子商务、社交、游戏、智能交通等领域的位置服务迅速发展，导致并购愈演愈烈，成为国际地理信息企业快速拓展的重要趋势。2011 年，世界最大的网上交易平台 eBay 收购基于位置的媒体公司 Where，而 Where 曾于 2010 年收购每日购物网站 Local Ginger。团购巨头 Groupon 于 2011 年刚刚收购了以 LBS 应用 Whrrl 而广为人知的公司 Pelago。中国四维图新公司于 2011 年 1 月收购了荷兰的 GIS 公司 Mapscape，该公司主要在欧洲提供汽车产业的导航软件、导航方案及基础 LBS 服务。日前，社交游戏巨头 Zynga 提交了对创业公司 Whereoscope 的收购申请，Whereoscope 公司拥有一款能帮助父母实时获知孩子位置的智能手机应用程序。2011 年 7 月，户外用品公司 Johnson 收购 LakeMaster 品牌，该品牌主要提供内陆湖泊的高度精确的地理信息系统数据。在 2011 年 Esri 全球用户大会上，Esri 宣布收购瑞士一家三维建模公司 Procedural，该公司可以向全世界的城市设计者、建筑师、电影工作室提供 3D 建模产品。Esri 将 CityEngine 并入 ArcGIS，让 ArcGIS 用户可以通过现有的 GIS 数据创造并设计 3D 城市，比如街道中心线等。

近几年来，我国地理信息企业并购重组的趋势也日趋明显，如深圳永泰控股武大吉奥，东方道迩收购时空信步，奇志通注资灵图，中国四维与天目创新重组，阿里巴巴注资易图通成为最大股东，天下图兼并海澄华图等。

（五）从政府级应用到企业级、大众化应用

当前我国地理信息市场驱动因素仍以国家项目为主，从地理信息产业应用市场结构看，政府、企业、大众这三大应用市场中，政府应用目前仍占约一半以上。数字城市在国家项目中占最大的比重，目前已有 150 多个城市开展了数字城市建设试点和推广，到"十二五"末期，将建成数字中国地理空间框架和信息化测绘体系，包括完成全部 333 个地级市和部分有条件的县级市的数字城市建设。数字城市以及公共服务平台建设对地理信息产业的发展有强劲驱动作用。2007 年国家启动第二次全国土地调查，至 2009 年完成，国家对二调总的资金投入将近 150 亿元。今年启动的全国首次水利普查，也将成为今后 1～3 年内拉动市场的重要因素。各大部委相继开展的金土工程、全国主体功能区规划、数字化城市示范工程、数字城管、数字环保等项目，也进一步拓宽了地理信息市场。

地理信息产业正在迎来企业级、大众化应用的时代。云计算、LBS 等新技术的引入，将地理空间信息的服务带给以往没有实力搭建属于自己的 GIS 应用平台的中小企业，同时将服务以及增值享受带给大众。据介绍，目前企业级 GIS 已经使越来越多的企业机构拥有了强大的地理空间处理能力，其应用范围也已渗入到各个传统以及非传统 GIS 行业。未来在新技术巨大市场空间的推动下，地理信息的企业级、大众化应用之路会越走越宽。

七 我国地理信息产业发展的环境、条件与动力分析

以政策为指南,以需求为牵引,以创新为动力,以市场为取向,这是对于我国地理信息产业今后发展的基本判断。

(一) 产业发展环境分析

产业发展的经济环境。总体来说,中国经济具备保持平稳较快发展的基本环境,这为我国地理信息产业的快速发展创造了良好的条件。国内消费需求保持稳定,我国城乡居民收入继续增长,企业投资意愿较强。市场力量明显增强,企业效益好转,财政收入增幅提高。另一方面,我国经济仍面临价格上涨压力大、劳动报酬继续较快增长等问题,这些成为地理信息产业发展的不利因素。

产业发展的政策环境。作为中国"十二五"规划的开局之年,中国将进一步加快发展方式转变,推进经济结构战略性调整,为此,我国大力培育和发展战略性新兴产业,相关的产业振兴发展规划,以及政府科技投入、鼓励企业扩展投资主体和引入风险投资、培育重点产业的新增长点等相关政策正在制定之中,为作为生产性服务业和战略性新兴产业的地理信息产业搭建了良好的政策环境。此外,国家关于促进信息产业、生产性服务业、高技术产业、软件产业等发展的相关政策,也为我国地理信息产业发展创造了良好环境。

产业发展的社会环境。随着网络购物和电子商务的迅速发展,我国居民的网络消费意识在逐渐增强,网络使用习惯和网络消费习惯也在逐渐提升。但公众的地理信息版图意识和地图安全保密意识还比较薄弱,对知识产权保护的意识也还不强,喜欢购买价格低廉的盗版产品。互联网赢利模式一直在探索之中,目前针对大众的许多服务都是免费,导致用户形成了互联网一切皆应免费的心理暗示,针对大众的互联网地理信息服务收费将是一个重要的问题。

(二) 产业发展条件分析

我国地理信息产业快速发展的基础设施条件、信息资源条件和用户条件已初步具备。

产业发展基础设施条件。我国的移动通信业和汽车制造业令世人瞩目的发展为卫星导航应用产业的发展奠定了坚实基础。我国计算机、互联网等信息产业的发展为我国地理信息应用提供了必不可少的重要条件。同时，产业发展的空间基础设施条件也在不断改善，我国北斗卫星导航系统正在加快建设，即将覆盖亚太地区。自主卫星遥感对地观测体系已初步形成，特别是高分辨遥感卫星即将实现从无到有，航空航天遥感信息接收、处理、分发、应用设施初步建成。现代化测绘基准基础设施也在加快建设。

产业发展的信息资源条件。我国已建成国家系列基本比例尺地形图数据库。国土资源部、交通部、水利部、铁道部、民政部、农业部、林业部以及环境保护部等部门也都建设了专题地理信息数据库和应用系统，如数字地质图、土地利用规划、城镇地籍、草地资源、林业地理空间信息等数据库。我国国家基础地理信息公共服务平台"天地图"地图服务网站已正式开通运营，地理信息资源共享和服务设施日臻完善。地理信息资源已完成初步积累，数字城市建设稳步展开。

产业发展的用户条件。近年来，互联网地理信息服务、手机地图服务、车载导航，以及LBS的发展，极大地拓展了个人用户对地理信息价值的认识。地理信息技术在行业信息化建设中应用的不断拓展和深化，也使政府和企业用户不断成熟，更加深刻地体会到了地理信息应用产生的经济效益、社会效益和环境效益。各行业对地理信息的需求也更加明确。

同时，必须看到，我国高分辨率卫星遥感系统和北斗导航定位系统还未建成，产业化应用还需要很长的时间。地理信息资源的时效性仍需加强，地理信息资源共享仍是一个长期的难题，地理信息资源对产业最大限度的提供仍需要一段路程。地理信息技术的专业性导致地理信息成熟用户的培育不能一蹴而就。

（三）产业发展动力与前景分析

我国地理信息产业发展主要有三大动力：一是技术创新与应用，这是产业发展的重要推动力。地理信息不仅能为决策提供支持，为生产和管理提高效率，还可能会为使用者带来利润。应用地理信息和技术解决实际问题的能力决定了地理信息产业的发展程度。二是强大的市场需求牵引力。我国各行业的信息化建设，以及手机、汽车、互联网、智能交通、物联网等的发展为地理信息产业的发展提供了巨大的牵引力，并为我国地理信息产业带来了巨大的市场前景。三是国防安全动力。与其他信息产业不同，地理信息产业是与国家安全相关的产业。对地观测 EuroConsult 公司的总经理 Adam Keith 认为，当前，在 11 亿元商业数据收入中，65% 来自于安全部门用户。技术发展和安全系统升级为地理信息产业发展提供了机会①。我国导航系统的建设、国家的基准设施建设、大比例尺地形数据库的建设等也直接与国家安全相关。

我国地理信息市场需求旺盛，为产业的发展带来了巨大的前景。目前，我国地理信息与技术已经广泛应用于多个行业的信息化工程，如"金土"、"金盾"、"金农"等，并在政府决策、资源管理、环境保护等领域得到广泛应用。与此同时，我国手机市场迅速发展，2010 年中国手机市场销售量达 2 亿部，其中智能手机销售约为 0.36 亿部，未来 5 年中国智能手机市场复合增长率将达 34.1%②。中国 2010 年乘用车产销 1389.71 万辆和 1375.78 万辆，同比增长 33.83% 和 33.17%，持续增长的汽车市场为 GPS 市场容量的扩大创造了条件。截至 2011 年 6 月底，中国网民规模已达 4.85 亿，互联网普及率升至 36%，我国手机网民已达 3.18 亿，并继续保持增长态势③。据 CCID 预测，手机 LBS 的用户数和市场规模在未来 3 年会保持 50% 以上的年增长率。2009 年中国政府开始逐步建设云计算数据中心，2011 年该市场已经初具规模。"十二五"期间，我国重点投资建设十大领域的物联网，预计到 2015 年将形成核心技术的产业规模达 2000 亿元。未来 5 至 10 年，物联网产业将进入高速成长期，预计到 2020 年物联网产业的整体产值将超过 5 万亿元规模④。

八　促进地理信息产业发展的建议

综上所述，我国地理信息产业机遇与挑战并存，成就与问题同在，机遇大于挑战，成就多于问题。抓住机遇，迎接挑战，扩大成就，解决问题，是摆在我国地理信息产业全体同人面前严峻而又充满希望的重大课题。

---

① Sanjay Kumar, "Geospatial Industry: Here Today, World Tomorrow", *Geospatial World*, January 2011.
② 据 IDC《中国 2010 年第四季度手机市场季度跟踪报告》。
③ 据《第 28 次中国互联网络发展状况统计报告》。
④ 据长城战略管理咨询公司和中关村物联网产业联盟《物联网产业发展研究（2010）》。

（一）加大对产业发展的优惠政策和信息资源支持

加快出台促进地理信息产业发展的相关政策，研究制定地理信息产业发展规划，进一步明确产业的定位、发展目标、空间布局、总体任务和保障措施。将地理信息产业发展规划纳入国家战略性新兴产业规划内容。制定促进地理信息产业发展的专项政策，对地理信息产业给予直接的金融和财税支持。进一步完善地理信息安全保密、地理信息获取、定价和使用，以及支持和鼓励地理信息企业"走出去"的相关政策。针对地理信息产业市场招标投标过程中的知识产权权属界定、利益划分和争端解决等问题，出台切实可行的与本行业相关的知识产权保护措施。强调"以用立业"，在政府采购、大型公益工程建设等活动中全面使用国产地理信息产品和服务。

充分整合现有的政府地理信息资源，加快构建以"天地图"为代表的国家地理信息公共服务平台，促进地理信息资源最大限度向企业公开，鼓励企业利用地理信息资源进行增值开发。集中采购国外遥感影像数据并统筹使用。加强对国内航空摄影的统筹协调和监管力度，实现由多部门分散管理向单一部门集中管理转变，避免重复建设。

以免费或较低价格加大对产业的信息资源提供，是促进地理信息产业快速发展的重要途径。建议尽快明确企业获取地理信息数据的相关流程和审批制度，简化企业获取地理信息，尤其是公众版地理信息数据的相关手续。在价格方面，为企业免费提供或以较低的价格提供公众版地理信息数据。同时，加强对企业的安全保密教育与监督检查，加大对企业违规使用地理信息的惩罚力度。

（二）调整结构，打造龙头，塑造品牌

地理信息产业是全球性新兴产业，发展时间不长。随着地理信息市场的全球化发展，当前正处在国际大型企业抢占我国地理信息产业市场的重要关头。我国的当务之急是要调整产业结构，集中力量，提高产业集中度，加快培育一批具有自主知识产权和国际竞争力的龙头企业和产品，塑造中国地理信息产业品牌。

选择一批具有一定国际竞争经验和能力、拥有自主创新技术和产品、达到一定产业规模的地理信息企业，通过提供政策、资源、技术、资金和培育品牌等方式进行重点支持，同时充分发挥市场这只"看不见的手"的调节作用，重视资

本市场的功能，引导和鼓励企业进行兼并、重组和联合，支持其尽快发展成为地理信息龙头企业。大力支持地理信息产业基地或园区建设，发挥企业集聚效应，提升产业规模效益，改变我国地理信息企业规模小、集中度低、资源分散、规模效益不明显的现状。

大力培育地理信息民族品牌。制定地理信息产业的品牌培育工作方案，明确实施品牌培育工程的重要意义、方法步骤、目的要求。根据目前地理信息产品的发展现状，综合考虑自主创新、发展潜力等因素，在地理信息产业重点发展领域，分别选择发展势头良好、具有一定竞争力的地理信息产品品牌，列入品牌培育工程。掌握列入品牌培育工程的企业产品与名牌产品要求的差距。建立地理信息产业各重点发展领域产品的质量控制体系，制定有关产品质量检验制度。充分运用多种媒体开展产品宣传。对企业进行品牌和质量意识培训。积极引导企业制定品牌创建方案，支持企业创造名牌产品。

（三）高度重视人才引进与培养

在目前地理信息产业领军人物和高端人才短缺的情况下，急需从海外和其他行业引进一批在企业自主创新、市场开拓、管理创新等方面都作出了重大贡献的高素质人才，采取必要的政策予以特殊补偿，包括给予特有的物质待遇、社会福利。启动产业高端人才培养计划和优秀地理信息企业家培养工程，培养锻造一批优秀的企业家队伍。

不断加强和改进地理信息人才培养工作。大力培养现有技术人才，建立健全技术人员培训制度，优化在职人员的继续教育和再培训。鼓励技术创新，做好知识产权保护。加强地理信息技术相关教育研究机构与企业之间的联系，鼓励与企业共建实习基地，大力培养企业所需人才，缩短企业技术人才的培养周期。

完善地理信息企业人员的职称评定体系。尽快推行职业资格制度，激励技术人员更新知识、掌握新技术，不断进取。加强地理信息人才培养，建立健全地理信息产业执业资格制度，不断完善注册测绘师制度。

将野外测绘作为"特殊工种"，提高野外测绘人才的津贴，建立相关休养制度，减少人才流失。

（四）加强多路径创新，重视技术消化吸收

建立全球性的开放竞争观念。加强地理信息核心技术创新，积极规划、组织

实施与地理信息产业相关的国家、省部级重大科技项目，重点支持拥有自主知识产权的关键技术研发、重大科技成果产业化等。加强地理信息技术与其他多种技术的集成创新，加强地理信息技术在各领域的应用创新，建立行业地理信息应用模型。加大人、财、物的投入，重视对国外先进地理信息技术和装备引进后的消化吸收。加强产品创新，对新产品开发项目进行贴息支持，不断丰富各细分市场的新产品类型的开发，尤其是针对大众领域的位置服务市场，不断开发新的服务业态，寻找新的增值点。加强管理创新，引进国际先进的生产质量控制体系，在生产过程中严格规范执行，不搞形式主义，重视技术产品和服务质量的控制管理。加强商务模式创新，努力探索地理信息新型服务业态的商务模式。

（五）加强市场培育和监管

加强地理信息产业宣传，加强地理信息应用在效益评估方面的研究，提高社会对地理信息价值的认识，积极引导地理信息需求。加强地理信息市场监管，创造公平竞争、规范有序的市场环境。实行适度宽松的市场准入政策。加大对地理信息安全、标准、质量等方面的监管力度。统一测绘收费标准，规范各行业测绘工程价格，将测绘工程产品价格列为政府指导性价格体系，招投标价格不得低于国家制定的测绘产品成本定额，遏制不正当竞争。同时，加大对测绘产品质量的监控力度，提高质量意识，健全质量标准，加强过程控制，完善检测检验，建立诚信体系。

B Ⅱ 产业大观篇
Industry Overview

B.2 我国卫星导航产业发展现状及趋势

曹 冲*

摘 要：本文介绍了中国卫星导航产业面临的国内外产业发展大环境，目前我国产业发展的现状、机遇与挑战，以及"十二五"期间产业发展的整体规划建议、对策举措和宏伟前景。

关键词：卫星导航　导航与通信融合技术　智能信息产业　战略性新兴产业

一 引言

新科学技术革命是以探索宇宙起源开始的，爱因斯坦的相对论实际上揭示了

---

* 曹冲，原中国电波传播研究所研究员级高工，现任《全球定位系统》杂志编委会主任委员，《导航天地》专刊主编，中国全球定位系统技术应用协会咨询中心主任，北京卫星导航生产力促进中心主任。

宇宙的本质。"宇"是空间，无边无沿，"宙"是时间，无始无终，宇宙是物质组成，并在永恒的运动之中。归根结底，空间和时间是世界上最大的两个参量，一切事物和事件都离不开它们。在人类文明的发展进步过程中，人们一直在探索、研究、发现、利用、改进、完善时空两大参考系统，而卫星导航实现了空间、时间参量的一体化提供，且是高精度、高效益、实时动态地实现，利用数十个卫星就能够开展全球化全天候服务。这是一场重大的技术革命，是一场新时空技术革命。

GNSS（全球卫星导航系统），又称天基PNT系统，其关键作用是提供时间/空间基准和所有与位置相关的实时动态信息，业已成为国家重大的空间和信息化基础设施，也成为体现现代化大国地位和国家综合国力的重要标志。它是经济安全、国防安全、国土安全和公共安全的重大技术支撑系统和战略威慑基础资源，也是建设和谐社会、服务人民大众、提升生活质量的重要工具。由于其广泛的产业关联度和与通信产业的融合度，能有效地渗透到国民经济的诸多领域和人们的日常生活中，成为高技术产业高成长的助推器，成为继移动通信和互联网之后的全球第三个发展得最快的电子信息产业的经济新增长点。

由于卫星导航产业具有应用与服务的大众化、全球化特质，以及和通信与网络产业良好的互补性、融合性优势，因而具备成长为巨大产业的所有有利条件，且目前我国正处在其产业爆发性增长的孕育期。在当前我国大力推进新一代信息技术和战略性新兴产业的大好形势下，卫星导航可以充分利用实现国家经济结构转型和经济发展方式改变的重大机遇，实现高速度、跨越式、可持续发展，在新兴的智能信息产业群体内独领风骚，带动产业共同进步、集群发展、整体升级。

二 全球卫星导航系统进入大发展、大变动、大转折时期

（一）全球导航卫星系统及其产业出现四大转变趋势

全球卫星导航系统及其产业当前和今后10年内将经历前所未有的四大转变：从单一的GPS时代转变为真正实质性的多星座并存兼容的GNSS新时代，开创卫星导航体系全球化和增强多模化的新阶段；从以卫星导航为应用主体转变为PNT

（定位、导航、授时）与移动通信和因特网等信息载体融合的新时期，开创信息融合化和产业一体化，以及应用智能化的新阶段；从经销应用产品为主逐步转变为运营服务为主的新局面，开创应用大众化和服务产业化，以及信息服务智能化的新阶段；从室外导航转变为室内外无缝导航的新时空体系的新纪元，开创以卫星导航为基石的多手段融合、天地一体化、服务泛在化和智能化的新阶段。四大趋势发展的直接结果是使应用领域扩大，应用规模跃升，大众化市场和产业化服务迅速形成。

（二）全球导航系统呈现四大特点，产业依托四大支柱

未来的全球系统具有四大特点：一是多层次增强，在全球系统之外，有区域系统和局域系统对其进行增强；二是多系统兼容，通过 GNSS 兼容与互操作的合作，实现 L1 和 L5 上的民用信号的互用共享；三是多模化应用，除了导航外，还用于定位、授时、测向，充分发挥其功能与能力；四是多手段集成，除了卫星导航及其增强外，还利用非卫星导航手段，如蜂窝移动通信（UMTS）网络、WiFi 网络、Internet 网络、惯性导航、伪卫星、无线电信标等。采取如此众多的对策措施，旨在形成一个以 GNSS 为主体的 PNT 应用服务体系，真正做到任何时候、任何地方、全时段全空间的无缝服务，实现产业的全球化、规模化、规范化和大众化发展。

面对北斗二代、GPS、GLONASS 和 Galileo 四大系统 100 余颗工作卫星在天空中共存的局面，用户有个最优化选择和最佳化应用的问题，而作为四大系统及其他卫星导航服务提供者的各大强国必须认真思考和实现 GNSS 的兼容与互操作，以及探索新一代民用 GNSS 体系的建设方式和实施办法，在可能的条件下酝酿共建共享的问题。卫星导航产业及其产业链的四大支柱为：高端制造业、现代服务业、先进软件业和综合数据业，换句话说是依托硬件、软件、数据（地图与内容）和多种多样的有/无线网络资源，与其密切相关的产业有现代服务产业、电子信息产业、汽车制造业、移动通信业、网络业、基于位置服务业、消费电子业、交通运输业……相关行业不胜枚举。

（三）全球导航系统与产业的发展现状和趋势预测

对全球卫星导航产业及其市场发展的总体研究，有许多公司在连续不断地进行跟踪分析，包括一些官方性质的机构，如与欧洲伽利略计划相关的 GSA 组织在

2010年10月发表的报告中指出，今后的十年，GNSS市场会有明显的增长，从2010年到2020年，市场总产值从1330亿欧元攀升到2440亿欧元，平均年增长率为11%。同期导航设备的总销量从4.37亿台上升到10.89亿台，平均年增长率为10%。该报告主要研究归纳了道路车辆、位置服务和航空与农业四个方面，其中道路车辆的贡献占56.4%，位置服务占42.8%，航空占0.2%，农业占0.6%。

国外专业咨询公司研究表明，全球智能导航手机2010年的销量为2.95亿部，与2009年相比增长97%。预计到2015年时，智能导航手机销量将达到9.4亿部，大约占当年手机销量的60%。2010～2015年其年复合增长率将达到28.8%。届时大约有1/3或者1/4的销售量在中国完成。

三　中国卫星导航产业概况

（一）产业发展迅速

我国的卫星导航产业正进入高速发展的根本转折时期。国家发改委的"卫星导航应用产业化"专项和国防科工委"北斗民用市场开拓与产业化"专项的实施，科技部的中欧伽利略合作计划和"863"计划里"对地观测和卫星导航"主题的启动及实施，以及总装、发改委、工信部、科技部和交通部等联手开展的中国北斗卫星导航系统重大项目，已成为中国卫星导航产业发展的一个个重要里程碑。

产业发展的动人之处有四方面：一是汽车导航仪后装市场异军突起；二是个人导航设备市场后来居上；三是监控与信息服务市场在稳步前进；四是2010年导航定位手机已经脱颖而出，成为产业独领风骚的产品，占有中国导航终端市场的半壁江山。产业发展的进程成绩斐然，2006年突破了三大门槛：产业总产值超百亿元；用户终端年产销量超百万台；个人导航终端数量超过车载导航终端数量。2007年中国市场上PND激扬上市，风靡全国，预示着2008～2009年定位手机规模市场破壳而出，行业迎来了高速发展的成长期，2010年自然成为人们望眼欲穿的智能导航手机年。

（二）企业概况

根据调查研究和分析估计表明，我国涉足卫星导航应用与服务产业的厂商与机构的数量超过5000家,专业从事这一产业的单位有1500家左右,从业人员数量不少于15万人,总投资规模在500亿元左右。其中投资规模超过5000万元的企业约有150多家,1000万~5000万元的企业超过200家,百万元的企业有800~1000家,数十万元的企业有4000余家。人员数量为1000人以上的企业有70~80家,数百人的企业有数百家,其余大多数是几十人的小型企业。2006年产业产值首次突破100亿元大关(约为120多亿元),2008年产业总产值为285亿元,用户数量超过1300万个,新增用户数量接近1/2。2009年产值达到390亿元左右,用户总数量超过2500万个。2010年产值超过500亿元,用户总数量为5000万个左右。同时值得指出的是,我国北斗一号终端社会持有量业已达到8万余套,活动用户数量为3万余个。参与北斗终端研发或销售的企业数量达到50~60家,年产值为3亿~4亿元左右。从目前产业发展的形势来看,2010~2015年我国卫星导航产业发展将进入高速度、跨越式增长期。

(三)产业整体上存在"小、散、乱"现象

中国卫星导航产业主体是中小企业,行业发展具有明显的自发性和盲目性,产值规模为数百亿元量级,而专业和非专业从事卫星导航的企业数量达数千家,鱼龙混杂,良莠不齐,恶性竞争严重,侵权盗版猖獗,"山寨之风"横行,市场规模小而无序,极度缺少章法,常常一哄而上,时而又作鸟兽散。经过近20年的艰苦奋斗和磨炼,经历前仆后继、"先锋成先烈"和"剩者为王"悲壮历程,逐步形成了一批经过风雨、见过世面的骨干企业,有多家公司已经上市融资,还有许多家公司正在准备上市,有的茁壮成长,有的还在矢志不渝、艰难度日,它们迫切希望组织起来,联合起来,行动起来,形成主导产业发展的企业骨干群体。

四 "十二五"是中国导航产业的机遇期、攻坚期和关键期

(一)"十二五"时期产业发展前景

"十二五"正是我国卫星导航产业关键的发展转折时期和最佳成长期。在这

一时期，我国的北斗二代行将形成企业服务能力，并奉行积极开放的民用政策和国际合作方针，形成并实现 GNSS 的兼容互操作可交换功能；同时，也是卫星导航与无线通信进入一体化融合发展的崭新时期，我国卫星导航产业从幼稚走向成熟，从弱小走向强大，从封闭走向开放，依托移动通信、互联网、汽车业这样的大产业基础，迎来了移动位置服务（LBS）和车辆信息系统（telematics）市场的爆发性增长期，实现产业的高速度、跨越式、规模化、可持续发展。

中国卫星导航产业具有良好的发展前景，其产业产值的统计预测表明，2015 年将超过 2250 亿元，演变成为国民经济重要的新经济增长点。中国卫星导航产业终端社会持有量，在 2000 年不足 10 万台，2004 年超过 100 万台，2009 年超过 1000 万台，5 年内增长 10 倍。至 2015 年有望达到 3.4 亿台左右，其中接受服务的数量预期达到 1.8 亿台，其中个人服务数量为 1.2 亿户，车辆用户为 6000 万户。

"十二五"期间，从国家层面上说，主要应抓好两件大事：一是总体发展规划和管理与对策，包括"十二五"规划和导航定位授时的中长期发展规划与发展战略、国家总体政策与方针和相关法规、标准的制定与宣传贯彻，管理体制机制与机构的形成和完善；二是室内外无缝导航定位授时（PNT）体系的构建和实施，包括 PNT 体系架构研究、核心关键技术攻关、成果转化与科普推广、产业联盟促进与中介结构形成、基础设施构建、公共资源整合、共享平台集成建设等。总之，应该以服务产业和增值服务为主体和核心，围绕大众、安全和专业三大市场，分别抓好 LBS、Telematics 和安全应用服务，以及高精度和授时高端应用的整体解决方案，从长远发展的根本上实施全方位、多层次、一体化的国家 PNT 计划，通过国家重大专项和一系列重大工程，真正逐步实现无时不在、无处不在、无所不在的泛在 PNT 服务。

（二）"十二五"时期产业发展面临的机遇

"十二五"是我国卫星导航产业的大转折、大融合和大发展时期，以北斗重大专项为核心推动力的中国卫星导航产业，将进入高速度、高水平的崭新发展阶段，也是实现导航大国和强国宏伟志愿的关键发展阶段。产业年产值将从数百亿增长为几千亿元，推动成万亿元的相关产业，用户数量有两个数量级增加，从数千万个增长为 10 多亿个，乃至改变人们的生产方式和生活方式。产业发展面临

的良好机遇如下。

一是北斗系统的建设和正式投入运营，带动和全面促进了 GNSS 产业的整体升级与全方位快速发展，卫星导航行将成为汽车和移动手机的标准配置，其应用与服务深入到国民经济各行各业，国内外市场将出现激烈竞争的局面。

二是国家经济结构转型和加快经济增长方式的转变，以及战略性新兴产业的推动，赋予卫星导航重大历史使命，以其为核心要素的现代信息服务业作为龙头，带动先进软件业、高端制造业和综合数据业等产业集群群体进步。

三是卫星导航产业发展到卫星导航系统（GNSS）多系统整合，卫星导航与其他系统，尤其是与有/无线电通信系统融合，以及和自主导航系统组合，旨在实现室内外一体的无缝泛在导航；卫星导航提供的时空信息与计算机，或者所谓的云计算结合，实现智能导航，创造智能信息服务新兴产业。

卫星导航将成为大产业，但是目前的基础设施环境、关键核心技术平台、产业商业服务模式、标准规范保障条件和产业链与产业体系的建设，均处在初级草创阶段，准备严重不足，大大落后于实际需要，所以必须由国家从产业发展迫切需要和中长期发展规划角度出发，强化体制机制创新，通过加大投资力度和强度，集中力量办大事，做好若干关系到全局的大事，实现产业的重点突破和整体突围，打造好国家竞争力，在卫星导航应用与服务产业中，成为国际上名列前茅的导航强国。

（三）"十二五"中国卫星导航产业发展规划要点建议

今后的五六年间，是中国乃至世界卫星导航产业的关键发展转折时期。在汽车业的汽车和移动产业的手机上，导航功能可能从选配演变为标准配置，相关的四大产业，即高端制造业、现代服务业、先进软件业和综合数据业出现同步发展的良好势头，尤其是现代服务业会成为最具发展前景的产业。而导航产业所独具特色的综合数据业将大放异彩，成为智能信息服务产业的基础和核心资源。"十二五"规划的重要问题是解决好产业共用的基础设施、共享平台和通用解决方案，尤其是室内外无缝导航的整体解决方案，以及国家科技研发项目和成果与企业及市场需求的对接问题。

在国家统一规划部署指导下，通过举国动员体制和效益与效能最大化策略，调动一切可以调动的积极因素，抓住关键，突出重点，集中力量办大事，办实事，办好事，推进战略性新兴产业和军民统筹的国家重大战略，实现成为世界领先的导航大国和强国的国家目标。应具体做好如下几件事（见图1）。

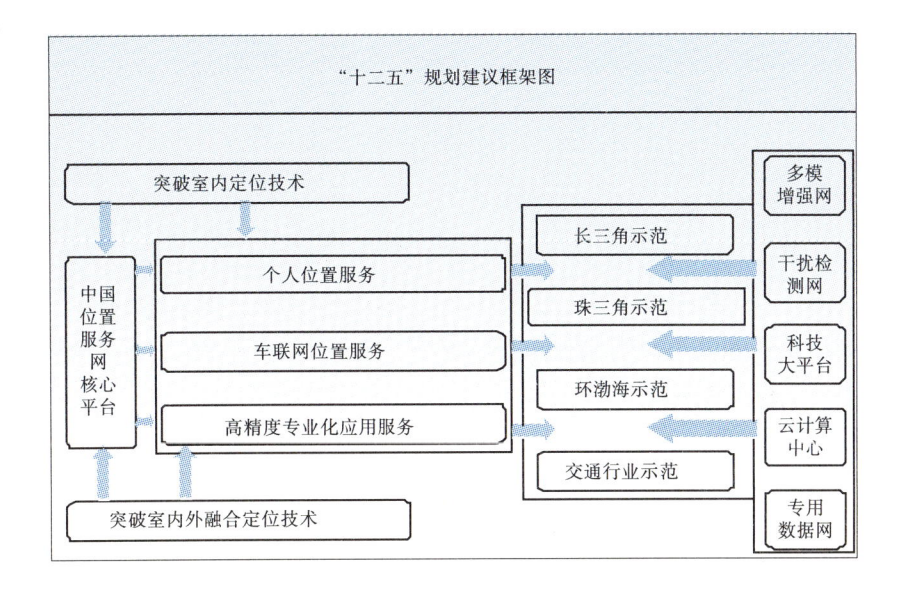

图1 卫星导航产业"十二五"规划建议框架图

一网挂帅：中国位置服务网总体架构和核心平台建设。

两大突破：室内定位技术和室内外融合定位技术。

三个方向：个人位置服务，车联网位置服务，高精度专业化应用服务。

四种示范：三区域一行业（长三角、珠三角、环渤海和交通行业）。

五类基础设施：连续运营参考站网系统为基础的多模增强系统，信号异常和干扰检测、定位、报告和消除网络安全系统，研发仿真试验验证演示一体化网络化国家科技基础平台，云计算网络中心与组网，专用导航定位与数据通信配套网络设施。

（四）"十二五"规划的主要内容

"十二五"的产业化项目与以往的明显不同之处，不是针对具体的终端产品和某项服务，而是以北斗为核心推动力，重点从事国家应该承担的基础设施、科技平台、核心技术、关键支撑和典型示范系统解决方案，强调基础、共享、可固化、可推广、可复制的系统性结构性的重大解决方案，以解决产业的关键、共性、基础难题。同时，要加大国家投资力度，加大强度集中投入数量有限、关系产业全局的重点项目和重大项目。主要应从三大方面入手推进十个重点项目。

1. 卫星导航应用基础设施建设

（1）GNSS 连续跟踪观测核心网络及国家数据处理服务中心

全国大网络的核心示范网（30 个重点观测站），负责全国网的总体性和工作指导，以及标准规范的制定贯彻，同时负责全国网按照需要的数据集中和发布式云计算处理，分发服务，推进资源共享。

（2）北斗、GNSS 信号干扰监测、定位、报告、消除系统和国家安全保障中心

解决卫星导航应用的心腹大患和后顾之忧，必须在全国建设专门的信号干扰监测系统，确保国家应用卫星导航的国家信息基础设施的安全，这是各个国家的卫星导航系统必须重点解决的重大问题。建设 40 个左右的固定站和 10 个移动站，一个中心，和一个群策群力构建的事件报告网络。

（3）GNSS 接收机和应用服务终端质量检测和认证中心

对于大量应用的 GNSS 接收机和应用服务终端，进行质量检测和认证，是产业实现规范化和规模化的基本保证。建立相应的测试系统的软硬件平台，以及测试规范标准。

2. 卫星导航核心关键技术共享平台

（4）国家卫星导航网络化科技基础大平台

建立集研发、仿真、试验、验证和演示于一体的网络化国家卫星导航科技基础平台，是当前的产业发展急需的软硬件结合的工具型平台，是推进产业高水平快速发展的重大举措，一定要坚持共建共享原则，真正成为公共共用基础平台。

（5）国家卫星导航科技成果转化和产业应用推广平台

多年来，国家大量的科技投入，大多没有实现科技成果转化，要把新研发的和大量积压的成果实现转变，需要渠道，更加需要成果商品化过程，该平台是渠道，也是系统集成和推广应用的平台。

（6）导航技术组合和系统融合工程研究中心

卫星导航与无线通信和有线通信的融合，与自主导航系统的融合，实现室内外导航定位的无缝融合和平滑对接，实现真正意义上的泛在定位服务和确保服务，解决 GNSS 多系统融合，解决 A－GNSS 技术与服务，解决 GNSS＋WiFi、GNSS＋MEMS、GNSS＋场强测量等一系列组合和融合技术与服务难题。

3. 卫星导航应用与服务系统整体解决方案

（7）车辆信息服务系统解决方案

围绕汽车导航，结合车辆的电子信息系统，系统解决安全、导航、娱乐、上网、增值服务等一系列应用和服务需求，形成一揽子解决方案，利于大规模推广应用，成为真正的示范。

（8）移动位置服务系统解决方案

突出位置服务，与现代物联网、传感网、云计算等概念结合起来，与数据和服务内容结合起来，与大量的应用和服务软件结合起来，形成可操作的移动位置服务整体解决方案，进行大规模的应用推广。

（9）智能信息服务终端系统解决方案

智能终端是智能信息服务的基础，智能信息服务终端由于其存在操作系统，可以成为通用终端，可以适合各种各样不同的应用，这是通过增加专门应用软件就可以实现的。所以，通用智能终端可以大大地增加投入产出比，大大地扩大其应用规模，由于实现了智能化应用，还可以大大提高生产效率和生活质量。

（10）高精度测量应用综合服务系统和终端解决方案

高精度应用现在价格高，对于应用人员的知识水平要求也高，其应用规模受到限制，如果实现综合服务，许多应用部门和单位不需要都去购买仪器，就可享受高质量、专家级服务，这是一种卫星导航产业发展方向。同时，开展配套终端的解决方案研究。

五 结语

必须抓住我国北斗导航系统建设以及 GNSS 大变化、大转折、大发展的重要契机，利用卫星导航这样的新一代信息技术和新时空技术，实施以市场为导向、企业为主体、效益为目标的"用、产、学、研、管"相结合的产业化发展模式，大力并全面推进卫星导航技术国际化，产品国产化，应用大众化，服务产业化和市场全球化的"五化"进程，谋求实现我国卫星导航产业的高速度、可持续和跨越式发展，进而推进最为重要的战略性新兴产业的智能信息产业的快速和大规模产业化发展，形成国民经济新的增长点和集群式发展，推动信息产业的全方位多层次的升级换代，为转变经济发展方式服务。

B.3 地理信息产业发展的影响因素分析及产业发展思考

钟耳顺[*]

摘 要： 本文分析了影响地理信息产业发展的技术因素，着重介绍了移动技术、云计算、集成和互联网技术对产业发展的影响。对地理信息产业细分市场及商业模式创新进行了分析，最后提出了促进地理信息产业发展的若干建议。

关键词： 地理信息产业 影响因素 技术 市场

一 引言

影响地理信息产业发展的要素众多，人才、技术、资源、资金、市场和政策等，都是产业发展的基本要素。一般来说，在高新技术产业化过程中，人才、技术和资金是最为关键的要素，这些因素同样也极大地影响着地理信息产业的发展。技术发展已经成为地理信息产业发展的重要驱动力，尤其是信息技术（IT）的发展，不断催生新产品和新服务，影响着地理信息市场的走向。把握IT走向和市场需求，对地理信息企业发展至关重要。应该注意的是，地理信息产业的发展具有其特殊性，这一产业在很大程度上以地理信息资源为基础展开，地理信息资源的获取、处理与发布受相关政策的制约和限定，地理信息产业的研究离不开地理信息资源的开发与利用，产业政策的制定也离不开地理信息资源的共享与合理配置。因此，地理信息资源也是影响地理信息产业发展的重要因素。关于地理

---

[*] 钟耳顺，北京超图软件股份有限公司董事长。

信息资源的利用与共享，已经有众多研究。本文主要从 IT 业的发展和市场走向来分析它们对我国地理信息产业的影响，并结合我国实际情况对地理信息产业的发展提出建议。

二 信息技术发展趋势及对地理信息产业的影响分析

IT 业有两个非常突出的特征：一是技术演化快，产品更新换代快；二是技术的市场驱动性强，技术创新往往带动市场需求，引导市场走向和产业发展。地理信息技术是 IT 业的重要分支。发展地理信息技术，必须把握 IT 技术的动态，分析技术和市场的趋势，这也是制定产业政策、产品研发计划、市场战略的重要基础。

国际上，有一批咨询公司专门从事 IT 技术的产业咨询与创意，为产业发展和投资提供咨询。美国的 Gartner 公司就是这样一家专业 IT 咨询公司。该公司提出的 Gartner 光环曲线，将技术的成熟过程划分为萌芽期、过热期、低谷期、复苏期、成熟期五个阶段，每年发布技术 Gartner 光环曲线和技术分析报告，对各种技术的发展与走向进行分析，明确技术的发展阶段。Gartner 光环曲线是一个非常值得借鉴的 IT 发展分析模型，具有参考价值。

把握 IT 技术的发展趋势，是分析地理信息产业走向的重要依据。许多学者和企业人士重视 IT 技术的发展趋势，从宏观和微观层面做了大量的分析和研究，发表了许多论文。IT 新技术层出不穷，下面总结的四点，只是从一个侧面反映 IT 的发展趋势，它们将对地理信息技术和产业发展产生深刻的影响，值得我们关注。

（一）移动技术（Mobile）

移动技术是目前美国硅谷最热门的三大词之一①。今天，每一个人都可以感受到移动技术的发展及其所带来的生活便利。移动技术不仅是硬件设备的变革，更重要的是软件体系的变革，它使得人们对于复杂的系统应用触手可及。移动技术给地理信息应用带来了革命性变化，使地理信息成为新型的服务业态，改变了

---

① Claire Cain Miller, "Photo Sharing on the Go Is the Latest Hot Invention Niche in Silicon Valley", *The New York Times*, November 10, 2010.

传统的应用模式。

移动地理信息系统的发展,推动了电信公司对地理信息的应用,可以预测在近几年里,移动地理信息将形成巨大的市场。

(二) 云计算(Cloud Computing)

云计算是目前 IT 技术与产业界的热门话题,是 IT 业最为重要的趋势之一。云计算是并行计算(Parallel Computing)、分布式计算(Distributed Computing)和网格计算(Grid Computing)的发展,或者说是这些计算机科学概念的商业实现。云计算是一种新的商业计算模型,它将计算任务分布在大量计算机构成的资源池上,使各种应用系统能够根据需要获取计算力、存储空间和各种软件服务。

我们正处在一个向云计算过渡的信息服务阶段,国际 IT 巨头们纷纷走向云计算之路。根据 IDC 公司的估计,去年全球商业云计算产值(包括基础设施资源、软件应用和开发工具等)为 222 亿美元,仅占技术总支出的 2%。它还预测云计算在未来数年内将以每年 25% 的速度增长,预测到 2014 年云计算的产值将达到 555 亿美元[①]。

无疑,云计算为地理信息应用提供了一个新的机会,它不但改变了传统的技术形态,更为重要的是为地理信息服务提供了新的机制。

(三) 集成(Integration)

IT 技术的另外一个特征是集成。我们正处在一个高度集成的时代,集成的范畴非常广泛,不但包括技术的集成、信息内容的集成,更为重要的是思想的融合。后者也许属于哲学层面的议题,而技术的集成无处不在,就地理信息技术而言,业界所倡导的 3S 集成,即 GIS、RS 和 GPS 的集成,已经成为产业的重要形式。3S 与无线通信、3G 视频等众多技术集成,形成了新的解决方案,满足了更为广泛的应用需求。又如,我国正在进行三网融合,使广电网、电信网和互联网融合,虽然这三种网络在物理层面上仍为分开的,但通过 IP 互访,将形成一个

---

① Steve Lohr, "The Business Market Plays Cloud Computing Catch-Up", April 14, 2011, *The New York Times*.

高效的逻辑网络，带动网络产业的提升和发展。

在地理信息产业中，除了技术的集成之外，更为重要的是信息内容的融合。许多应用系统的建设都需要融合地理信息，以及社会经济信息、交通动态信息等其他信息。

（四）物联网（Internet of Things）

物联网又称为传感网，是指将各种信息传感设备，如射频识别（RFID）装置、红外感应器、地理信息系统、激光扫描器等种种装置与互联网结合起来而形成的一个巨大网络。互联网是"人－网－人"模式，解决了人与人之间的信息沟通，而物联网则是"人－Internet－物"模式，实现了人与物的连接。

美国政府提出了智慧地球的概念，物联网就是这些所谓智慧型基础设施中的一个概念。有专家预测10年内物联网就可能大规模普及。物联网用途广泛，遍及智能交通、环境保护、政府工作、公共安全、平安家居、智能消防、工业监测、老人护理、个人健康等多个领域。

物联网与地理信息密切相关。物联网系统的建设，离不开地理信息技术的支撑。有人预测，物联网将会发展成为一个上万亿元规模的高科技市场。无疑，这一技术也将带动地理信息产业的发展。

三　地理信息产业市场分析

（一）地理信息产业三大应用市场

地理信息技术具有综合性特点，往往在某个应用中体现多种功能，但是就其主体功能划分，这一技术的主要应用领域为设计、模拟分析、管理和信息服务等。设计属于自动制图的范畴，主要对象是设计人员，模拟分析的主要用户是研究人员，而管理是政府与企业应用的主要要求，信息服务则面向大众。随着技术的发展和应用需求的变化，地理信息技术的功能在不断拓展，将进入到控制领域。而目前的主体市场可以分为科研与政府部门、企业、大众信息服务三大领域，地理信息技术应用呈明显的"金字塔"形状，如图1所示。从总体市场来看，用户数量是从政府、企业到大众信息服务增多，而目前的应用程

度以政府部门比较深入，企业和大众信息服务应用程度相对较低，正处于快速发展的阶段。

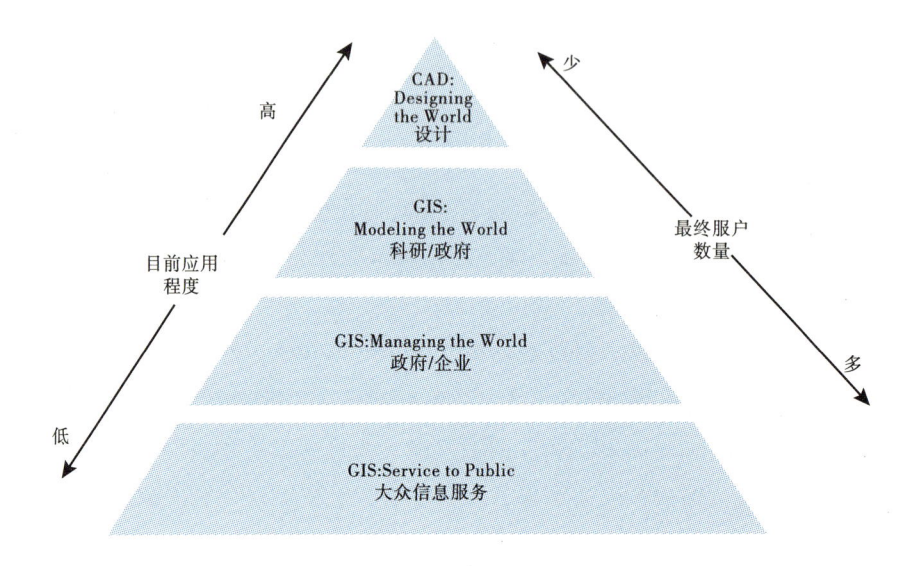

图 1　地理信息技术应用"金字塔"

政府部门一直是地理信息技术的最主要应用领域。有资料显示[①]，美国 50%以上的 GIS 项目应用于政府部门，我国 70%以上的 GIS 项目来源于政府部门。国际上，大部分遥感卫星的发射依赖于政府和军事部门的支持，如获得政府和国防部门的预期订单。GPS，众所周知，是美国国防部支持发展的导航系统。无论在国外还是在国内，政府应用（包括军事应用）是地理信息产业的主要驱动力。

从我国地理信息产业市场的发展来看，企业应用发展迅猛，除了传统的城市设施管理，如自来水和供电等，石油、通信、物流，以及广告、商业、银行和保险等行业对地理信息技术的需求已经显现出来，可以说企业应用正成为我国地理信息技术市场的主流。

大众信息服务是地理信息产业的最大市场，关键是其受众广、影响大。近十年来，我国车载导航应用和网络地图应用发展迅速，为地理信息产业的推广起到

---

① 《我国地理信息产业政策研究》，测绘出版社，2007。

了积极作用和最为直接的影响，形成了巨大的市场。近期我国移动地图市场已经超过导航电子地图市场，可以预测移动地理信息应用将成为大众信息服务的主流模式，并展现巨大的发展前景，但是目前阶段，在地理信息的获取、处理、发布、分析、应用、更新维护的全过程中，移动应用模式仍以地图浏览为主，其作用仍有待深化。国际上兴起的所谓自愿地理信息（Volunteer Geographic Information）或新地理学（Neogeography），即非专业单位和个人可以利用网络或者移动设备参与信息的更新与处理，仍处于发展之中。这一理念将进一步拓展地理信息技术的应用，甚至在一定程度上改变传统地理信息技术的模式。

（二）商业模式创新是开拓新市场的重要途径

高新技术产业的发展离不开创新。创新包括技术创新和商业模式创新，而且二者的有机结合，才是市场制胜的法宝。国际高新技术发展之道，可以说就是技术创新与商业模式创新之道。Google 公司推出的 Google Earth 是地理信息产业中商业模式创新的范例，它利用其庞大的计算机网络资源和卫星遥感地图资源，开发了一个新型的"数字地球"，开拓了新的地理信息服务模式，使人们可以方便地获取和利用地理信息资源。

商业模式创新是我国地理信息产业发展的重要途径。如何进行商业模式的创新，也是众多企业所探讨的重要课题与策略。商业模式创新的重要内容是应用模式的创新，随着我国信息化的普及和应用水平的提升，社会对地理信息技术的需求与日俱增，地理信息技术的应用也在不断发生变化，地理空间技术的应用正在从传统的制图、查询显示到决策支持，进而发展到地理信息控制，如自动交通系统、无人飞机指挥控制的应用等。地理信息技术应用模式的创新的重要内容之一是不断拓展其功能和应用层次。

此外，上面提及的集成是地理信息产业发展的重要途径，地理信息技术融入其他信息技术之中，或与其他技术集成，如3S与3G视频多技术的集成，将拓展新的应用，营造新的商机。特别值得一提的是，云计算的兴起为地理信息产业提供了一个新的商业模式，云计算是我国地理信息产业的一次新机遇。

商业模式创新是我国地理信息产业发展不可忽视的重要内容，企业在重视技术创新的同时，有必要提高商业模式创新的意识和能力。

四 对我国地理信息产业发展的思考

(一) 我国地理信息产业大有可为

我国地理信息产业大有可为,这并非一句口号,而是由地理信息技术本身的特点以及市场需求决定的。仅地理信息技术功能和内容的深化就对地理信息产业发展空间带来巨大拓展。

第一,随着信息化程度的提升,地理信息技术的社会功能在不断拓展,从宏观角度上讲,地理信息技术的功能正在从定位与制图,走向工程应用、管理与辅助决策、信息服务,甚至发展到控制与管理等方面,其功能不断拓展与深化。

关于地理信息技术的控制功能,有许多的例子可以说明。当美军的"掠食者"无人机轰炸利比亚的时候,可以发现其控制系统就是基于定位导航的系统。今天,一个普通的航模爱好者可以通过下载 Google Map 的地图实现航模的自动飞行控制。谷歌公司 2010 年 10 月进行了汽车自动驾驶实验。他们通过软件控制系统与 GPS 卫星导航系统连接,在实际道路上进行了 140000 英里汽车自动驾驶实验,这些都体现了地理信息在控制中的作用。

第二,地理信息的形式、内容、专题层次、尺度随着应用需求在不断扩大与深化。例如,在数字城市系统建设中,除了传统的城市地形图之外,还需要各种城市设施要素图,仅城市地下井盖的类型就有 7~8 种,其他的要素多达百种。地理信息内容扩展带来的市场空间极大。

(二) 综合集成是地理信息产业发展的重要趋势

以上提到的技术集成,已经得到学界和业界的广泛接受。然而,综合集成涵盖的内容广泛,如数据集成、信息共享、行业整合,等等。例如,基础地图、行政界限、人口与社会经济数据,以及动态信息等,是众多区域信息系统建设的必要资源,需要共享,需要集成。信息共享在一定程度上制约着产业的发展,我们一直呼唤信息共享,但是现实与需求仍有很大的距离。

美国学者查科·马丁 (Chuck Martin) 在《网络未来》一书中提出:"过去,人们所控制的信息越多,权力就越大;在网络时代,人们所给予的信息越多,所拥有的就越多。"我们进入了一个信息分享的时代，应该认识到信息共享将使大家受益。切实做好信息共享是未来产业发展的重要基础。

此外，随着产业的发展，行业整合将是必然之势，也是我国未来地理信息做大的必要途径，这既是企业的责任，也需有关政府部门加以引导。

（三）加强政府引导和资源整合至关重要

在IT业中，每当推出一项新的技术，就会引发新的应用，带动新的市场。国际上，除了投资50多亿美元的铱星移动通信系统的失败，信息技术创新往往对市场具有很好的引导作用。地理信息技术属于综合性技术，信息技术创新对地理信息产业市场有着重要的影响，但由于地理信息产业的核心内容——地理信息是涉及国家安全的战略性信息资源，目前在我国仍然受到一定程度的限制，所以加强政府对产业的引导至关重要。

最近几年，地理信息产业得到了较快的发展，产业的总体走向是从政府部门走向企业和大众信息服务。然而，未来可以开拓的市场空间巨大，如动态交通信息服务、特殊人群（老人和儿童）动态信息服务等，都有待主管部门引导和整合资源，形成市场。此外，地名地址数据库建设也是促进地理信息产业发展的一项非常重要的基础性工作。

（四）全面营造良好产业环境

产业的发展离不开良好的政策环境和文化环境，国家测绘地理信息局高度重视地理信息产业的发展，正在营造这方面的环境，为我国地理信息产业发展起到了重要作用。

目前，值得注意的是，必须加强"大测绘"的意识和政策措施，进一步强化国家地理信息产业与地理信息服务的意识，处理好事业单位参与市场竞争的问题。测绘行业中行政事业性单位与企业争市场的问题，有损市场的公平性，随着国家事业单位改革相关政策的出台，测绘生产事业单位改革问题应该引起足够的重视。

（五）积极探索"走出去"战略与模式

随着我国社会经济的发展，我国高技术产业走向国际已成为必然趋势。最

近，国家测绘地理信息局制定了"走出去"战略，这对我国地理信息企业参加国际合作与国际市场竞争提供了强有力的支持，我国应该创造条件"走出去"，拓展国际市场。

在走向国际的时候，我们应该清楚地看到，我国地理信息产业总体规模小，企业体量还不够大，产品和服务亟待提升，竞争优势还不够明显，因此，我们要探求切合实际的"走出去"战略和模式。对于企业而言，仅仅依靠低价格战略，难以在国际市场上长期制胜，而开发具有特色的产品和服务则是我们走向国际市场的重要途径。此外，就整体战略而言，我们应该针对不同地区采用不同的战略，如针对发展中国家，可以以产品为主导，直接销售，而针对发达国家，可以以服务为主导，并逐步走向产品和服务并举的策略。

尽管近年来受到金融危机影响，国际地理信息市场低迷，但是其市场空间巨大，开拓国际市场仍是我国地理信息产业的重要方向，现在正是一个良好的市场切入时机，主管部门和企业有必要制定一套具体措施。

B.4
卫星导航产业经济分析

李尔园*

摘　要：本文基于产业经济学理论，对卫星导航产业的产业结构、产业组织、产业区域发展和技术创新等方面进行分析。其中，产业结构研究主要从经济发展的角度，研究导航产业内部结构对产业发展的影响以及产业结构层次的演化；产业组织研究主要通过对市场结构、市场行为进行分析，评价市场主体的市场绩效；产业区域发展研究主要研究导航产业集群问题；而卫星导航产业是新兴产业，技术创新对产业发展的作用也不容忽视。在产业经济学的研究成果基础之上，本文总结出影响我国北斗产业发展的因素。

关键词：北斗　卫星导航　产业结构　产业组织　区域发展　技术创新

我国北斗卫星导航系统区域组网即将完成，全球系统的建设也已经提上日程。虽然系统的建设进行得非常顺利，但北斗系统的应用产业化进展异常艰辛。这一方面受美国GPS系统的影响，但更重要的是我国卫星导航产业自身存在问题，影响甚至制约了产业发展。本文将从产业经济学的角度，剖析我国卫星导航产业内部存在的问题，从而找到影响卫星导航产业发展的因素，并提出可能的解决方法。

一　产业结构

卫星导航产业结构包含两层含义：一是卫星导航产业外部的、与其他产业之

---

* 李尔园，北斗智星咨询（北京）有限公司卫星导航产业经济分析员。

间的结构关系,二是卫星导航产业内部的结构关系。本文重点研究卫星导航产业的内部结构及其影响因素。

(一) GNSS 产业结构

按照图 1 所示的卫星导航产业链,可将 GNSS 产业分为产业链上游产业、中游产业和下游产业。其中,产业链上游产业包括卫星导航零部件设备制造业及各类信号模拟器及配件制造业;产业链中游产业包括卫星导航终端设备制造业和软件及内容提供业;产业链下游产业包括系统集成业和卫星导航运营服务业。

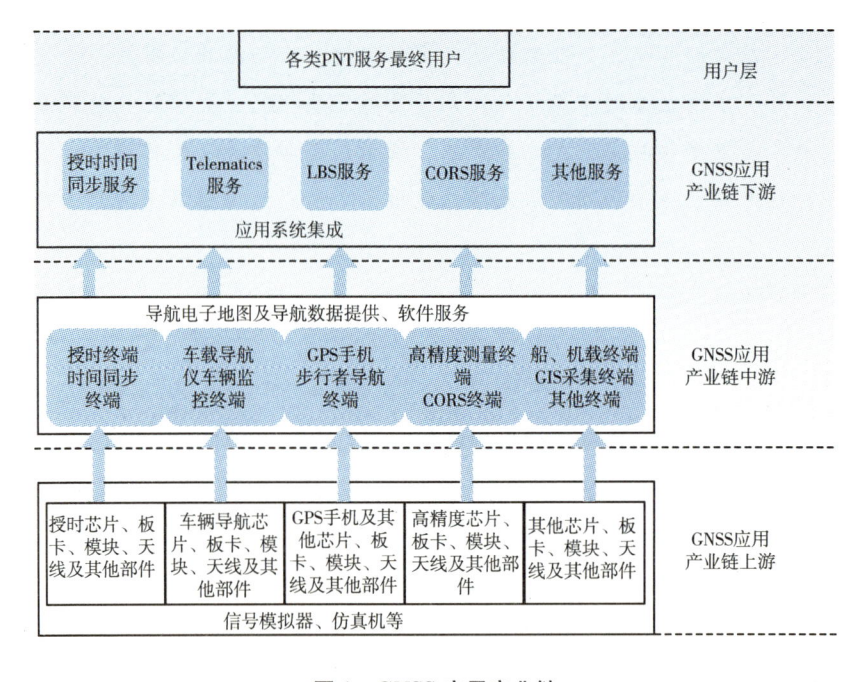

图 1 GNSS 应用产业链

从图 1 可以看出,GNSS 产业是服务导向型产业,用户处在产业链的最顶端,整个产业的最根本目的便是为用户提供贴心的卫星导航服务。这些服务包括授时服务、Telematics 服务、LBS 服务、CORS 服务及其他一些服务,其中 Telematics 服务、LBS 服务和 CORS 服务将引领未来 GNSS 产业的发展。2009~2010 年我国 GNSS 产业总产值及产业链各环节产值如图 2 所示。

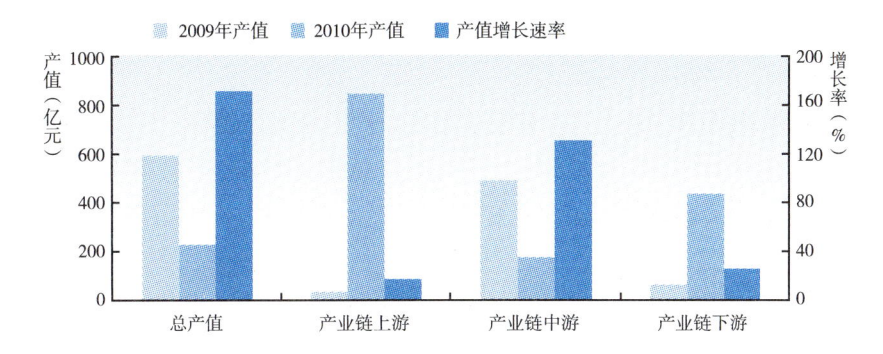

图 2　2009～2010 年我国 GNSS 产业链上中下游产值及总产值

从图 2 可以看出，目前我国 GNSS 产业结构非常不合理，不仅 GNSS 产业总体规模不够大，还表现出卫星导航服务业产值过少、终端制造业产值所占比重过大、零部件制造业发展滞后等特征。这些都在一定程度上影响了我国 GNSS 产业的健康快速发展。要实现我国 GNSS 产业的跨越式发展，首先必须要大力发展卫星导航服务业，特别是 Telematics 服务、LBS 服务和 CORS 服务这三大服务业，以服务带动产业发展，带动产业结构进行合理化调整。

影响我国 GNSS 产业结构的因素大致包括以下几点：第一，我国的国民经济发展水平；第二，卫星导航技术变动，包括技术结构变化和技术进步；第三，市场供应的卫星导航产品结构；第四，市场对卫星导航产品的需求结构，包括 GNSS 产业自身的需求；第五，贸易结构，主要指国际贸易等。

（二）产业结构优化

卫星导航产业结构优化主要包括两个方面的内容：卫星导航产业结构合理化和卫星导航产业结构高度化。

1. 产业机构合理化

GNSS 产业结构合理化是指卫星导航产业内部的经济技术联系和数量比例关系趋向协调平衡的过程。通常判断 GNSS 产业结构合理化的标志包括：卫星导航产业的总产值占国民生产总值的比重不断增长；卫星导航产业软化率，即卫星导航产业内卫星导航内容提供与服务部门的产值与卫星导航设备制造部门的产值的比例，应该不断提高，直至大于 1；卫星导航产业内部各部门的需求结构与供给结构合理；产业结构从低级到高级的依次有序的变动等。

2. 产业结构高度化

卫星导航产业结构的高度化是指在一定的经济发展总量下，卫星导航产业结构整体的经济效益高度化。高度化标志包括：产品结构高度化；产业高技术化；产业高集约化，即产业组织合理化，有较高的规模经济效益；产业高加工度化，即加工深度化，有较高的劳动生产率。

二 产业组织

基于 SCP（Structure，市场结构；Conduct，市场行为；Performance，市场绩效）分析框架的产业组织理论认为，市场结构、市场行为和市场绩效之间具有互动关系。市场结构是决定市场行为和市场绩效的基础，是最重要的因素；企业的市场行为受制于市场结构，同时又反作用于市场结构并影响市场绩效。企业的市场行为包括定价行为、非定价行为和企业组织调整行为；市场绩效是市场结构和市场行为的"矢量"合力，反映了市场的运行效率。以下将重点对卫星导航三大服务业进行产业组织分析。

（一）Telematics 服务

Telematics 服务，即车载综合信息服务在我国发展时间较短，目前尚处在起步阶段，市场规模较小，但潜力巨大。市场结构属于"垄断竞争型"，即进出市场相对容易，厂商数较多，产品有差异，且每个企业都在市场上具有一定的垄断力，但它们之间又存在着激烈的竞争。涉足 Telematics 服务的企业包括三类：汽车生产商、老牌 GPS 厂商及汽车电子厂商，这三类企业各有竞争优势，各自在一定区域和领域拥有垄断力，但它们之间又存在着激烈的竞争。

对于尚处在初期探索阶段的 Telematics 产业，所有企业都抱着共同合作、协同发展的态度，希望制定统一的产业发展规划，在统一的规划下，通过有效合作，共同促进产业的健康发展。而这一时期，企业为了快速扩大用户规模，几乎都采取了初期服务免费的策略，以赢得用户数量为主要目标，没有过多的市场行为。其中，也不乏为了增强自身的技术实力而进行企业兼并的行为。

从整个 Telematics 服务发展的市场势头来看，"垄断竞争型"市场结构是非常有效的。一方面，企业间的合作使得处在初期阶段的 Telematics 产业能够茁壮成长，促进了产业发展；另一方面，一定的垄断和激烈的竞争，有效增强了市场的技术创新能力，并保持了良好的产业市场秩序。

（二）LBS 服务

LBS 服务现在也处于发展初期阶段，但其整个市场势头不如 Telematics 服务。LBS 的服务市场结构属于"垄断竞争型"，涉足的企业数量较多，且进入门槛较低，各企业间服务有一定的差异性，且各自拥有相对竞争优势和垄断能力，但彼此间也存在激烈的竞争。

因处在产业发展初期，所以诸如产业链的完善、商业模式的探索和技术瓶颈的突破等，都有待解决。处在摸索阶段的 LBS 服务商谨慎地在产业发展的道路上探索着，齐心合力共同发展我国 LBS 产业。在保持各自模式和市场的同时，积极寻求同业内其他人士的合作。合作仍然是这个阶段的主题。

在产业发展初期，适度垄断能使得企业保持一定的规模，而在产业成长过程中，只有大中型企业才能真正掌握产业发展的方向，带领产业快速变大变强。LBS 服务发展的事实证明，"垄断竞争型"市场结构，对 LBS 服务发展是有效的。

（三）CORS 服务

目前，我国已经建立起了城市级、省级和行业级不同层次的 CORS 系统，基准站达千余个。然而，尚未建成面向全国，为全国各行业提供服务的国家级 CORS 系统。加上标准不完善，各省级、城市级或行业级的 CORS 系统大都处于独立运行状态中，系统间存在网络和服务缝隙，无法实现数据共享。另外，一部分系统的参考站间存在重叠现象，造成了人力、物力和财力的浪费。这一切均不利于我国 CORS 服务的发展。造成这一现状可能有以下原因：第一，连续运行参考站网分布不均匀，东部沿海等发达省份较多，偏远省份较少；第二，连续运行参考站网建设缺乏统一标准，致使行业市场混乱；第三，资源与数据共享平台尚未建立，各地方和行业系统之间不能实现数据共享，造成资源浪费，不能发挥这些资源和数据在源头性研究和社会服务方面的功能；第四，连续运行参考站网的管理和对外服务没有统一要求等。

未来，我国需要构建国家级 CORS 系统，由政府权威部门协调组织实施覆盖全国范围的 CORS 系统。建成包含 2000 个以上、分布合理均匀的国家 GNSS

CORS 基准站，形成国家陆海统一的新一代卫星大地控制网、覆盖全部陆地国土和海岛的新一代高精度控制网。

国家级 CORS 系统主要包括以下内容：符合标准的 CORS 网络覆盖全部国土、统一的数据接口和收费方案、数据/运控中心、配套法律法规及行业标准等。

三 产业区域发展

卫星导航产业集群的核心是卫星导航企业之间及企业与其他机构之间的联系以及互补性，即卫星导航产业集群内部的互作机制，这种机制既有利于获得规模经济，又利于互动式学习和技术扩散，比垂直一体化大型企业具有更大的灵活性。卫星导航产业集群内顺畅的互动机制有助于信息的流通更顺畅、产品的供给更合理，从而缓和经济利益的冲突，替水平或垂直联结的企业创造合作与信任的空间。

我国卫星导航产业的一个突出特点是许多厂商并不是孤立地出现在某个地点，而是成群地集聚在有利的地理区位。我国卫星导航产业集群可以分为两类：第一类，卫星导航产业创新集群。创新集群是我国卫星导航产业的核心聚集区，主要分布在北京市、上海市和广东省。在这些创新集聚区，企业集中，可形成高技术人才的集聚，可形成专业化的配套产品、技术市场，可形成卫星导航产业技术创新大平台，营造良好的创新环境，通过企业通力协作，实现技术创新。第二类，卫星导航产业的制造集群。卫星导航产业的制造集群可形成符合产业专业化分工需求的产业链上中下游企业集群，满足培养企业竞争力的高、精、专业务要求。这种制造集群出现在我国东南沿海地区，特别是广东省、江苏省等。在这些聚集区，形成了按照卫星导航产业链顺序上中下游企业的集群，从零部件生产制造，到终端制造，再到系统集成和服务企业集群，形成了完整的产业链企业集群，从而能够实现即时供应、交易成本较低的产业配套能力，使得区内企业表现出了很强的竞争力。

四 技术创新

卫星导航产业技术创新的机制表现出从观念生产到创新出现的规律作用的联

系。它有三种模式：第一，技术推动型或称自然成长型，即"基础研究→应用与发展研究→技术创新"；第二，需求拉动型，即"市场需求→应用与发展研究→技术创新"，我国采用的"引进消化吸收再创新"模式便属于此类型；第三，交互作用型，即"科学推动与市场需求交互作用→应用与发展研究→技术创新"。从经济学角度看，引起卫星导航技术创新发生的生态因素是卫星导航市场的"有效需求"，有效需求不是一般意义上的需求关系，而是从功能上把握技术创新发生动因的一种特殊需求。

世界卫星导航产业的技术创新主要发生在卫星导航产业强国。我国虽然是卫星导航产业大国，但不是强国，我国的卫星导航技术创新能力较弱。虽然我国也能够创造出新产品、新技术，但是总体来说，自主创新能力不足，新技术、新产品的创新数量较少。虽然创新理论奠基人熊彼特在《经济发展理论》一书中认为，能成功地引进他国的新产品、新技术并将其产业化也是一种创新，但是，我们认为，这种创新是相对于我国引进技术之前来说的。虽然技术引进可以刺激我国的经济发展，但纯粹的技术引进与真正意义上的创新是有分别的。作为商品的卫星导航技术可以买卖，也就是可以引进，但卫星导航创新是一种理念，无法交易，若等它发展成为卫星导航技术，进而形成卫星导航技术商品时，别人早已有了创新优势，所引进的卫星导航技术其效用也就大为减弱。

另外，随着发达国家卫星导航产业调整和向外转移过程的开始，靠引进国外先进卫星导航技术和新产品而迅速崛起的我国卫星导航产业也逐步形成并成熟，再靠技术和产品引进将难以再有所进展，特别是在关键的卫星导航核心技术引进难度进一步加大的情况下，我国自己的卫星导航新技术、新产品创新能力对我国整个卫星导航产业的发展变得更关键。

因此，在当前我国卫星导航产业发展的新形势下，自主创新才是发展我国卫星导航产业强国之路的真正基石。对于我国这样一个已经具备一定卫星导航产业基础的发展中国家，应更多依靠自身市场需求潜力巨大的优势，适用以需求拉动型为主、交互型和技术推动型为辅的技术创新模式，去实现赶超目标。

五　总结

总结以上所述内容，可以发现影响我国北斗卫星导航产业发展的因素主要包括以下几点：第一，国家卫星导航政策。国家的卫星导航政策是影响 GNSS 产业发展的首要因素，因为它直接影响了民用市场对系统的信任和接受程度。第二，北斗系统的建设进程及其性能。除了国家卫星导航政策之外，北斗系统的建设进程及系统性能也直接制约了产业发展。第三，卫星导航国际合作，要成为真正的全球系统，国际合作是非常重要的。要真正发展好我国 GNSS 产业，仅依靠国内的力量是远远不够的。第四，国家安全与个人隐私。北斗系统是为保障国家经济安全和国防安全等基本目的而建，其应用过程更不能对国家安全有所威胁。另外还有一些影响因素应该指出，例如卫星导航核心技术缺失、终端制造业占比过重和服务业发展缓慢，产业市场集中度过低、市场行为混乱、市场绩效总体偏低，产业集群化程度较低，技术创新能力偏弱等。

B.5 我国卫星测绘产业发展现状和几点建议

刘小波 李 航*

摘 要： 在国家"十二五"规划的战略部署指导下，在国家测绘地理信息事业被赋予新的职责的背景之下，卫星测绘事业正面临重要的发展机遇。本文通过对国际国内卫星测绘发展现状的对比，分析当前我国卫星测绘应用产业面临的需求与挑战，并在此基础上对今后我国卫星测绘事业的发展提出相关建议。

关键词： 卫星测绘 地理空间信息 产业化 规划

一 引言

现代测绘技术是以信息科学、空间科学、高性能计算和网络通信等为基础，以卫星定位技术、遥感技术、地理信息系统技术为核心的新型技术体系，是国家高新技术与综合国力的重要标志。卫星测绘作为现代测绘技术的重要组成部分，可以实时获取空间信息，建立和维持高精度的空间基准，及时获取高分辨率影像，为更新各种比例尺基础地理信息，建立和维护国家基础地理信息系统服务。测绘卫星作为高精度遥感卫星的代表，是推动地球空间信息化的主力军，将对我国测绘地理信息产业的发展产生深刻的影响。

全国人大通过的我国国民经济和社会发展第十二个五年规划纲要明确提出，要培育发展包括新一代信息技术在内的七大战略性新兴产业，推动重点领域跨越式发展。国务院在提出的加快培育和发展战略性新兴产业重点领域之一"高端

---

* 刘小波，国家测绘地理信息局卫星测绘应用中心党委书记，高级工程师；李航，国家测绘地理信息局卫星测绘应用中心。

装备制造业"的重点方向和主要任务中明确,要"积极推进空间基础设施建设,促进卫星及其应用产业发展"。卫星遥感和地理信息产业作为新一代信息技术内容之一,将获得国家的重点支持。

2011年5月23日,李克强副总理到中国测绘创新基地视察,宣布国家测绘局更名为国家测绘地理信息局,并对地理信息产业发展和测绘卫星工作作出重要指示。卫星测绘应用作为遥感和地理信息产业发展的重要领域将迎来难得的发展机遇。

二 国际测绘卫星体系发展现状与趋势

国际上遥感卫星发展迅猛,测绘卫星是高精度的遥感卫星,除了美国、俄罗斯、法国等国家之外,日本、印度,甚至韩国、泰国等国家都先后发射了不同种类的测绘卫星。国内外测绘卫星的数据应用已相当广泛,早在20世纪80年代,加拿大利用卫星遥感数据修测1:20万地形数据库,法国、意大利利用卫星遥感数据测制非洲及东南亚地区大面积1:5万地形图。目前,优于5米分辨率的测绘卫星影像已经成为1:5万测图和更新的重要数据源。资源调查、防灾减灾、生态环境、交通等行业应用已经严重依赖高分辨率测绘卫星。

遥感数据应用市场规模不断壮大。遥感数据应用市场产业链和细分市场逐步形成,遥感数据需求层次不断丰富。民用遥感卫星的发展仍以政府投资为主,政府和商业混合的运作系统以及纯商业化运作系统的比例将逐渐增大。雷达、高光谱和INSAR 3种数据将被更广泛地应用。高空间分辨率的遥感影像需求仍在不断加大,中低空间分辨率的遥感数据已出现潜在的产能过剩。卫星光谱分辨率不断提高。国际遥感卫星正进一步向高空间分辨率、高光谱分辨率、短重访周期发展。21世纪初,随着国外对地观测技术的重大进步和一些庞大计划的实施,资源遥感将进入新的发展时期,与测绘相关的卫星对地表测绘制图技术将会有重大进展。

三 我国测绘卫星领域的发展状况及形势

(一) 卫星测绘发展现状

我国自主研发了气象、海洋、资源三个民用遥感卫星系列及环境减灾卫星星座,目前有11颗在轨运行,5颗正在研制中。现有的中巴资源卫星可提供中等分辨率遥感影像,可用于1:25万地形图更新。2007年发射的02B星和计划中的CBERS-3/4的高分辨率影像可对1:5万的基础地理信息进行要素更新。按照天地一体化的建设思路,我国开展了卫星地面接收站、数据中心等国家空间信息基础设施建设。先进计算机、大容量存储设备和高速数据通信网等国家空间信息基础设施有力地保障了卫星数据的处理、存档、分发与运行管理。卫星遥感技术在地形图测绘、海事测绘、地表高程测量、大地测量、区域地表沉降测量、全球重力场、应急测绘以及地理信息产业服务等测绘业务工作中已逐渐发挥越来越重要的技术支撑和服务作用。

(二)卫星测绘应用需求与挑战

近年来,国民经济建设和社会发展对卫星遥感影像资源的需求和依赖程度越来越高。实施国家资源、能源战略需要自主卫星数据;保障海洋权益,维护国土安全,迫切需要海陆对地观测体系的支持;坚守18亿亩耕地保护红线,急需构建以遥感技术为支撑的现代监管体系;防范和减少地质、海洋灾害,迫切需要卫星遥感快速响应支撑;基础地理信息持续稳定更新,卫星遥感是数据基础;实施全球变化监测,应对气候变化,需要宏观观测信息;困难地区测图及数字区域、数字城市建设等,都对卫星测绘提出了新的要求。

随着国家对资源环境监管的需要,经济发展对空间信息资源的需求正快速增长。而我国卫星数量少、型号品种单一、精度较低等问题,正严重制约着卫星应用业务能力的提升和产业化发展,卫星测绘应用面临着严峻挑战。

1. 卫星统筹协调规划不到位,研发能力不足

由于缺乏长远统筹,目前我国还没有关于自主测绘卫星发展的相关政策和规划,缺乏完善的相关技术规范标准。缺少对测绘卫星科技知识产权保护与成果转化方面的扶持。各应用部门所急需的卫星测绘数据远远得不到满足,形成了卫星立项和实际应用不相适应,地面系统自成体系,业务应用时断时续的局面。卫星研发部门也苦于对卫星发展没有预期,难以进行有效的技术储备和队伍建设,只能按照单星组织力量应对局部的科研和生产,制约了我国测绘卫星技术水平和研制效率的提升。

2. 业务卫星发展严重缺位，难以形成业务保障能力

重研发轻应用、重单项轻整体的发展模式，严重制约着卫星遥感产业的发展。限于单个卫星重访周期不能满足实际需求，在近年来多次突发事件与空间信息数据应急需求中，我国都难以实现在第一时间获得我国卫星获取的有效数据。空间数据获取的高时效需要多颗卫星形成星座并实现业务化运行，才能使卫星在短时间抓住有利的天气条件，获取海洋、污染、农林、国土、资源等多种情况、多种对象观测的重要参数，要求卫星重访周期短到数天、数小时，甚至连续观测。显然，单单依靠一颗或几颗卫星难以实现。

3. 卫星及应用产业化发展缓慢，商业化运行程度低

我国卫星遥感数据市场需求巨大，但产业发展速度和规模却比较缓慢，旺盛的市场需求并未能转化成对国产卫星的强大驱动力。相反，这种需求为国外的卫星提供了广阔的市场空间。目前，国外几乎所有的高分辨率卫星在国内都设有销售网点，大量推广本国的影像数据。作为战略性新兴高技术产业，国家虽有卫星应用产业化等政策性资金专项支持，但数量还十分有限，有针对性的产业激励政策措施还不多，各类社会资金、企业等投入卫星测绘应用的机制和发展环境尚未形成。

四 测绘卫星应用发展有关建议

（一）加快制定测绘卫星发展的政策和规划

测绘卫星是国家空间数据基础设施的基础和支撑。我们应根据国民经济社会发展的要求，在国家民用空间基础设施建设中长期发展规划的基础上，制定我国自主测绘卫星发展的相关政策和规划，配合国家遥感卫星的整体发展规划，使得我国遥感卫星高中低分辨率相互配合，形成高水平的测绘卫星系列。在国家统筹的基础上，实现高分辨率高精度遥感卫星的快速、持续发展。

研究制定测绘卫星数据的使用政策、管理政策、共享和分发服务政策，制定和完善相关技术规范标准，使测绘卫星数据资源发挥最大的效益。营造满足测绘卫星发展的政策环境，强化测绘卫星科技成果与新产品推广政策，加强测绘卫星知识产权保护与成果转化，积极扶持测绘卫星应用产业化发展。建立遥感卫星产业化激励机制，研究制定促进卫星遥感应用产业化发展的相关政策和法规，建立政府、企业、社会多方投入的航天发展新机制，促进卫星应用战略新兴产业快速发展，引导和鼓励遥感应用相关产业发展，推进空间信息的社会化服务。

（二）加快业务卫星和新型测绘卫星的研发，形成测绘卫星体系

测绘卫星除了传统的高分辨率光学卫星外，还包括干涉雷达卫星、激光测高卫星以及重力卫星和导航定位卫星。仅高分辨率光学测绘卫星就不仅要求分辨率至少优于5米，还需要高精度的相机和卫星平台。其他几种卫星的难度系数则更高。可以说，测绘卫星工程是国家高新技术发展的重大标志，体现了一国的科技创新能力和水平。技术难点多、难度大，立项及研制过程复杂，需要政府部门与整个行业的支持。在需求分析和有效载荷技术以及卫星应用技术取得突破的同时，尽快开展资源三号后续业务卫星以及激光测高卫星、干涉雷达卫星、重力卫星等卫星的可行性方案研究和综合立项论证，列入卫星发射计划，"十二五"期间争取达到2～3颗，初步形成光学测绘卫星体系，满足测绘及各行业对测绘卫星的应用需求。

（三）加强卫星测绘人才队伍建设

加强测绘卫星的人才队伍建设，重点是建立卫星测绘科技创新及人才培养体系，重点培养高分辨率遥感技术、影像处理技术、网格化分发服务技术、信息安全保密技术以及地理信息应用技术等核心技术领域的专业人才队伍，形成创新团队，并推动人才在地理信息技术与行业应用技术领域的融合，促进应用创新。对卫星测绘学科领域给予政策性倾斜和支持，努力培养造就一批知名专家、领军人才和学科技术带头人。

要加快建立卫星测绘应用国家局重点实验室。与有关科研、生产单位共同搭建卫星测绘科技发展与协作的平台。充分发挥国家"千人计划"人才的作用，并通过重大项目牵引，吸收、引进更多的高层次人才，投身于卫星测绘科技创新，并为建设国家级重点实验室以及工程中心做好技术和人才储备。

（四）加快测绘卫星与地理空间信息产业的融合

要充分调研经济社会发展，尤其是人民群众生活对地理信息日益增长的需

求,加快地理信息综合开发利用,让测绘卫星数据转化为地理信息产品服务国民经济各部门,开发功能齐全、使用便捷、人们喜欢使用的大众化、普适性产品与服务,让地理信息产品走进千家万户,真正推动地理信息产业繁荣发展。

要研究分析地理信息产品的市场需求,优化卫星测绘技术装备和基础设施合理布局,加快建设自主系列高分辨率测绘卫星,研发先进航空摄影测量平台,显著提高天空一体化的地理信息获取、处理与服务能力,实现遥感影像数据的广泛推广与应用。一是建立国家遥感影像服务平台,实现遥感影像服务和地理信息公共服务平台的结合,为公共地理信息服务提供最新最好的影像数据;二是加强遥感影像与社会化应用的结合,为数字省区、数字城市、西部大开发、西气东输、新农村建设等提供高精度的影像与测绘保障服务;三是加强为测绘重大工程的服务,开展国产卫星影像在天地图网络平台建设、海岛(礁)测绘、1:5万数据库更新、现代大地基准等国家重点项目中的应用,充分发挥测绘卫星的效益。

(五) 加强对地理国情监测的技术保障服务

地理国情监测的主要手段就是通过航空遥感和航天遥感、地理信息系统和卫星定位等高新技术,利用不同时相、不同尺度、不同数据源从既往到现在,从微观到宏观,从具象到抽象,对地理国情信息进行动态获取、综合分析、实时发布和监控评估。开展地理国情监测,需要丰富的卫星遥感数据和快速获取处理能力、先进的对地观测科技手段。因此卫星测绘部门需要快速提升测绘技术水平和现代化测绘装备,提高基础地理信息覆盖度,并不断拓展地理信息的要素类型,丰富信息内容,提高信息现势性,完善数字区域、数字城市、数字省区地理空间框架建设,为地理国情监测提供强有力的数据支撑。

B.6 我国地图市场发展的现状、趋势和对策

赵晓明*

摘　要： 地图市场是地理信息产业市场的重要组成部分。本文介绍了我国地图市场的现状，分析了存在的问题，对地图市场的发展趋势进行了分析，最后提出了发展地图市场的有关对策。

关键词： 地图市场　地理信息产业　趋势　对策

一　引言

地图作为人类空间认知的重要工具，徜徉于几千年的历史长河而经久不衰。从古代的手绘地图、近代的印刷地图，到现代的影像地图、电子地图和网络地图等新媒体数字地图，从古代地图收藏内府并视为秘籍，到今天地图已面向各行各业，走进千家万户，成为管理决策、科研教育、人民生活必不可少的工具，它的每一步发展都充满了人类的智慧，体现了科技进步的力量。在当今社会，信息化和全球化已成为主流，文化产业和地理信息产业已进入大发展时代，地图市场作为文化产业和地理信息产业的重要组成部分，获得了前所未有的发展契机。推动地图市场的大发展、大繁荣，为社会经济发展提供及时可靠的地图保障，为满足人民群众生活、学习和工作提供实用周到的地图服务，是地图工作者的责任，也是企业发展的需要。本文试图通过分析地图市场发展的现状，探讨地图市场的发展趋势和发展对策。

---

* 赵晓明，中国地图出版集团董事长、党委书记。

二 地图市场的现状

(一) 市场现状分析

地图是测绘地理信息成果的最直观反映，也是测绘地理信息工作服务社会最广泛的产品。从地图发展的历史轨迹看，随着技术的进步、时代的发展，地图的生产技术、表现形式、产品形态、传播方式，以及用户的阅读习惯和阅读方式都在发生深刻的变化。地图市场也由20世纪80年代自市场经济体制建立以来形成的传统纸质地图市场，发展到现今传统纸质地图和以导航电子地图、网络地图、手机地图等为主体的新媒体地图并存的市场。地图市场在整个地理信息产业中扮演着十分重要的角色。现阶段，根据市场特征，地图市场可以分为以下几大领域。

1. 传统纸质地图市场

根据用途又可分为两大主要市场：一是教学地图市场；二是以面向大众生活、学习、出行服务的参考地图市场。

教学地图市场是以中小学地理、历史和社会等学科的教材、教师参考书、地图册、教学挂图和填充图册为主要出版物的地图出版市场，是传统地图市场中所占份额最大的一个领域。当前全国市场总值约10亿元。参与教学地图市场竞争的主要是具有教学地图出版资质的出版社。这一地图市场规模很大程度上取决于中小学学生的数量，由于近几年我国中小学学生人数总体呈下降趋势，因此，市场总量提升较难。而且另外两方面也是重要的影响因素，一方面是国家对教材相关政策调整的影响，如教材目录调整、教材招投标、教材降价、政府采购、循环使用等；另一方面是数字出版发展的影响，目前国际上教育出版领域大约有30%~40%的份额来自数字出版这部分，我国虽然仍处于起步阶段，但发展势头迅猛，可以预见，数字教材、电子书包、数字教学资源等数字教学在线产品和平台的建立和应用，将对传统教育出版形成巨大冲击。

参考地图市场产品包括中国和世界的政区类地图、交通类地图、旅游类地图、生活类地图和其他专题类地图等。根据市场估计，目前我国每年公开出版的地图约有2000多种，年销售码洋总量约为3亿~4亿元。参与市场竞争的以9家中央和地方专业地图出版社及 1 家军队地图出版社为主，其次还有几十家兼营地图的出版社和相当数量的私营地图公司。随着人民生活水平的不断提高，出门旅游人数逐年增加，参考地图未来几年的市场需求仍将呈现增长趋势，但增长的幅度会受到导航电子地图、网络地图、手机地图等新媒体地图的巨大冲击。

2. 新媒体地图市场

它是相对于传统纸质地图市场而言的，是近 10 年发展起来的新兴地图市场，主要包括导航电子地图、网络地图、手机地图等，这一地图市场的发展得益于互联网特别是移动互联网应用的迅速普及，智能手机和 GPS 手机的迅速发展，以及汽车销量的不断增加，现已成为地图市场的生力军，市场前景十分广阔。导航电子地图的应用已从车载导航仪、手持导航仪（PND）扩大到手机，意味着导航电子地图已进入大众化消费者市场，用户群体不断增加。据有关统计资料显示，2009 年我国导航电子地图产品销售额已达 10 亿元。目前参与导航电子地图竞争的主要是取得导航电子地图甲级测绘资质的 12 家单位和企业。网络地图，包括有线网络和无线网络，是当前地理信息产业中最为活跃的服务领域。国际上以谷歌、微软为代表的 IT 业巨头的介入，带来了空间信息的全面社会化，其推出的免费地图服务模式对网络地图的普及应用起到了引领作用。国内百度、新浪、搜狐、腾讯、阿里巴巴等互联网巨头均推出了自己的在线地图产品，开展网络地图搜索服务和基于地理位置的增值服务。据不完全统计，当前我国从事互联网地图服务的网站约有 4.2 万个，截至 2011 年 6 月底，全国已获得互联网地图服务甲级测绘资质的有 98 家，乙级资质的有 100 家。在整个互联网地图的生产链中，上游是提供数据的地图商，中游是互联网地图服务的运营商，下游是根据运营商提供地图应用接口进行再开发的应用服务商。整个生产链的赢利模式，对上游的数据提供商来说，其收入来源主要是地图数据的授权使用、定制服务，以及与手机制造商和电信运营商合作开展手机地图服务。对中下游的互联网地图网站运营商和应用服务商而言，其赢利模式尚不明朗，但大家都对该市场有良好的预期，纷纷涉足该领域，竞争异常激烈。

3. 地图定制服务市场

随着地图应用服务的广度和深度不断拓展，人们对地图的需求越来越多样化、个性化，让一种地图同时满足不同用户的需求已经是一件很困难的事情了。地图定制服务就是基于政府、企业和个人用户的特定需求而量身打造或提供专门的地图解决方案。地图定制服务的特点是个性化设计，既可以是传统的印刷地图、电子地图或地理信息系统，也可以是基于网络或移动通信设备的网络地图，特别是大部分地图网站均提供 API 功能，用户可以根据自己的需求开发出自定义的网络地图，在地图网站的数据和功能的基础上，搭建发布自己的网络地图。地图定制服务已广泛应用于企业产品发布、企业宣传等个性化服务领域。

4. 地图文化用品市场

地图文化用品是指借助地图几千年发展中积淀的厚重文化，通过现代的创意设计，形成以地图为核心或以地图元素为主而设计的各类产品。其特点是突出地图的文化艺术功能，兼具一定的实用功能。目前，各种造型别致、功能各异的地球仪最具代表性，如宝石地球仪、灯饰地球仪、语音地球仪、磁悬浮地球仪、拼接式地球仪、儿童玩具地球仪、智能数字地球仪等，在国内外都有巨大市场。参与地球仪市场竞争的除了传统的地图出版商，还有大量的工艺品厂商及出口外加工厂商。其他如丝绸地图、铜板地图、金板地图、竹简地图、复古地图、仿古地图、手绘地图、桌垫地图等各种不同材质的地图产品及以地图元素为主而设计的衍生产品，如地图方巾、围巾、手帕、文化衫、伞、包、生日礼物等，已成为颇具文化气息的商务礼品、办公和家居场所的装饰品、旅游收藏的纪念品，大大拓展了地图产品的发展空间。

5. 地图广告市场

地图广告市场是以地图作为宣传和介绍企业商品与服务的广告媒体形成的一种广告市场。无论是传统的印刷地图，还是新媒体地图、定制服务地图，都已成为广告发布的渠道。国内有众多的地图服务企业、广告公司参与该市场的竞争，与地图产品本身一样，竞争激烈。在西方一些发达国家，机场、车站、宾馆、旅游信息中心等地方，免费的城市广告地图随处可得，这种以广告支撑地图免费发放的模式，足以证明这种广告市场具有不小的市场规模。各种类型的网站，通过发布自己的网络地图，为商家提供地图位置标注服务或基于地理位置服务的广告精确推送，从而获取更多的广告收入。

综上分析，地图市场正处于一个传统与现代共存，受众需求多元化、个性化，市场竞争百舸争流，新兴企业不断涌现的时代。

（二）存在的主要问题

随着地图的作用和价值越来越得到政府、企业和社会各界的重视，地图应用和服务的广度和深度不断拓展，地图数量和质量不断提高，特别是新媒体地图市场迅速发展，地图市场在不断壮大和繁荣。但是其发展过程中还存在一些问题，主要表现为：一是地图企业规模普遍偏小，还没有年销售收入超过 10 亿元的企业，业态结构分散，导致地图数据资源生产、技术开发、产品销售成本增加。二是产品结构趋同，无论是传统印刷地图，还是新媒体地图，产品还停留在同质化竞争阶段，而且赢利模式单一，企业利润主要来自以实物产品销售为主的传统模式。三是企业自主创新能力不足，体现企业核心竞争力的地图数据现势性不强，影响了用户的满意度和信息价值的实现。四是基于有线、无线网络的地图服务新兴市场领域，尚处于发展阶段，现有地图网站基本上停留在地图浏览和搜索查询阶段，地图产品的黏度低，赢利模式尚不明朗。五是地图市场准入与监管仍待规范。

三 地图市场的发展趋势

（一）地图产品需求多元化，新媒体地图将成为用户的主流，传统地图占整体市场比例将发生变化

社会生活日趋多样化、个性化，使地图市场细分成为必然趋势，细分市场带来的结果就是产品多样化。地图产品从表示内容、表现形式，到产品形态，按照用户不同的消费层次、不同的年龄结构、不同的受教育程度、不同的使用目的将呈现多元化的需求。互联网等新技术的发展和普及，正在改变着信息社会人们的生活方式和行为方式。根据《第 27 次中国互联网络发展状况统计报告》显示，截至 2010 年底，我国网民规模达到 4.75 亿，移动电话用户达 8.59 亿，手机网民达 3.03 亿，阅读习惯从纸媒体转变为屏幕阅读，在线阅读、手机阅读、手持终端阅读开始普及，以网络和移动为基础的网络地图、手机地图成为获取地理信息的新潮流，一个庞大的新型地图消费市场正在形成，市场前景十分广阔。而由于中国 13 亿的人口总量及其人口年龄结构和受教育程度结构的现状，由于随着我国经济的快速发展，人民群众生活水平不断提高，百姓家庭汽车普及，旅游成为一种新的时尚和生活方式，出入境旅游人数逐年增加，以及由于具有一览性的特点，传统地图在一定时期内其市场的销售量还有较大的提升空间，但占整体地图市场的比例将逐年下降。新媒体地图与传统地图短期内既不是对立关系，也不

是取代关系，而是互补关系，但经过一定时期的发展，主次更替、逐步取代关系会形成。

（二）地图制图技术、地理信息系统技术、遥感技术和网络技术之间的结合更加紧密，并逐渐趋于融合

技术的快速发展与应用是市场发展的核心推动力。无论是传统的桌面制图，还是地理信息系统软件产品，都在向集成化、一体化方向发展，从而实现数据获取、处理、建库、制图与发布的一体化应用。在新技术体系下，地图生产将更加智能化。采用新的生产流程和工艺，将最大限度地减少人工干预，极大地缩短地图生产更新周期。构建强大的地图数据库及其关联的内容资源库是地图企业发展的核心竞争力所在。基于分布式空间数据库，通过网络实现实时、快速的地图制图服务成为当前地图制图的主要方向。网络网民从被动的"地图用户"转变为主动的"内容提供者"，将成为数据内容更新的重要手段。

（三）从单一的地图需求向知识化、个性化地理信息需求发展，逐步实现从地图提供商向地理信息服务商的角色转变

网络地图经过近十年的发展，表现形式已呈多样化，有矢量地图、晕渲地图、卫星影像图、三维地图、全景三维街景图等多种形式，但其功能主要还是地图的浏览和查询，用户对地图网站的定位依旧是工具型网站，这导致地图网站的使用率不高，黏度低，很容易使用替代性的地图产品。其结果是商业价值有限，赢利模式不清晰。地图服务网站必须与内容深度结合，对用户感兴趣、有价值的与位置服务相关的各类信息进行全方位、深层次的挖掘和整合，建立内容资源管理系统，为读者提供"内容个性化解决方案"的知识服务平台，并以此去支撑如手机、iPad等更多移动设备的服务。通过个性化的信息推送，实现商业价值。地图企业将逐步实现从地图提供商向地理信息服务商的角色转变。

（四）政策环境进一步优化，地图市场逐步走向规范和健康发展

国家"十二五"发展规划将文化产业和地理信息产业提升为重点发展产业，出台了一系列促进产业发展的相关积极政策和措施，引领产业良性发展。为了规范地图市场，国家测绘地理信息局修订和颁布了《测绘资质管理规定》和《测

绘资质分级标准》，对地图编制、导航电子地图和互联网地图服务采取资格准入制度，专门设置了专业标准。市场监管力度也进一步加大，对一些非法的、没有资质的地图网站通过法律手段予以打击和取缔，营造公开、公平和竞争有序的市场环境，为地图市场的健康发展和做大做强提供了坚实的基础。

四 地图市场的发展对策

根据地图市场的现状和趋势分析，在文化产业和地理信息产业大发展的时代，地图市场既充满竞争，又充满机遇，笔者对于今后一段时期地图市场要实现更好更快的发展，提出以下几点思考。

（一）树立新理念

随着"地理信息服务"和"数字出版"的发展趋势，地图市场原有的专业分工体制将被进一步打破，市场准入逐步法制化，社会分工主要由市场引导，"资本、资源、技术"三种力量正主导着市场的发展，原来属于行业外的企业大量涌入，市场竞争更趋激烈。因此，地图企业首先是要树立"开放、合作、共赢"的发展理念，通过开展资本、资源、技术、渠道、创意等多方面多层次的合作，实现优势互补，互利共赢，推动市场的良性发展。其次是要确立创新观念，通过技术创新、内容创新、产品创新和服务创新，用差异化和个性化来取代同质化，通过创新和特色在市场上获得竞争优势。再次是要树立品牌观念，品牌是一个企业获得利润、抢占和控制市场的重要保证和手段。企业要有强烈的品牌意识，努力创造自己的品牌，只有这样才能占领市场竞争的制高点。

（二）开拓新市场

地图多元化的需求形成了多元化的市场，技术与内容、内容与艺术的融合，为地图市场的拓展提供了强大支持。发展传统地图市场，开辟新兴市场，创造广阔的平台，为地图发展注入新的动力。定制地图、礼品地图、工艺地图、玩具地图等方面的市场均有潜力进一步开发，每一块领域经过专攻均可形成一个小的市场。新媒体地图市场，在导航电子地图、网络地图、手机地图现有服务的基础上，深度开发，与相关行业结合，市场前景会更广阔。

（三）实现新转变

一是要实现由目前的分散经营向集约经营转变。通过企业内部整合资源，或通过兼并、重组、收购、战略合作等方式，优化业态结构，打造完整的地图生产链，提高市场的集中度。这样既可以有效避免市场恶性竞争，也有助于扩大市场规模，降低生产运营成本，从而提高企业的竞争力和影响力，并为开拓国际市场创造条件。二是要逐步实现由目前单一的地图产品提供商向地理信息服务提供商的角色转变。对传统出版企业来说，也就是要实现从传统出版到数字出版的转变。在当今的信息化时代，无论是传统的纸质地图产品，还是导航电子地图产品，或目前以提供浏览和查询为主要功能的地图网站，都已不能很好地满足大众便捷、精准获取专业的、个性化的信息需求。借助现代地理信息技术、网络技术，为读者提供"以内容垂直引擎与内容智能代理为核心的内容个性化解决方案"的知识服务平台，并与智能网络终端结合，去实现地理信息服务的商业价值。

（四）应用新技术

技术是每个市场发展最大的推动力。加大地图制图技术、地理信息技术、遥感技术、网络技术等高新技术的集成应用，加大资金投入，优化人才结构，依靠新技术的应用开拓新市场，实现新转变。在数字出版、地理信息服务等方面加强自主开发力度，掌握一批具有自主知识产权的核心技术，提升企业的核心竞争力。

（五）建立新机制

这对刚刚由事业单位转为企业的传统出版单位来说，尤为重要。在市场经济条件下，人才是企业核心竞争力中最为关键的因素。因此，解决好有关"人"的机制问题，是机制创新的重点。建立与现代企业管理相适应的人才配置、激励和分配制度，建立吸引人才、培养人才和使用人才的人力资源管理新机制，是地图市场科学健康发展的首要保障。

B.7 中国地理信息产业2010年就业状况调查

3sNews 中国地理信息产业网

摘 要： 本文全面整理了我国地理信息产业2010年高校毕业生的就业状况，内容涉及毕业生就业率、求职招聘渠道、工作性质、工作地点、薪资福利、对工作的满意程度、造成就业困难的原因、上岗培训、性别差异等诸多方面。

关键词： 地理信息产业　高校毕业生　就业

一　引言

为全面了解我国地理信息产业高校毕业生的就业状况，促进地理信息产业就业市场完善，在中国地理信息系统协会的指导下，中国地理信息系统协会就业指导中心及3sNews对我国地理信息产业高校毕业生的就业状况展开了公益调查。

本次调查采取的方式主要为网络问卷调查、电话采访及实地走访等，调查对象为2010届地理信息系统、遥感、测绘等相关专业的高校毕业生，以及接收上述专业毕业生的用人单位招聘负责人。

二　调查背景介绍

（一）行业背景

我国正处于地理信息产业的快速发展阶段，目前地理信息技术应用和地理信息服务已经渗透到各行各业以及人们的日常生活中，并形成了极大的市场需求。

纵观国际国内现状，地理信息产业的发展表现出高速增长的强劲势头，高于同期国民经济的增长率。据有关机构统计，近年来，国外地理信息产业产值年平均增长率超过15%，我国地理信息产业年增长率超过25%，且这一增长趋势将继续保持较长时间。

2010年我国地理信息产业市值达到1000亿元，目前有200多所院校有地理信息系统相关专业，每年培养1万多名博士、硕士及本科专业人才。

近两年来地理信息产业企业掀起上市风潮，目前已有10家地理信息产业企业上市，预计未来还会有更多的企业在筹备上市。

地理信息产业毕业生就业市场需求是否同产业发展一样呈旺盛趋势？目前的现状如何，还存在哪些问题？我们对2010届地理信息产业高校毕业生及用人单位展开了调查，以揭示地理信息产业就业市场的现状和问题。

（二）调查数据

1. 调查对象

调查对象分为两类：一是2010届GIS类、遥感类、测绘类及相关专业的高校毕业生，力求从毕业生的反馈，直接反映高校毕业生求职方面的需求、状态、困难和意见；二是接收上述专业毕业生的地理信息产业用人单位招聘负责人，以期从招聘负责人的角度揭示企业对员工的要求和判断方式。

2. 调查方式与规模

本次调查主要采取网络问卷调查、电话采访和实地走访相结合的方式，共收到学生版就业调查问卷2361份，企业版就业调查问卷517份，共采访了32名毕业生、2018名企业负责人及高校老师、专家。调查对象所在高校和企事业单位覆盖了全国大部分省市，调查所获结果能比较全面和客观地体现全国各地高校毕业生和企事业单位的求职招聘现状。

（三）研究目的

本报告意在通过调查地理信息产业从业人员的生存状态，揭示地理信息产业就业市场现状，以及求职、招聘中出现的典型问题和缘由，以期通过分析问题，使就业市场更加透明和清晰地呈现在求职者和招聘者面前，为求职者和招聘者提供一些参考和帮助，最终完善就业市场，促进地理信息产业发展。

三 就业状况分析

(一) 毕业生就业率良好,企业招聘规模扩大

与教育部公布的2010年全国高校毕业生就业率为72.2%的数值相比,地理信息产业已确定去向的毕业生总数占74%,略高于国内各专业平均水平,这其中包括已确定工作、继续深造、创业和出国的毕业生,仍在寻找工作的毕业生占了19%(见图1)。大部分参与调查的毕业生认为其专业的毕业生就业率与学校平均水平相当,或高于学校平均水平。2009年的调查中,16.9%的毕业生表示就业率有所增长,而2010年这一数据上升至28%,充分说明2010年的地理信息专业高校毕业生比2009年更为乐观。

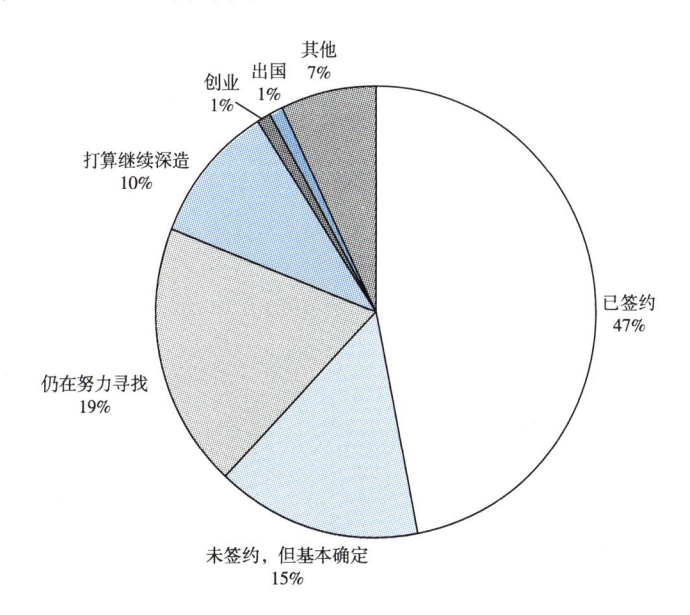

图1 2010届毕业生工作确定情况

随着地理信息产业的迅速发展,用人单位的招聘数量也在随之增加,2009年有54%的招聘负责人表示其单位招聘规模扩大,2010年这个数值是68%,与2009年相比增加了14个百分点,同时,2010年有58%的招聘负责人表示未来一年还将进一步扩大招聘数额。

（二）毕业生第一份工作专业对口率上升，从事工作以技术类为主

从毕业生现从事工作的专业对口情况来看，有83%的毕业生认为对口或基本对口，只有17%的毕业生已经转行，2009年转行的毕业生占22%，由此可见，2010年毕业生的专业对口率比2009年有所提高（见图2）。

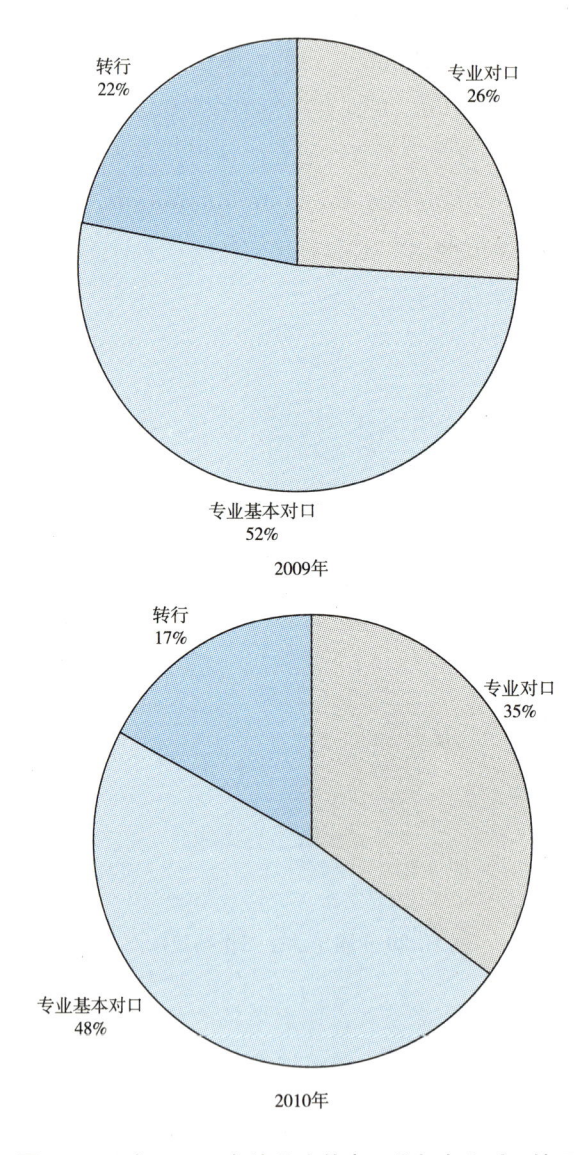

2009年
- 转行 22%
- 专业对口 26%
- 专业基本对口 52%

2010年
- 转行 17%
- 专业对口 35%
- 专业基本对口 48%

图2　2009年、2010年毕业生从事工作与专业对口情况

毕业生所从事的工作的性质最多为技术类岗位，40%的毕业生从事产品研发或项目研发，与2009年的38.8%相比，小幅提高。技术研发类岗位仍是地理信息产业需求相关专业毕业生数量最多的方向，毕业生需要在开发基础上做充足的准备（见图3）。

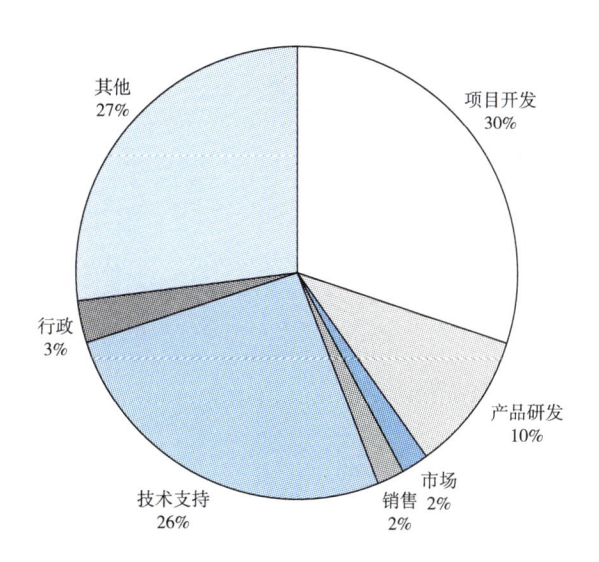

图3　2010年毕业生从事的工作性质

2010年地理信息产业毕业生的最大雇主仍为私营企业，供职于私营企业的毕业生占总数的48%，其次是事业单位占17%。2009年供职于私营企业的毕业生占总数的58%，2010年比2009年下降了10个百分点，而去学校的毕业生2009年为4%，2010年这个数值上升到了10%（见图4）。随着地理信息产业的发展，地理信息产业私营企业的数量也越来越多，在未来几年，预计私营企业仍将是接收地理信息产业毕业生的最大雇主。

（三）网络招聘渠道渐成主流，毕业生对用人单位普遍缺乏了解

毕业生的求职渠道与用人单位的招聘渠道之间是否一致对毕业生能否顺利就业具有较大影响。2010年的调查数据显示，用人单位和毕业生都将网络招聘作为首选，尤其在专业人才网站发布招聘信息或投递简历备受青睐。此外，参加校园或人才招聘会也是主要选择（见图5）。

由中国地理信息系统协会主办，中国地理信息系统就业指导中心协办，

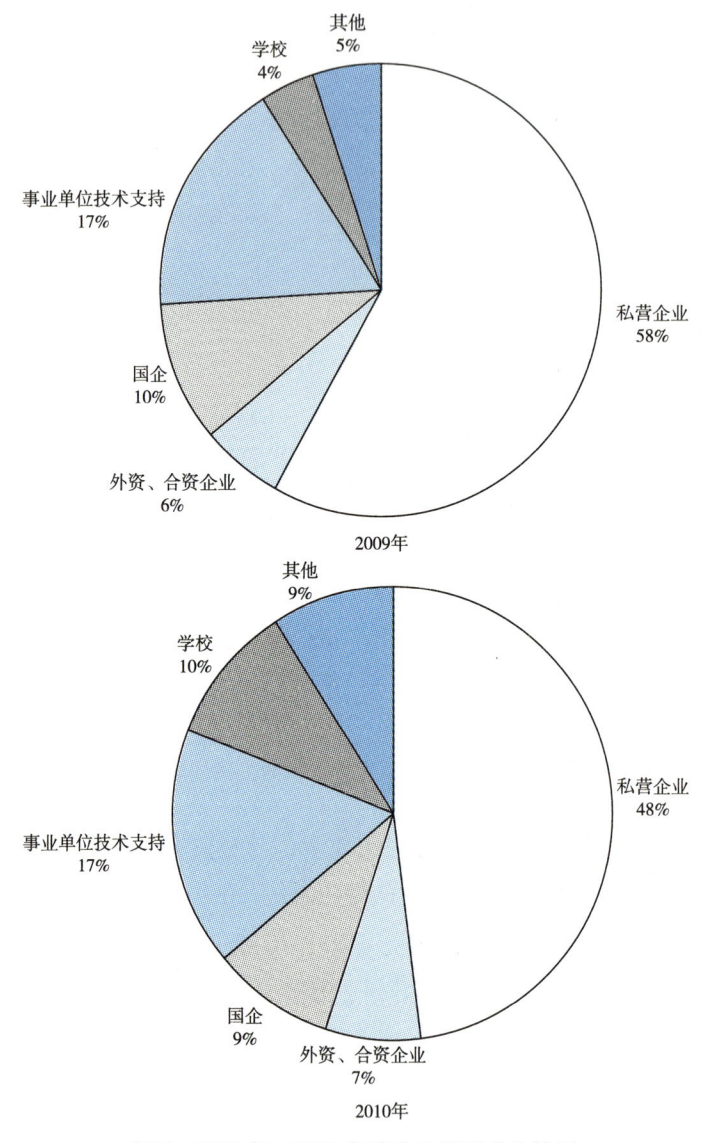

图 4　2009 年、2010 年毕业生供职单位性质

3sNews 和 3S 招聘网承办的"2011 中国地理信息产业春季中高级人才网络招聘会"在 2010 年 6 月底落下帷幕，此次网络招聘会吸引了众多企事业单位和学生参加，提供了涵盖地理信息系统、遥感、测绘、地质勘察、导航、计算机等相关领域的软件开发、应用开发、销售、市场、策划、数据处理等近 5000 多个就业岗位。这次网络招聘会还特别设置了"中高级人才通道"，为中高级人才的求职

用人单位

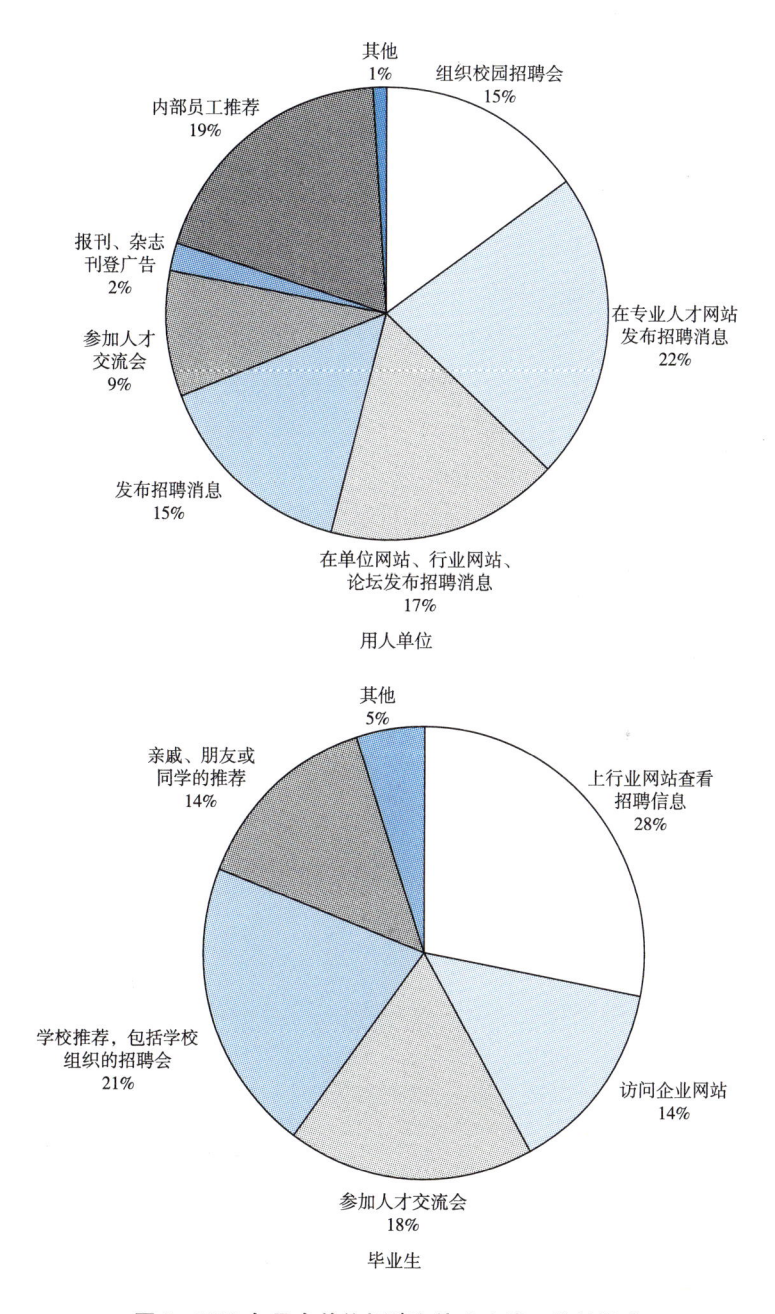

- 其他 1%
- 组织校园招聘会 15%
- 内部员工推荐 19%
- 报刊、杂志刊登广告 2%
- 参加人才交流会 9%
- 发布招聘消息 15%
- 在单位网站、行业网站、论坛发布招聘消息 17%
- 在专业人才网站发布招聘消息 22%

毕业生

- 其他 5%
- 亲戚、朋友或同学的推荐 14%
- 学校推荐，包括学校组织的招聘会 21%
- 参加人才交流会 18%
- 访问企业网站 14%
- 上行业网站查看招聘信息 28%

图5　2010年用人单位招聘和毕业生找工作的渠道

提供了专门的渠道，同时，企业也可以通过该通道寻找到适合企业自身需求的人才。由此可以看出，行业人才网站和网络招聘会已经开始为用人单位和求职者搭

建起一个良好的互通平台。

随着地理信息产业的快速发展,国内从事3S技术研发的高科技企业在逐渐增多,对3S专业人才的需求也将继续增大,毕业生刚进入社会,人脉关系并不多,要充分利用好行业人才招聘网和企业网站。从毕业生对市场上地理信息产业企业的了解情况来看,毕业生对企业了解非常少,62%的毕业生只知道少量几家相关企业,有13%的毕业生对此几乎不知道(见图6),这对于毕业生找工作无疑是非常不利的,因此毕业生还应该提高找工作的主动性,主动了解企业的业务,判断企业需要的人才类型与自己的兴趣和特长是否匹配。此外,用人单位也应积极宣传推广,重视雇主品牌。

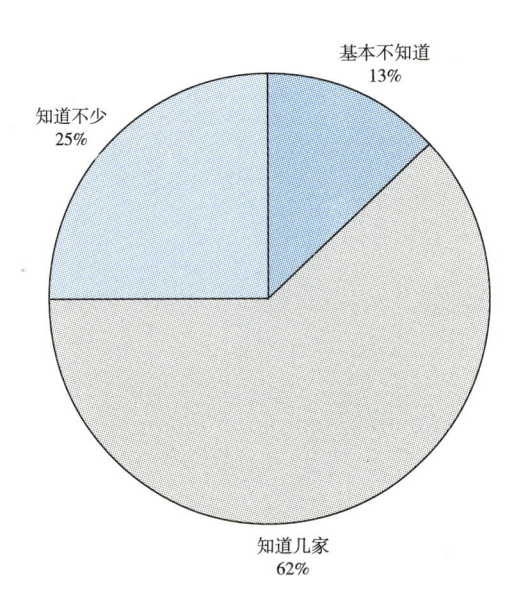

图6 2010年毕业生对地理信息企业的了解情况

(四)毕业生流向发生变化,二线城市及西部地区成为新选择

从广大毕业生的工作地点来看,北京、华东和广东的毕业生加起来所占比重达半数以上,这个数据也可以基本反映当前国内地理信息产业在不同区域的发展程度(见图7)。不过这一情况与往年相比,已有了不小的改变,去往北京、上海、广东、华北地区的毕业生所占比重均有所减少,而去往华东、华中、西南和西北的毕业生则均有所增加。可见,迫于高房价、物价上涨、交通拥堵

日益严重等生活压力,毕业生选择工作去向时对个别一线发达城市和地区的依赖已经减少,二线城市成为毕业生新的选择,甚至西部地区也成为不少毕业生的选择。

2009年

- 北京 28%
- 上海 6%
- 广东 15%
- 华北(除北京外) 8%
- 华东(除上海外) 14%
- 华中 8%
- 华南(除广东外) 5%
- 西南 9%
- 西北 5%
- 其他 2%

2010年

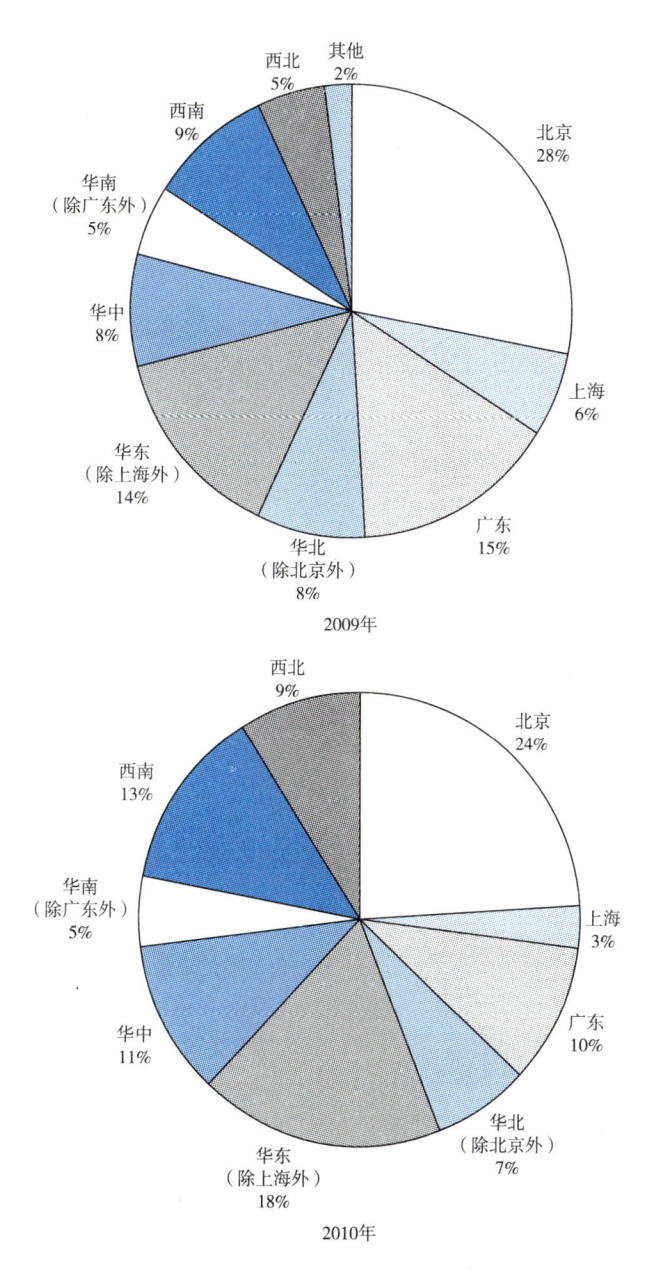

- 北京 24%
- 上海 3%
- 广东 10%
- 华北(除北京外) 7%
- 华东(除上海外) 18%
- 华中 11%
- 华南(除广东外) 5%
- 西南 13%
- 西北 9%

图7　2009年、2010年毕业生工作地点对比

一项网络调查显示，86%的大学毕业生选择到二线城市就业，绝不重返"北上广"。在这项调查中，毕业生逃离"北上广"最主要的原因就是"生活成本过高"，这一比例达到67%；另外，逃离的原因还有"就业竞争激烈，找工作难"、"生活节奏太快"、"难以落户，不利于下一代的教育"等。

（五）毕业生起薪集中在3000元以下，期望更好的培训和发展空间

调查数据显示，2010届毕业生第一份工作的薪资主要集中在3000元以下，占总比例的76%，与2009年87%的比例相比略有好转（见图8）。与2009年相比，在毕业生对工作的不满因素中，对薪资、福利待遇的不满已由39%下降到了26%，相比之下，毕业生对员工上岗培训机制的不满由11%增加到了23%（见图9）。毕业生对上岗培训的需求比2009年有较大增长。

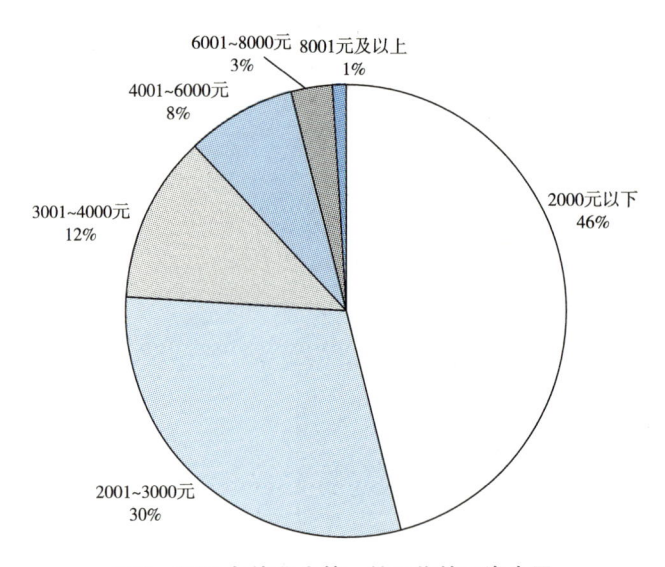

图8 2010年毕业生第一份工作的工资水平

因此，大学生在求职时应全方位衡量，理性地对待薪酬待遇，适当侧重个人发展空间和培训机会等。用人单位除了以薪资吸引人、留人之外，也应加强培训机制的完善、注重员工个人职业空间的提升。

（六）毕业生与用人单位对求职难度和难点观点差异大

毕业生在求职过程中遇见种种困难，用人单位在招聘过程中也碰到种种难

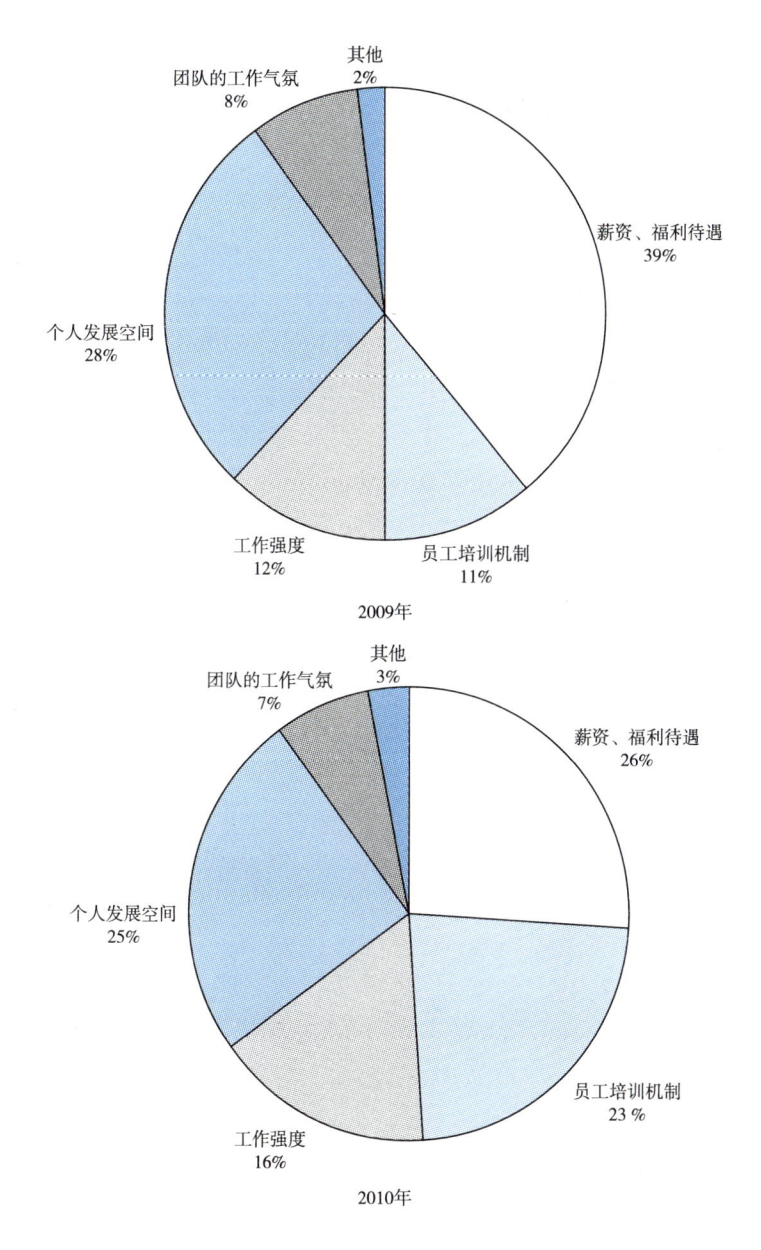

图9 2009年、2010年毕业生对工作的不满因素对比

处，然而在认识造成这种现象的原因上双方却有着偏差（见图10）。在毕业生看来，造成求职困难的原因主要是学校课程设置不合理、毕业生自身能力不够、毕业生太多及招聘单位太少四方面原因；而在用人单位看来，毕业生自身能力以及

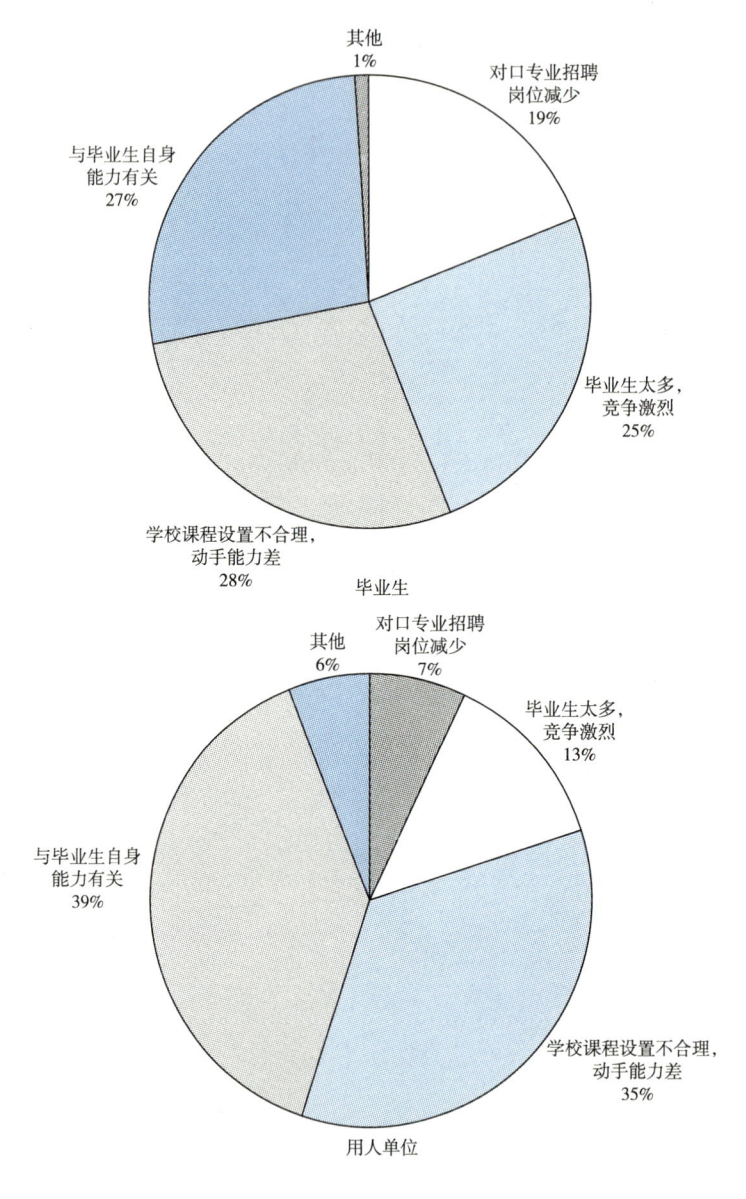

其他 1%
对口专业招聘岗位减少 19%
与毕业生自身能力有关 27%
毕业生太多，竞争激烈 25%
学校课程设置不合理，动手能力差 28%

毕业生

其他 6%
对口专业招聘岗位减少 7%
毕业生太多，竞争激烈 13%
与毕业生自身能力有关 39%
学校课程设置不合理，动手能力差 35%

用人单位

图 10　2010 年毕业生和用人单位对就职困难的观点

学校课程设置不合理为主要原因，其他原因则显得并不重要。这一矛盾历年存在。由此，可以看出，用人单位注重的是毕业生的能力是否胜任工作，而毕业生认为的招聘机会少、应聘人数太多、竞争激烈等原因，也许正是由于毕业生储备的能力不够，无法胜任工作，无法在竞争者中脱颖而出。

从男女生就业差异来看，超过80%的毕业生认为男生更有就业优势（图11）。虽然有54%的用人单位表示，除非特殊情况，基本不考虑性别差异，但仍有44%的用人单位倾向选择男生，与女生所占的2%存在较大差距。从数据对比看，男生在地理信息产业中主要在以技术类为主的岗位中存在一定的优势。但是

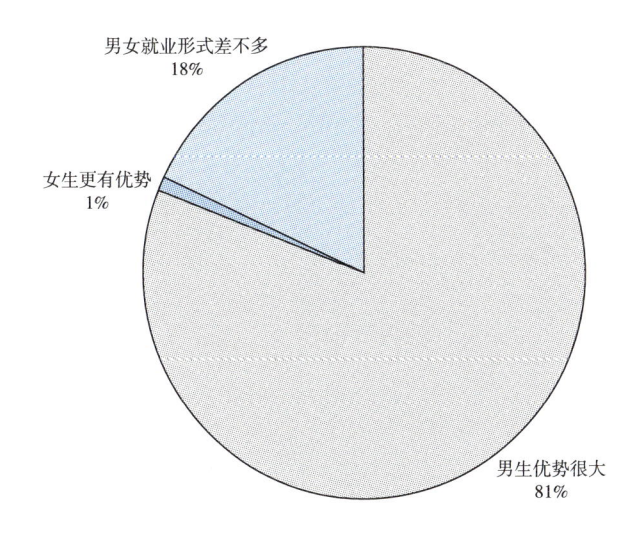

男女就业形式差不多
18%

女生更有优势
1%

男生优势很大
81%

男女生就业差异优势

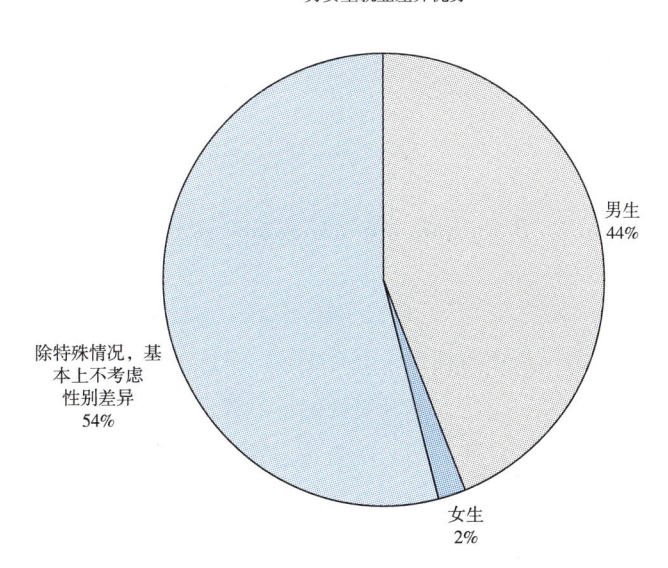

男生
44%

除特殊情况，基本上不考虑性别差异
54%

女生
2%

招聘地理财信息产业人才时的性别倾向

图11　2010年男女生就业差异比较

我们在对人力资源负责人的采访中也了解到，目前地理信息产业中仍有大量工作岗位适合女性从事，女生应当充满自信。

（七）毕业生升学为躲避就业压力，技术岗位青睐本科生

当今地理信息产业专业毕业生读研深造的现象非常普遍，经过调查发现原因主要为：暂缓就业压力，占57%的比重，热爱专业研究和跟上社会潮流，分别仅占21%的比重（见图12）。

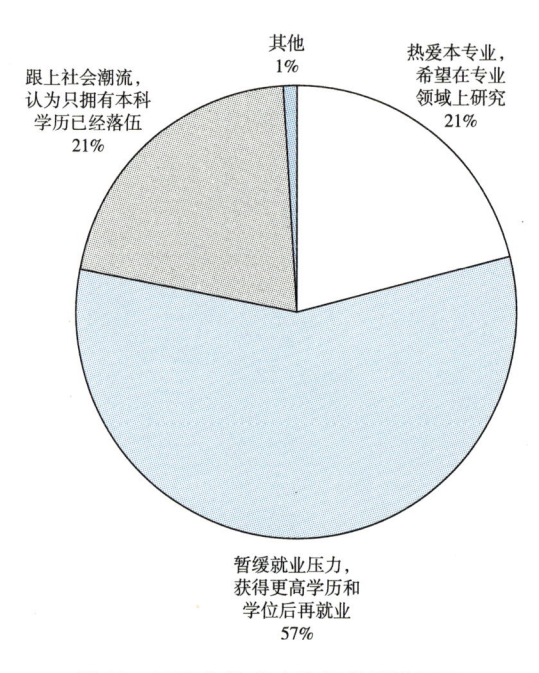

其他 1%
跟上社会潮流，认为只拥有本科学历已经落伍 21%
热爱本专业，希望在专业领域上研究 21%
暂缓就业压力，获得更高学历和学位后再就业 57%

图12　2010年毕业生选择升学的原因

但从用人单位对技术工作人员的招聘中发现，本科毕业生其实是非常受欢迎的，64%的招聘者表示在招聘技术人员时更倾向于选择本科生。用人单位普遍认为本科毕业生可塑性强，广泛而非针对性的学习背景使之能够适应不确定的工作方向，且成本相对较低。此外，用人单位很看重毕业生的发展潜力和动手能力，这也与本科毕业生具备的特点不谋而合（见图13）。

（八）毕业生与用人单位期望的培训机制差异较大

在求职者到岗位开始工作后，常常需要经过一段时间的培训来熟悉工作流

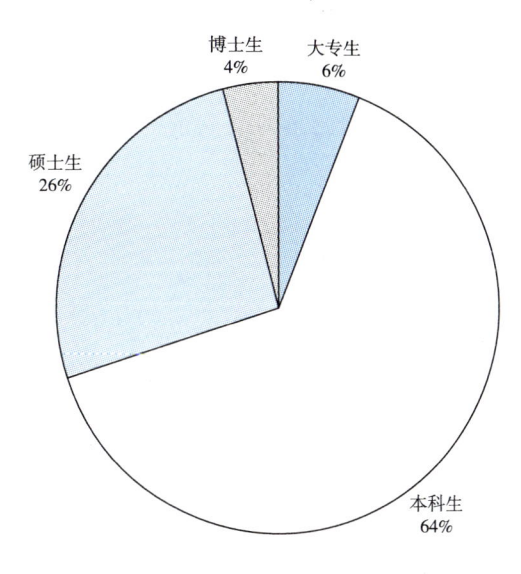

招聘技术工作者更倾向的学历

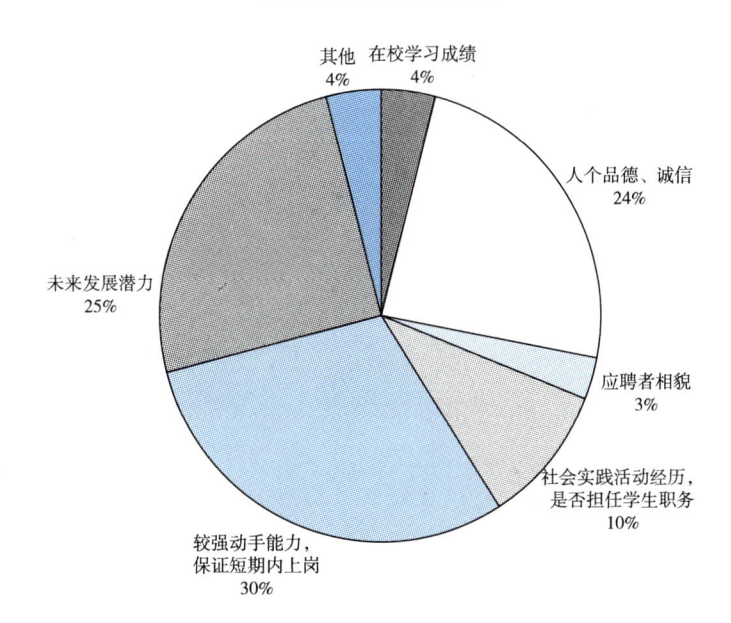

- 博士生 4%
- 大专生 6%
- 硕士生 26%
- 本科生 64%

用人单位更注重求职者哪些方面

- 其他 4%
- 在校学习成绩 4%
- 个人品德、诚信 24%
- 未来发展潜力 25%
- 应聘者相貌 3%
- 社会实践活动经历，是否担任学生职务 10%
- 较强动手能力，保证短期内上岗 30%

图13 2010年用人单位对毕业生学历等的注重程度

程，47%的求职者期望的培训时间在一周以上，但是只有25%的用人单位能提供一周以上的培训。甚至有接近半数的用人单位表示不安排专门培训，主要在工作中进行辅导,这与毕业生的期望存在较大差距。然而,在专门安排岗前培训的单位中,有46%的单位会选择为期一周以上的培训,高于选择1~3天或3~7天培训时间的比例。这在一定程度上也说明,目前的企业培训存在两极分化现象。具体培训机制见图14。

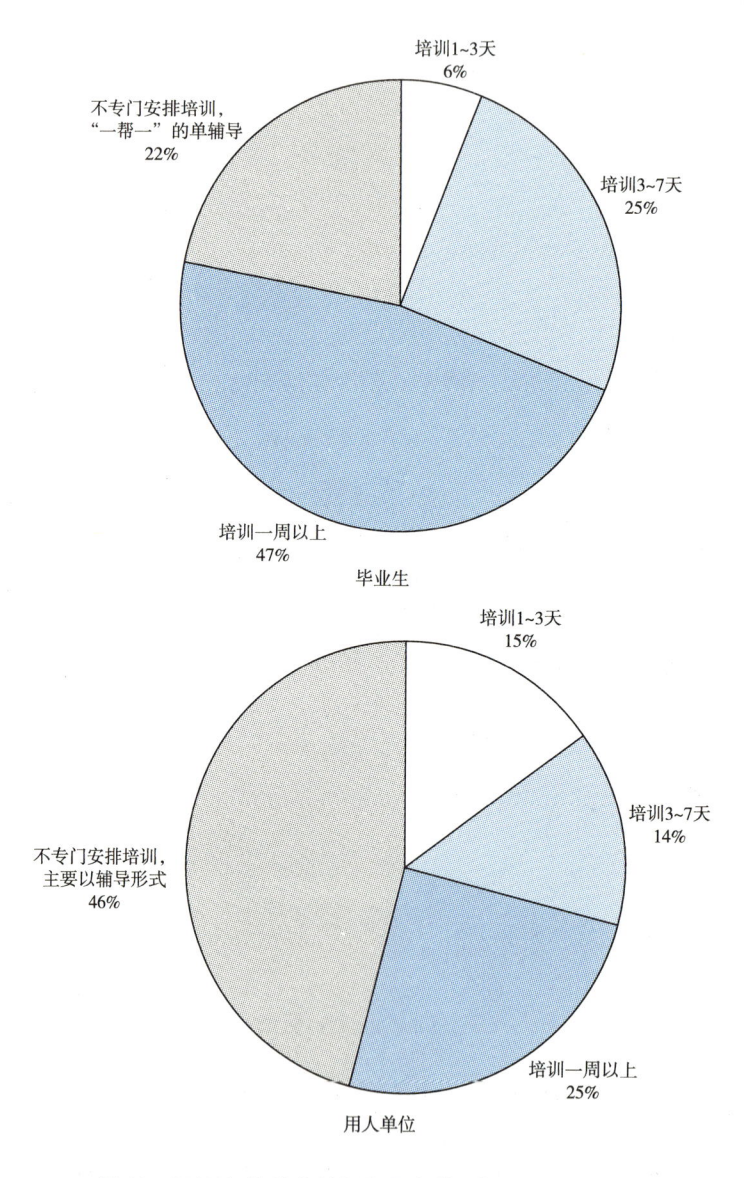

图14 2010年毕业生希望和用人单位提供的培训机制

四　结论与展望

当前，我国地理信息产业呈爆炸性成长态势，各种利好消息频传。2011年5月23日，国务院办公厅发布通知将国家测绘局更名为国家测绘地理信息局；2011年7月12日，中国地理信息系统协会也更名为中国地理信息产业协会，并于2011年10月在北京国际会议中心举办中国地理信息产业大会，这一系列举措将有助于更好地推进产业发展。

政府在未来将进一步加大扶持力度，为产业发展提供更广阔的平台。在这样的大背景下，互联网地图、消费电子导航、数字城市、行业应用等领域出现强劲的市场需求，地理信息产业企事业单位对专业人才的需求在不断增加，未来几年用人单位的总体招聘量还将持续扩大，地理信息产业毕业生的就业前景十分看好。

随着互联网的普及和行业门户的崛起，越来越多的招聘者和求职者都将网络招聘作为首选，使用3S招聘网等专业人才招聘网站的频率均比2009年有大幅提升。网络招聘的方便、快捷、低成本等优势正为地理信息产业的用人单位和求职者所认可。然而，行业内缺乏知名雇主品牌的现象仍十分严重，多数求职者表示对招聘雇主并不了解。企事业单位应该提高雇主品牌的意识，重视塑造和宣传雇主品牌形象。

民营企业是地理信息产业中的生力军，也是当前接收高校毕业生的最大雇主，国家有关部门应该重视鼓励和支持中小企业，尤其是创业型企业的发展，通过税收优惠、社会保险补贴等政策，鼓励民营中小企业更多吸纳就业。

大城市的高薪和较高的生活质量，子女升学及各种政策优势，以及繁荣的市场经济和广阔的发展空间曾让"北上广"等一线城市成为众多毕业生的热门流向地，如今却由于高物价、高房价等因素让越来越多的毕业生们"忍痛割爱"，二线城市逐渐成为毕业生们的新选择，地理信息系统等相关专业毕业生们的流向也在悄然发生改变。

目前，地理信息产业用人单位对专业毕业生的需求主要在技术层面，对项目研发人员和产品研发人员的需求为最多，其次为技术支持。这对毕业生掌握相关专业技术，以及在工作中的创新和动手能力提出了一定的要求。

对于求职者而言，应理性看待薪酬福利，适当关注未来发展空间和能力的培养。同样，用人单位也应不断完善培训机制，提高对员工未来个人发展的关注。

促进就业是一项长期、公益性事业，只有政府、企业、高校、媒体等不同环节共同参与、共同塑造一个可持续发展、良性循环的机制，重视对就业工作的关心和支持，才能使高校毕业生的就业工作有保障，才能促进地理信息产业的人才合理流动，最终推动地理信息产业的长期发展！

B.8
把握数字城市建设契机
促进地理信息产业快速发展

王 华　陈晓茜*

摘　要：本文通过对地理信息产业现状以及数字城市对地理信息产业发展带来的机遇与挑战的分析，结合我国基本国情，探讨了如何把握数字城市建设机遇，促进地理信息产业快速发展的有关思路。

关键词：数字城市　地理信息产业　机遇　应对措施

20世纪90年代，欧美发达国家先后启动了数字城市建设，加强了空间数据基础设施建设和地理信息资源的充分利用，为地理信息产业的率先发展抢占了先机。尽管我国数字城市建设始于20世纪末，约落后国外10年时间，但通过积极的探索与实践，我国已初步扭转了城市地理信息资源匮乏的局面，搭建了地理信息集成应用的基础平台，为地理信息产业化奠定了基础。与发达国家相比，我国地理信息产业的起点低、起步晚，产业规模还不大，但发展势头非常迅猛。如何把握数字城市建设的契机，通过数字城市建设带动地理信息产业的关键技术、运营模式、市场机制等的不断成熟和完善，以此推动地理信息产业的全面可持续发展，是非常值得我们研究的课题。

一　数字城市建设为地理信息产业提供了难得的发展机遇

数字城市建设是一项跨部门、跨行业，受政府、市场、技术等多因素影响和

---

* 王华，湖北省航测遥感院院长；陈晓茜，湖北省航测遥感院。

制约的开放、复杂、巨大的系统工程，应通过促进地理信息技术在城市运转中全方位的渗透与融合，实现数字城市存在的终极意义。其需要投入的资金将以十万亿、百万亿计，远大于其他产业的投入。数字城市涉及经济社会不同的层面和不同的领域，带来的连锁效应是惊人的，同时也为与之联系最紧密的地理信息产业带来全方位的发展机遇，这主要体现在四个方面。

（一）广泛的技术需求

数字城市建设对新兴的现代信息技术的需求是广泛的，主要包括：（1）数据采集装备技术方面：无人机、自定位数码照相机、机载和地面LiDAR、移动测图系统、测量机器人等；（2）数据运算与智能处理技术方面：网格计算、云计算、海量存储技术、数据库技术、数据仓库技术、数据中心等；（3）数据传输及交换技术方面：三网融合、下一代网络技术、宽带无线通信技术、短距离无线通信、应急通信技术等；（4）地理信息应用技术方面：GIS软件平台、智能空间决策、数据融合与数据挖掘、时空变化动态模拟技术、城市卫星（航摄）影像应用系统等；（5）城市空间信息技术方面：电子地图技术、大面积建筑群体的高效三维建模、三维地理信息系统技术、虚拟现实与城市仿真技术等；（6）新型感知技术方面：新型传感器技术、射频识别技术等。数字城市建设对现代技术的普遍需求，必将引领地理信息产业相关技术快速发展，从而为地理信息产业提供强大的技术支撑，极大地促进地理信息产业的可持续发展。

（二）巨大的市场空间

数字城市为地理信息产业创造出巨大的市场需求，开拓了更为广阔的发展空间。数字城市需要的总投资数额至今没有权威的数据，也缺乏统一的计算口径。据有关部门调研，按小口径计算，一个中型地级市对数字城市初级阶段的建设需要投入18亿~20亿元人民币，包括数字管理（如数字消防、数字交通、数字公安）、三网合一、一卡通等项目。如果考虑在此口径之外更多的投入，如地下管线的改造、基础设施建设，以及由此引起的产业投入，国家级的通信、无线网络设备建设，仅仅"十二五"期间，这方面的投入应该达到数万亿元人民币。同时，据我们对黄石市数字城市地理空间框架建设应用示范建设的初步调研，仅政府部门需用到的部分，如城市规划、市政工程、房地产、公安、金融与保险、邮递和电信、环境保护、气象、消防、交通管理信息系统就有 100 多个。100 多个应用部门参与数字城市建设，以每个应用部门在行业管理系统的投入为 400 万元来计算，黄石市将产生 4 个亿的地理信息产业经济。不难看出，数字城市建设将成为我国地理信息产业一个可预见的庞大市场，并且随着数字城市应用的不断深入，将打开未被充分挖掘的基于百姓民生的地理信息市场，派生一系列新的增值应用领域，为我国地理信息产业发展拓展巨大的空间。

（三）促成包容性增长的产业环境

地理信息产业链长，产业链各主体间相互联系、依存度高，技术专业门槛高，学科跨度大，任何一个企业都不可能垄断地理信息产业。而数字城市在面向政府部门、企业和社会公众提供地理信息产品和服务的过程中，不仅为地理信息产业带来直接的经济、社会效益，还将涉及经济社会各个层面的地理信息产业主体的有机融合，应促成各主体之间有包容性的共建共享，在正视合理差异的基础上，从产业规划与布局、投资合理利用、技术发展趋势、行业应用、市场推广等方面对地理信息产业环境方面整体把握，开辟一条既做大蛋糕又分好蛋糕的新路，为地理信息产业创造平等发展的环境和公平竞技的舞台，促进地理信息产业环境的融合和可持续发展，为实现地理信息产业包容性增长奠定基础。

（四）地理信息产业升级的动力

数字城市建设本质上是一个有始无终、持续发展、不断推进的过程。数字城市对地理信息技术、地理信息服务等需求的不断升级，提升了地理信息产业对技术和服务的要求，促使地理信息产业不断优化产业结构，不断从技术、市场、管理、服务、产品等方面升级换代，以此推动地理信息产业由传统模式向现代模式升级转变。例如，过去小区利用传统沙盘作为展示小区建筑布局与环境的手段，而基于数字城市的智能小区系统研发的"数字沙盘"突破了传统物理沙盘的技术局限，实现了小区从传统沙盘到三维立体数字沙盘的转变，并且随着物联网和传感器技术的不断升级和普遍应用，以及数字城市向智慧城市过渡，还会推动三维立体数字沙盘向智能沙盘的升级转变。因此，数字城市建设为地理信息产业不断升级提出了需求，带来的是产业链条上技术的不断升级、需求的不断升级、服务的不断升级和市场的不断升级，成为推动地理信息产业升级的强大动力。

二 我国地理信息产业发展的现状及问题

虽然地理信息产业正面临前所未有的发展机遇，然而我们也必须清醒地认识到，我国地理信息产业还存在一些问题，这些问题将对我们把握数字城市建设的机遇构成威胁。如果不能尽快改变现状，我国地理信息产业将错失超前发展的良机，在国际竞争中处于被动局面。

（一）关键技术装备的核心竞争力不够

由于国外关键技术和基础装备进入市场较早，并掌握着地理信息相关的核心技术，我国地理信息产业相关的卫星导航定位、遥感基础设施和GIS软件等缺乏核心竞争力。我国地理信息产业在分工中将长期被固化在低技术、低附加值的层次，并逐渐拉大与国外垄断企业产品的技术差距，满足不了数字城市对地理信息新技术的广阔需求，从而制约整个地理信息产业的快速发展。

（二）缺乏具备国际竞争力的产业主体

在我国从事地理信息产品生产、加工和服务的众多单位中，既有企业，科研机构、大专院校和政府机构，也有事业单位，构成一个复合型的产业实体。而且我国相关的企事业单位主体数量众多，但是"面大底薄"，有实力与国外软件巨头抗衡的企业凤毛麟角。根据调查，我国地理信息产业主体从单位人员规模来看，88%的单位总人数不到50人。企事业单位规模太小，技术水平、企事业制度和管理水平等与国外产业主体存在差距，以及资金、技术、人才等资源匮乏，导致我国地理信息产业欠缺大型的龙头企业，产业主体整体发展后劲不足。

（三）市场对国产软件、装备接受度较低

国产软件和装备虽然具有价格低的明显优势，但由于国外地理信息产业发展较早，有很强的品牌效应，而国内地理信息应用部门的思想观念还没有及时转变，加之"国产不如进口"这种认识上的误区普遍存在，对进口产品盲目崇拜，尤其是使用财政资金的部门在选择时忽视性价比，排斥国产软件，常常直接使用

或者在招投标时直接标明采购国外软件,从而直接限制了国产优秀基础平台软件的发展,致使企业难以继续发展。

(四) 产业相关基础条件不完善

当前,尚缺乏指导地理信息产业发展全局的国家宏观调控政策以及相应的配套措施,地理信息标准不统一,共享机制尚未建立,特别是在市场准入制度、地理信息的公开和保密管理、提供和使用管理、知识产权保护、标准、质量与价格管理等方面,尚缺乏行之有效的政策措施。

(五) 地理信息产业布局不够合理

在地理信息产业链上,注重发展上游,即空间数据的获取和生产,忽略了地理信息的应用服务所在的下游。地理信息产业在应用方面涉及的领域还属于"大材小用",能够提供给大众民用的技术只是冰山一角,地理信息产业结构还处于"头重脚轻"的局面。地理信息产业布局不合理,导致产业不能快速升级。

三 加快数字城市建设,推动地理信息产业发展的几点建议

发展我国地理信息产业,事关国家安全、民族利益和国家竞争力。制定正确、科学、合乎实际的对策来把握数字城市建设的机遇,对我国地理信息产业的发展非常重要。

(一) 确定一种有效的数字城市建设模式

确定一种有效的数字城市建设模式,科学地建设数字城市将有效推动地理信息产业的发展。由国家测绘地理信息局提出的数字城市建设模式,由多部门、跨专业融合参与建设,分三步进行:一是开展数字城市地理空间框架建设;二是数字城市应用系统的研发;三是多应用之上的社会延展服务(见图1)。

首先,该模式科学解决了我国各地经济发展不平衡与各地需求参差不齐,以及数字城市巨大的建设规模、超量的资金需求与经济社会承受能力有限这两个矛盾,决定了这种统筹规划、分步实施、各具特色的数字城市建设模式,使数字城

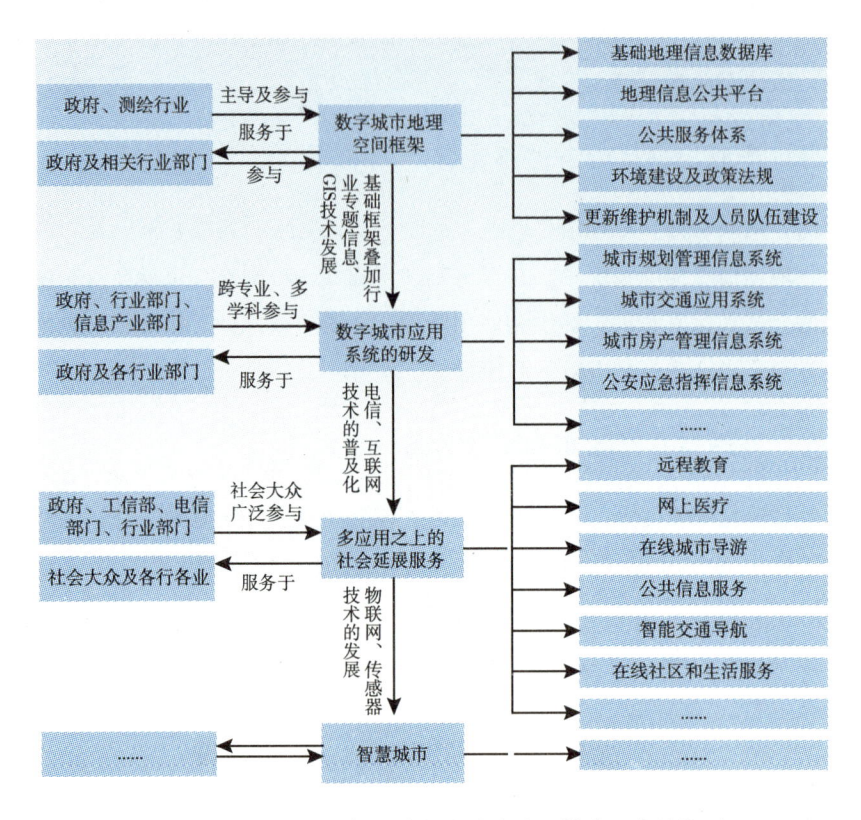

图 1　基于地理空间框架的数字城市建设模式层次结构图

市能够顺利实施，促进地理信息产业的有序发展。其次，该模式从政策体制上和技术层面上，将跨专业、多学科的信息进行充分融合和共享，满足地理信息产业可持续发展的信息共享、综合决策、技术集成的需求。另外，这种模式将地理信息的获取、更新以及应用服务始终贯穿于数字城市建设的全过程，明确了每个阶段各个主体在数字城市建设中应该扮演的角色，用融合的心态，包容地吸收跨专业、跨学科的单位参与，为地理信息产业链各主体的融合创造了环境。因此，这种分步实施、讲究融合、不断发展的数字城市建设模式，将为地理信息产业技术、应用服务提供广阔的发展空间，以此推动地理信息产业的可持续发展。

（二）数字城市的技术和市场两方面的需求应向国内地理信息产业全面开放

马克思说过，一旦社会有了需求，它会比十所大学更能将一项技术推向高峰。数字城市这类经济社会的重大项目产生需求时，更能促成技术的原始创新和集成创新，从而实现技术跨越，带来广泛的、实质性的产业化应用。这在中国高铁工程建设和装备研制中已有成功的例子。对于地理信息产业来说，数字城市的市场和技术需求应该向国内的地理信息产业部门敞开，并给予足够的支持和帮扶政策，要有足够的包容力和耐心，特别是在关键核心技术的使用上，如 GIS 平台搭建，多向国内优秀的企业倾斜，让它们能够抓住机遇、超前发展。

（三）加大对技术创新的支持力度

增强自主创新能力、培育自主品牌是塑造新竞争优势的根本途径。在数字城市建设中，必须加大对相关核心技术自主研发的支持力度，推进完全自主研发的国产产品的市场化进程。一方面，政府应通过数字城市建设，鼓励、支持有实力的本土企业开发具有自主知识产权的软硬件装备，大力推广自主产权的核心技术，使科技成果能迅速转化为生产力。另一方面，政府相关部门在采购、使用方面给国产自主创新软硬件装备"国民待遇"，带头使用国产产品。

（四）提供必要的融资环境

在数字城市建设中，应对投融资的机制进行大胆创新，积极探索引进社会资本，形成政府引导、企业为主、社会参与、市场化运作、模式创新的融资环境。数字城市建设吸纳了经济社会的各个方面主体的参与，形成社会资源，而只有资本市场，特别是证券市场，才有社会资源配置的功能。通过建立地理信息产业发展基金、关键技术和重点工程专用基金等一些正在尝试的做法，使政府引导职能有效体现，建立我国地理信息产业融资平台。同时建立健全财税金融支持体系，在财政政策上扶持地理信息企业。要扶持地理信息产业创业投资机构、产业投资机构的发展，引导企业、公众主动投资地理信息产业的建设和运营，逐渐满足地理信息产业融资的要求。

四 企事业单位的应对措施

发展地理信息产业是国家战略。企事业单位作为地理信息产业主体，不能只

等待外部环境的改善，依靠国家的扶持，在复杂的竞争环境面前，应积极找到应对的措施，大胆地实践和探索，才能大有作为。

（一）由被动的"合同式"向主动的"投资加订单"服务模式转变

企事业单位可以转变观念，改变被动的"合同式"的服务模式，在数字城市建设的应用上做好文章，率先投资相关技术的攻关和地理信息产品的研发。通过对应用部门对地理信息不同层次需求的调研，研发出容易操作、高效科学、符合相关部门公共需求的主体功能地理信息产品。同时，将研发成功的具有共性的主体功能地理信息产品，通过数字城市应用的渠道推向市场，依靠切实符合应用部门需求的地理信息产品吸引大量订单，然后在通用的主体功能框架下，依据应用部门的需求，量体裁衣作个别定制功能的"个性化服务"，从而实现由"合同式"向"投资加订单"服务模式转变。

在数字黄石地理空间框架建设中，湖北省航测遥感院一改传统的测绘服务模式，率先花大力气在城市规划系统相关的三维公共平台搭建、三维渲染引擎等关键技术上攻关，研发出满足一般城市规划局应用决策需求的规划管理系统的主体功能框架。然后根据黄石市城市规划局的需求定制特色服务，完成数字黄石的城市规划管理系统。通过先投资主体共性功能再特色定制的"投资加订单"服务模式，快速开发并有效占领市场。目前城市规划系统的主体功能框架已经为黄石、十堰、黄冈、恩施、罗田、来凤等十余个市县的数字城市建设发挥了重要的作用，有效地缩短了研发时间，同时赢得了数字城市应用服务的市场，实现了企事业单位和地理信息应用部门的双赢。

（二）发挥主体的主观能动性，构建产学研结合的技术创新模式

企业、事业单位是地理信息产业链的主体组成，应充分发挥主观能动性，主动与产业相关的企事业单位和高校合作，通过互助合作、自主创新提升地理信息产业的竞争力，合力攻克当前地理信息领域内的关键技术，突破地理信息系统软件发展的瓶颈。结合地理信息产业发展的需求，研究开发促进地理信息产业技术进步和提高核心竞争力的关键、共性技术。

在湖北数字城市建设中，湖北航测遥感院与武汉航天远景科技有限公司、武汉中地数码科技有限公司、北京四维益友信息技术有限公司、武汉大学遥感信息

工程学院、华中科技大学等企业及高校建立了战略合作关系。整合了地理信息的关键技术，确保数字城市软件系统底层操作平台和上层应用系统的有效连接，同时利用研究成果打开了数字城市地理信息的应用市场，并为数字城市地理空间框架建设要求的快速更新、实时服务奠定了基础。

（三）充分利用融资平台，抓住发展机遇

企事业单位要充分利用我国地理信息产业融资平台，打破银行贷款的单一融资模式，以现有优势资产为依托，统筹规划，找好融资的切入点。首先，利用政府对投资的引导功能，针对重大项目资金投入困难的现实，采用资本市场制度创新的方式来为项目筹措资金。例如，账面利润是资本市场融资的重要因素，通过研究政府的补贴方式，将政府补贴计入企业的主要业务利润，为融资创造有利条件。其次，实施积极稳妥的融资政策，紧密跟踪金融市场动态，顺应市场，把握时机，主动谋划融资策略。企业大型项目的融资可以采用内源融资、债权融资和股权融资方式。对于那些短期利润不高但收益前景好的企业采用各种理财工具筹措资金，如信托计划、企业债券等，把握好融资时点、额度和方式。

（四）积极参与产业联盟，应对地理信息产业市场要求

企事业单位应当积极参与具有联合开发、优势互补、利益共享、风险共担的地理信息产业联盟，由于产业联盟技术、人才、资金、设备和信息等资源集聚，以及联盟内各群体之间相对稳定与熟悉的关系，可以共享彼此的市场资源、生产经验和知识产权，大大节约了重复的费用和消耗，降低了生产成本，提高了生产效率，达到优化群体资源配置的目的，较大程度上规避了单个企事业单位独自创新的风险，从而有效扩大联盟内个体的获利空间，实现知识产权共享、技术转移和扩散，持续不断地为企事业单位本身的规模化生产提供成熟的先进技术、工艺及市场，有利于实现人才、技术、资金、市场等资源的有效配置，不断提升企事业单位在地理信息产业链中的竞争力。

五　结语

数字城市建设是发展我国测绘地理信息事业的重要抓手，也是推动地理信息

产业跨越式发展的战略支撑。展望未来，数字城市的建设和深入，将会充分挖掘和释放我国内需在地理信息方面的巨大潜力，使地理信息服务更多、更快、更便捷地进入千家万户。因此，必须牢牢把握数字城市建设的契机，充分开发利用数字城市建设成果，进一步加强对地理信息产业发展的统筹规划和政策引导，促进地理信息产业结构的优化调整，推动地理信息产业不断升级，从而让我国地理信息产业继续保持高速增长的发展态势而快速赶超国际先进水平；以数字城市建设为抓手引领地理信息产业的发展趋势，确立我国地理信息产业在国际竞争中的战略优势。

BⅢ 产业创新篇
Industry Innovation

B.9
SSW车载移动测量系统及其应用

刘先林*

摘 要：基于激光扫描仪的SSW车载移动测量系统由数据采集和点云数据处理两大模块构成。本文详细介绍了系统的硬件构成、工作原理、关键技术，以及基于JX4-G硬件平台的点云数据处理系统（DY-2点云工作站）的基本功能，分析了系统的优势、应用领域。展望了系统的应用前景和今后的研究方向。

关键词：激光扫描仪 移动测量 组合导航 点云工作站

一 引言

移动测量系统（Mobile Mapping System，MMS）是20世纪90年代兴起的一种快速、高效、无地面控制的测绘技术。

最初人们利用摄影测量技术集成组合导航技术构建移动测量系统，实现地面

---

* 刘先林，中国工程院院士，研究员，博士生导师，中国测绘科学研究院名誉院长。

移动摄影测量，获取目标地物的影像和空间信息数据。由于地面摄影测量自身的局限性（视距变化大且短、同名点自动匹配困难等），系统所测数据精度较低，数据处理工作量大。

激光测距技术出现后，很快在测绘领域展开应用。先后出现了激光测距仪和激光扫描仪。新一代的移动测量系统就是将激光扫描仪、组合导航系统和CCD相机集成以实现移动中直接获取目标物绝对坐标和纹理信息等数据的。由于地面测量环境复杂，GPS信号经常失锁，集成车载激光扫描移动测量系统（以下简称移动测量系统）的技术难度很大。但其数据处理自动化程度高，数据结果直观，精度高。

SSW车载移动测量系统（以下简称SSW系统）就是以激光扫描仪为主要传感器的新一代移动测量系统（见图1）。

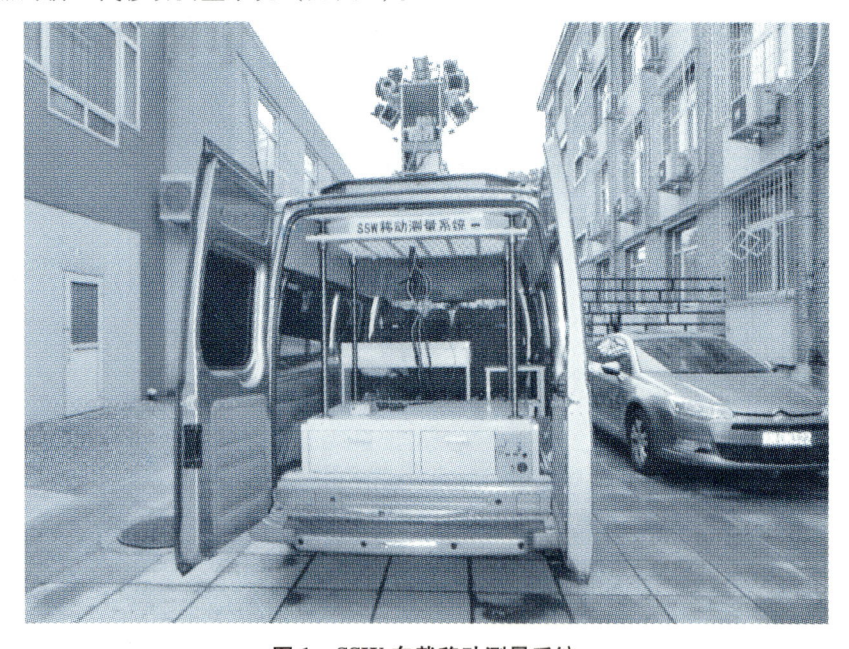

图1 SSW车载移动测量系统

二 SSW系统结构与工作原理

（一）系统结构

SSW系统由激光扫描仪、IMU、GPS、里程计、线阵相机、面阵相机、电动转台、供电和控制系统（笔记本电脑）、车载升降平台构成。各模块通过机械结构集成为一体，以 GPS 时间为主线保证时间的同步和协调，通过相互间结构关系求解所测目标点绝对坐标。

车载升降平台和电动转台是系统搭建的基础平台。车载平台由全顺车改装而成，在车子后半部分安装升降平台并在顶部开窗。扫描系统安置在平台上，工作时打开天窗，将系统升到车外，任务完成后收回车内。这样的设计安全、可靠，便于停放和远距离作业。系统通过电动转台的旋转实现"转扫"，使系统达到"定点"扫描的效果。与地面激光扫描仪不同的是，系统采用组合导航数据确定平台的实时姿态，定点扫描结果是绝对坐标，无须拼站。

激光扫描仪是系统核心传感器之一，通过高速距离和角度测量，获取大量目标点的坐标，由中国科学院光电研究院研制。

其标称技术参数如下：

- 测量距离范围：2.2~300m；
- 激光扫描点频率：50~200kHz；
- 扫描角度：360°；
- 测距精度：2cm/100m；
- 测角精度：0.1mRad；
- 激光扫描线频率：30~50 scans/sec。

IMU 通过陀螺仪和加速度计采集载体在三个坐标分量上的角速度和加速度量，积分计算得到载体姿态和位置信息。系统采用航天三院成熟产品 POS90 和 POS50。此系列 IMU 采用激光陀螺仪组合而成，精度高，初始对准时间短。

其主要性能指标如下：

- 初始姿态精度：≤0.01°；
- 初始航向精度：≤0.05°sec（L）（L 为当地纬度）；
- 姿态航向保持：≤0.05°/h；
- 初始对准时间：≤5min；
- 数据输出频率：200Hz。

系统通过集成的 CCD 相机获取目标纹理信息，可采用面阵相机或线阵相机。

面阵相机的标定、影像畸变改正技术已比较成熟，但其获取的大部分影像对目标的入射角与点云数据不相同，到边缘部分差别会很大，这就导致生成的彩色点云中部分数据不正确。线阵相机与激光扫描仪工作方式基本一致，扫描线基本平行，目标遮挡情况基本一致，彩色点云融合正确率高。

（二）系统工作原理

系统通过 GPS 使激光扫描仪、IMU、相机和里程计统一为同一时间系统——GPS 时间系统，使得系统每时刻数据协同一致。里程计、GPS 和 IMU 采集的数据用来进行组合导航，获取系统每时刻的姿态和位置数据。激光扫描仪和相机用来获取目标地物的坐标和影像数据，结合姿态数据融合生成带有绝对坐标的彩色点云数据。

系统工作原理和各传感器间数据流转关系如图 2 所示。

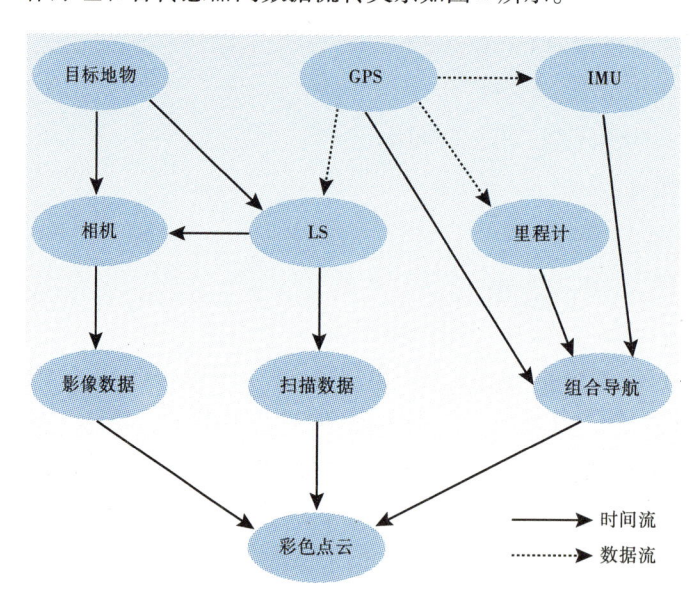

图 2　各传感器间数据流转关系

三　SSW 系统关键技术

SSW 系统的关键技术主要有：①传感器的机械集成、时间同步；②数据采集传感器的标定技术；③传感器间相对外方位元素标定；④点云与影像的高精度融合技术。

（一）传感器的机械集成、时间同步

系统的集成是系统数据采集和解算的基础。机械集成就是将各传感器按设计的位置和姿态机械安装在一起。机械集成方案有多种，不同方案会产生不同的作用和功效，系统正常作业时采用激光扫描仪倾斜工位，以保证能够采集到车下方的地面数据。

时间同步是移动测量系统各传感器间联系的纽带，是系统标定和数据解算的基础。时间同步技术是系统集成的核心技术之一。各传感器以 GPS 时间为主线，形成一个有机的统一体。系统时间同步方案为：GPS 输出秒脉冲 PPS（Pulses Per Second）和时间标签给 IMU 和激光扫描仪，实现 IMU 和激光扫描仪与 GPS 时间对齐（同步）；激光扫描仪发出带有时间信息的外触发脉冲给线阵相机，实现线阵相机的曝光时间与 GPS 时间对齐；里程计脉冲直接以事件标记形式打入 GPS，GPS 对其记数的同时记录了每个脉冲的 GPS 时间；里程计每隔一定脉冲数（定距）为面阵相机输出触发脉冲，实现面阵相机的定距离曝光；面阵相机的 Flash 信号记录到 GPS，实现面阵相机时间与 GPS 的同步。

在数据采集过程中，各传感器在采集数据的同时，相互间会有一定的数据交换和传递，以保证各传感器间的时间同步和数据采集的正确性。

（二）数据采集传感器的标定技术

单个传感器的测量精度直接影响着系统的最终测量结果。数据采集传感器的标定是其测量精度的保证，是系统研究的关键技术之一。

激光扫描仪和线阵相机都靠扫描实现数据采集，只有动态情况下采集的数据才能够识别目标地物特征信息，才具有实际意义，这就大大增加了它们标定的难度。激光扫描仪的标定包括距离测量参数和角度测量改正参数两项标定内容。利用激光扫描仪的竖直工位超慢速扫描实现无须姿态的激光动态扫描，进而有效解决激光扫描仪的距离测量和角度测量参数的标定问题。

面阵相机一般通过大型室外检校场来进行，相关的标定技术比较成熟。线阵相机的扫描成像特性使其标定工作非常困难，线阵相机标定的目的是消除相机镜头畸变和 CCD 安置误差，使影像、投影中心和目标点间处于严格的"共线"状态。线阵相机标定的核心是准确确定实际拍摄的影像与目标点间的对应关系，用镜头畸变模型求取相关改正参数。线阵相机与激光扫描仪的工作方式基本一致，均为线阵推扫。因此将线阵相机与激光扫描仪平行绑定，利用激光扫描仪测量角度实现线阵相机的标定。

（三）传感器间相对外方位元素标定

系统各传感器按一定位置关系安装后，传感器间（激光扫描仪与 IMU、相机与 IMU）存在一个固定的相对姿态，即它们之间的相对外方位元素。通过直接测量方式是无法精确获取传感器间的相对外方位元素的，而这些参数直接影响着测量结果。

传感器间相对外方位元素标定是通过扫描检校场来完成的。具体原理是：系统扫描检校场后，提取检校场内特征控制点的点云坐标，将其与常规测量坐标构成测量点对，建立误差方程式，迭代求取参数，实现相对外方位元素的高精度标定。

也可以利用同一条路往返扫点云中线状地物（如电线杆）关系（重合或平行），对系统参数进行标定。

沿扫描方向上电线杆不重合主要是由于翻滚夹角不正确引起的，对夹角进行微调，直至它们重合或平行。垂直于扫描方向上电线杆不重合主要是由于俯仰角不正确引起的，通过调整，使其重合或平行。由于两参数计算时相互影响，调整时要反复进行。

（四）点云与影像的高精度融合技术

将点云数据赋予 RGB 值，对点云数据的解译、分类和一些细节特征的表达都有非常大的帮助。对彩色点云数据生产，国内外学者从理论和生产上都进行了许多研究。主要思路有：①通过一些技术方案使两传感器同心（激光扫描仪中心和相机投影中心重合），匹配影像和点云中的同名特征点，恢复相机拍摄时的姿态，使对应两传感器投影角度实现数据融合。②在激光扫描的同时，用面阵相机进行立体摄影，构建立体像对，在同一坐标系内与激光扫描点云进行邻近融合。这些方法大多是针对地面静态扫描仪或小区域范围的数据采集，数据采集和处理复杂，难以满足复杂的动态街道测量要求。

SSW 系统在点云数据采集的同时采集了目标物的影像数据，利用 POS 系统获取的姿态数据可以直接或间接地计算出相机曝光时刻的姿态数据，影像数据和点云数据的坐标系统就统一起来了，利用共线条件式可以使点云数据与影像数据准确融合。

四 DY-2 点云工作站

点云数据浏览、分类、特征信息提取、矢量数据生产也是 SSW 系统应用的重要组成部分。点云数据是依时间顺序进行采集的，数据只是一些离散的坐标值，与目标物的特征、结构、属性没有任何关联且数据量很大。点云数据的使用和深层信息的挖掘需要一套强大的点云数据处理、浏览等功能的软件来实现。DY-2 点云测量工作站就是在这样的背景下研究开发的点云数据处理系统。

DY-2 基于 C++ 开发语言与系统底层 API，使用 OpenGL 三维图形渲染接口，以及成熟的第三方工具作为依赖，从而实现跨平台的代码设计。这其中，一些可用的第三方工具包括开源的数据分析处理工具 GDAL、PROJ 等，它们在数据处理方面的卓越能力，已经被各大公司和研究机构广泛认可，并成为 ArcGIS、SuperMap、Skyline 等主流 GIS 软件的底层依赖库支持。

DY-2 的底层核心组件包括三维场景组织结构的设计、用户漫游和交互功能的开发，大规模场景数据的动态调度与管理，立体显示支持，以及数据分析的功能函数等。系统设计框架如图 3 所示。

DY-2 的用户层核心组件，主要包括海量点云数据处理模块、三维场景构建及管理模块、向量测图模块、向量编辑模块、成果输出模块等。

DY-2 点云测量工作站软件工作界面如图 4 所示。

界面常驻信息有：

①当前图层信息。②当前三维测标所在位置，即测标的三维坐标信息。③国标分类信息。④机助测图实时信息。包括：当前图层名称、当前线型及颜色、当

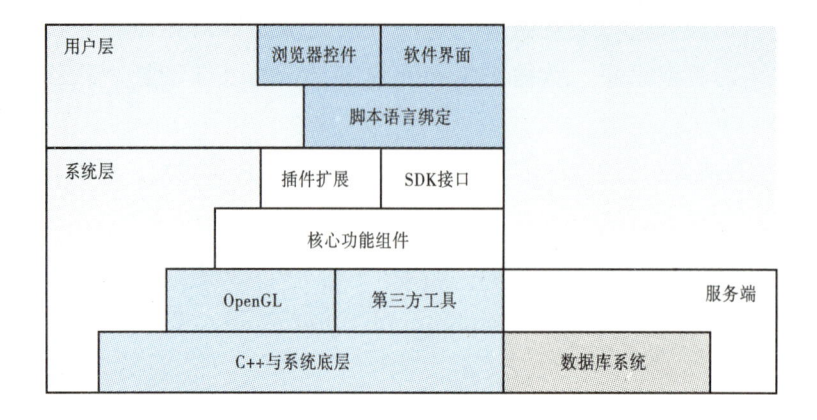

图3 DY-2系统设计框架图

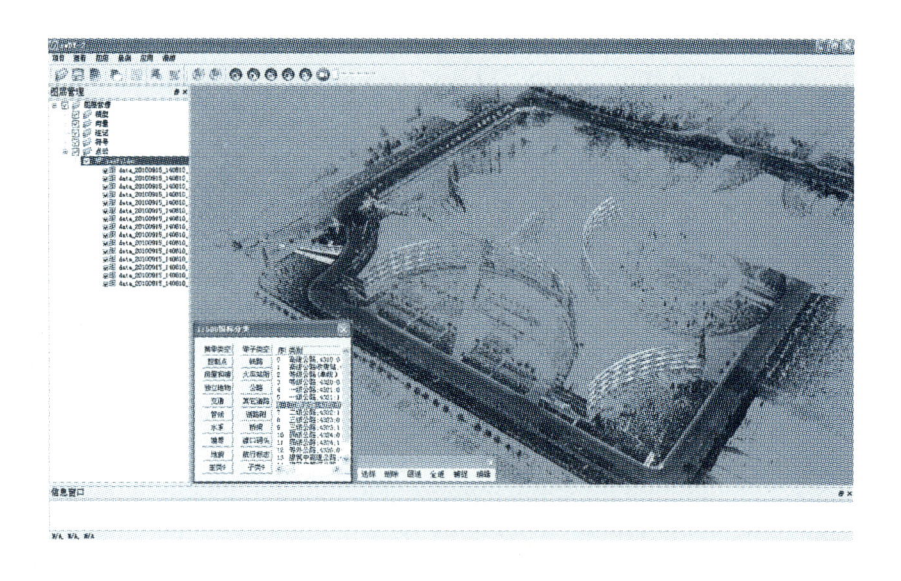

图4 DY-2点云测量工作站软件工作界面

前画笔状态眼基线长度、立体观察方式（真立体、透视立体）、正射观察时视线方向（向上、向下）等。⑤实时编辑菜单。

点云场景显示主要有：点云数据的彩色显示（依RGB信息渲染）、点云数据的灰度显示（依反射强度渲染）、点云数据的二值显示（依有无渲染）以及点云数据的假彩色显示（依高程值、深度渲染），如图5所示。

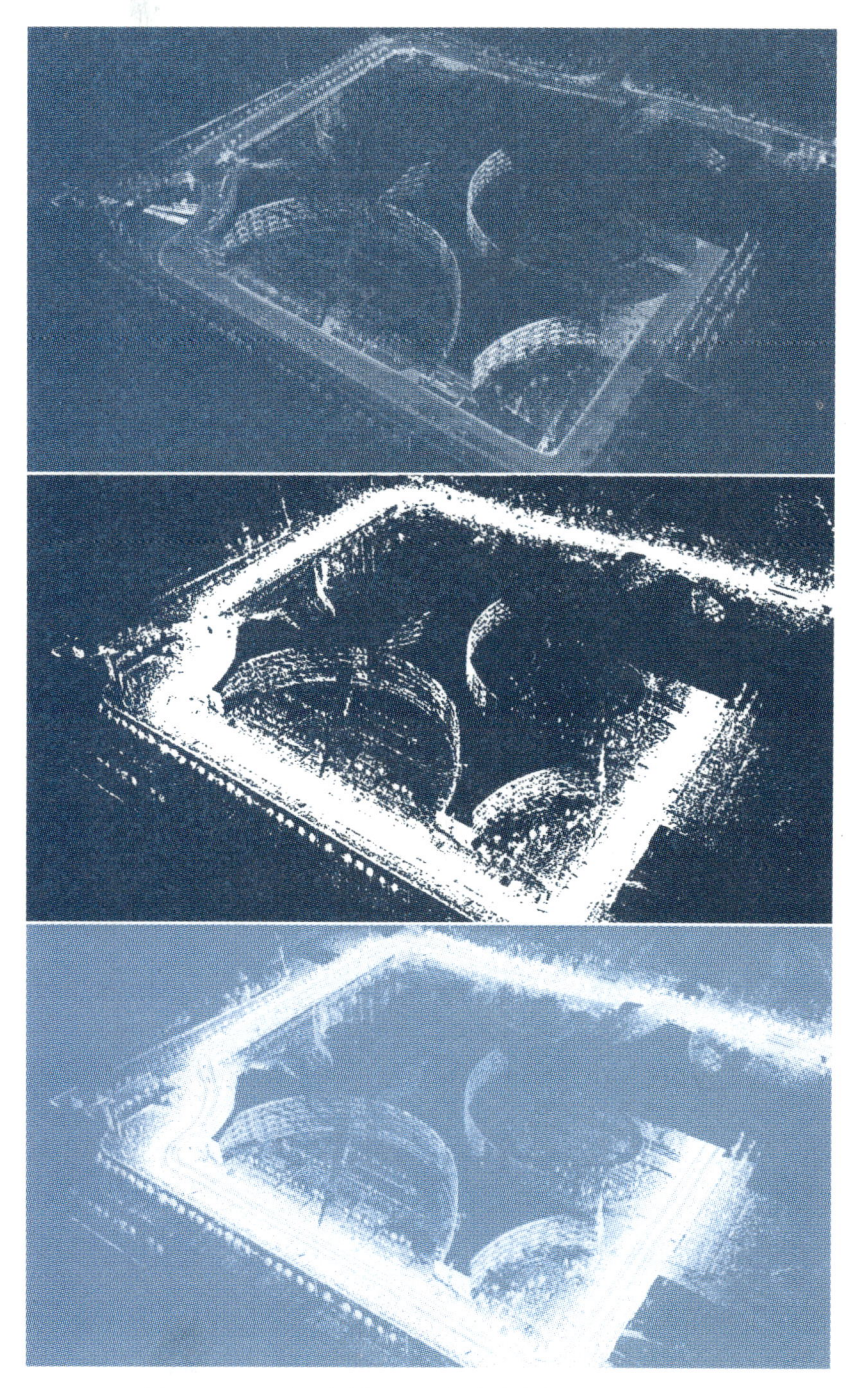

图5 DY-2点云场景显示（依次为彩色、二值、黑白）

五 系统应用试验

(一) 道路高精度高程测量

近几年，随着我国公路建设的快速推进，我国公路网建设已基本完成。公路建设进入以公路大修和改扩为主的局面。公路大修与改扩建工程对公路路面高程测量精度要求很高，通常采用水准测量方式来完成路面高程测量任务。而一般的公路都非常繁忙，车辆多、速度快，直接在路面上作业非常危险。目前还没有较好的方法能够替代路面的水准测量工作。将车载移动测量系统应用于公路路面高精度高程测量是一件十分有意义的工作，也是系统应用中最困难的一项工作。

试验区位于北京市南二环永定门桥至左安门之间，全长约3.5公里。道路一侧高楼林立，另一侧为护城河水面，路两边树木较多，GPS信号失锁较严重，是一段典型的城区内道路，车流量很大，常规作业危险、困难。大地定向后，重新计算点云数据（见图6），量测测区内的检查点，统计测量精度。

利用测区内的高程点进行大地定向，定向精度统计见下表。

图6 北京南二环点云数据

大地定向精度统计表

单位：m

点名	RMS	点名	RMS	点名	RMS	点名	RMS
2G55	-0.019	2G62	-0.001	2G70	-0.013	2G24	0.041
2G56	-0.016	2G63	-0.012	2G71	0.000	2G25	0.030
2G57	-0.008	2G64	-0.010	2G72	0.003	2G36	0.035
2G58	0.003	2G65	-0.016	2G20	-0.003	2G38	0.042
2G59	0.019	2G67	-0.003	2G21	0.011	2G40	0.010
2G60	-0.001	2G68	-0.018	2G22	-0.009	2G41	-0.017
2G61	-0.027	2G69	-0.003	2G23	-0.018		

$M = \pm 0.019 \text{m}$。

（二）ADAS 系统道路导航数据采集

高级汽车辅助驾驶系统（ADAS：Advanced Driver Assistance Systems）是通过多传感器探测汽车周围的环境状况和信息，来帮助驾驶员更好地驾驶车辆，减少事故的高科技多传感器集成系统。

导航地图数据是 ADAS 系统的重要组成部分。城市建设日新月异，导航地图数据的快速采集和更新是 ADAS 系统正常工作的基础。

车载移动测量系统能够快速精确获取道路的各种要素信息，是道路地理信息数据快速采集和更新的利器。受相关单位委托，我们对 SSW 系统快速采集道路中线路面三维坐标数据进行了试验。试验时考虑到白天市内道路车多人多，数据采集均在晚上进行。白天处理解算数据。图 7、图 8 为试验的部分行车轨迹和点云影像。

试验表明，这种作业方式，每天能够采集约 20~50 公里的道路数据，数据处理能够当天完成。图 9 所示为采集的道路中线坐标点。

（三）城市部件测量

城市部件是城市最微小的细胞单元，是城市基础结构系统的基本组成部分，是城市可利用的各种设施。城市部件主要包括公用设施、道路交通、市容环境、园林绿化、房屋土地、其他设施等。我们把它们统称为物化的城市管理对象。城

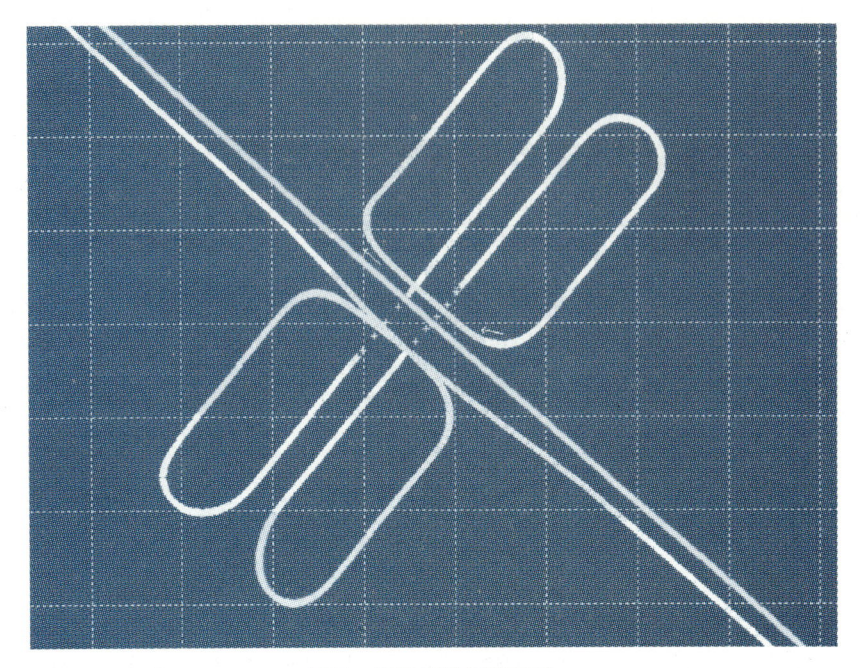

图7 导航路线扫描轨迹

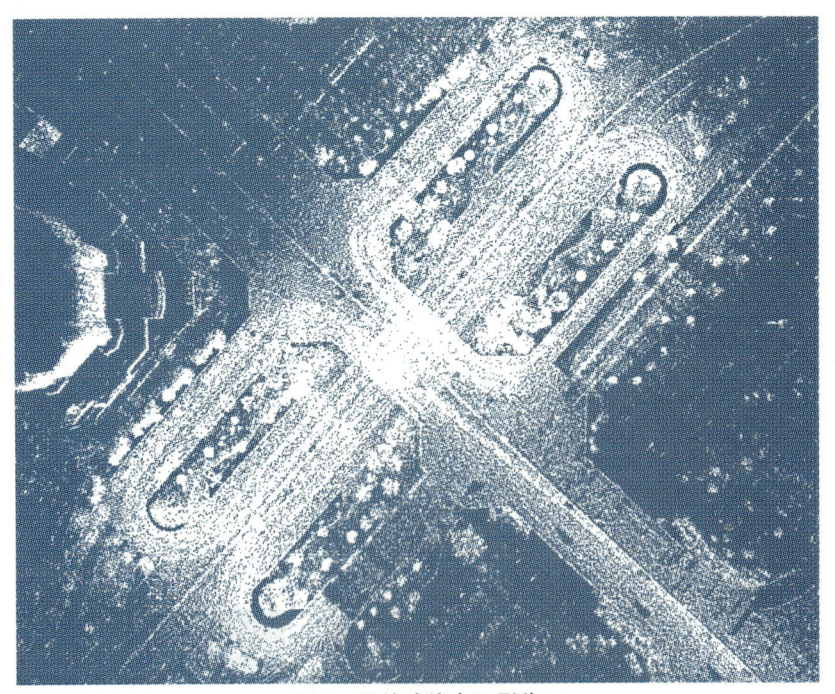

图8 导航路线点云影像

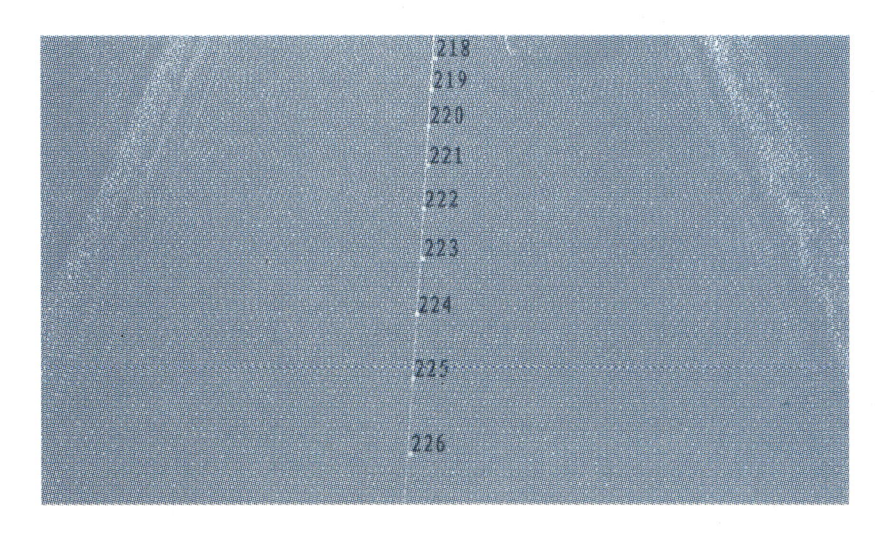

图 9　道路中线坐标点采集

市部件是城市经济、社会活动的基本载体,是真正属于城市的不可移动的要素。

目前部件采集常用的方法有两种:一种是调绘法,即外业调绘加内业数字化,另一种是测量法,即数字化测量法。

调绘法是指在外业将部件的空间位置标绘到地形图上,将其属性信息填写到调查表中,两者通过标识码相互对应,在内业进行图形、属性数据录入和属性数据挂接处理。调绘法要求将所有的部件都反映到调查底图上,当部件较密集时,就很难甚至无法将全部的部件反映到底图上,而当参照物不明显时,就会出现部件定位不准确的情况。另外,这种方法既要在外业把部件绘到底图上,又要在内业把纸图上的部件转绘到电子地图上,不仅精度低、速度慢、效率低,而且容易出错。

数字化测量法是指将部件的空间位置和属性信息通过地理编码和属性编码存入全站仪中,避免了外业绘图和填表工作,提高了调查的精度和效率。

城市部件测量对目标地物数据要求非常全、非常细,无论采用调绘法还是数字化测量法,都必须投入大量人力物力,才能得到较好的成果。移动测量系统能够快速采集到沿途各种地物地貌大量的真彩色坐标点云数据,数据信息丰富(如图 10 所示)。

实践证明,移动测量系统用于城市部件测量,速度快、精度高、内容丰富。这已成为一种全新的城市部件测量手段和方法,为城市部件数据测量、入库开辟了一个新方案。

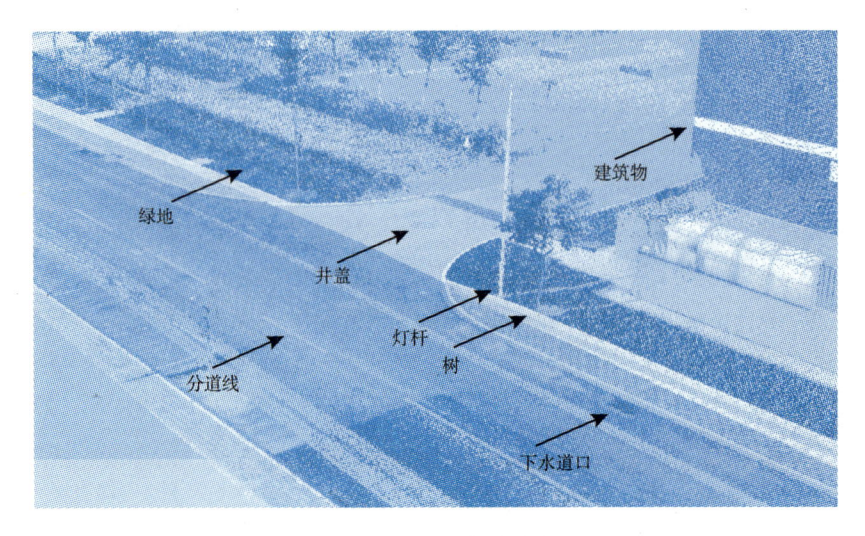

图10 丰富的部件信息

六 结论与展望

本文系统介绍了 SSW 移动测量系统的构成、工作原理,系统的关键技术及部分应用范例和精度统计。试验和实际应用结果表明系统测量精度高、速度快、数据丰富,完全能够满足沿路各项基础地理信息数据获取的要求。

车载激光移动测量系统有着广阔的应用前景。主要应用领域有:①在公路高精度高程测量中的应用;②在大比例尺地图快速测量和修测中的应用;③在城市部件测量中的应用;④在城市三维建模中的应用;⑤道路设施调查;⑥高级驾驶辅助系统(ADAS)路面信息采集等。

车载激光移动测量系统的研究尚处于起步阶段,许多功能还不是特别完善,仍有许多问题需要解决,有许多功能需要增加和完善。

需要进一步研究的工作主要有:

①云测量工作站测图、分析等功能还不完善,需要进一步开发和完善。

②根据局部坐标数据的自动分类。

③在分类基础上的自动和半自动建模。

B.10
创新地理信息服务模式
打造网络地理信息服务民族优秀品牌

李志刚*

摘　要："天地图"是国家地理信息公共服务平台建设取得的重要成果。它的开通标志着国家测绘地理信息局在转变测绘地理信息服务方式、提升测绘地理信息服务能力、推进地理信息产业发展方面迈出了至关重要的一步。目前"天地图"处于起步阶段，距满足用户需求还有很大距离。国家基础地理信息中心将在国家测绘地理信息局的领导下，大力丰富信息资源、提升服务能力，推进社会化应用，力争早日将"天地图"打造成为具有国际影响力的民族品牌。

关键词：国家地理信息公共服务平台　天地图　分建共享　服务聚合　公共服务

一　"天地图"迎来了前所未有的发展机遇

国家地理信息公共服务平台"天地图"自 2010 年 10 月 21 日开通以来，受到各方面的高度关注，在世界上也引起了强烈反响。截至 5 月 31 日，已有全球 216 个国家和地区近 1 亿人次的访问量，单日访问峰值超过 665 万次。"天地图"是国家地理信息公共服务平台建设取得的重要成果。它的开通使中国人有了自己的权威地理信息服务网站，标志着国家测绘地理信息局在转变测绘服务方式、提升测绘服务能力、推进地理信息产业发展方面，迈出了至关重要的一步。

---

* 李志刚，国家基础地理信息中心主任。

"天地图"受到中央领导同志的充分肯定。2010年10月，党和国家领导人温家宝、李长春分别在武汉观看了"天地图"的演示，并给予了高度评价。2011年6月1日，胡锦涛总书记在湖北考察时，还专门观看了"天地图"演示。在"天地图"开通前夕，李克强、周永康、孟建柱在国土资源部上报的《关于国家地理信息公共服务平台公众版建设情况的报告》上圈阅。"天地图"开通后，温家宝、李克强在国土资源部就"天地图"运行情况的专报上圈阅。2011年5月23日，李克强副总理到中国测绘创新基地视察时，观看了"天地图"演示后指出："'天地图'既是为群众提供方便的服务平台，也是地理信息产业的发展平台，又是国家安全的保障平台。"

国家测绘地理信息局将"天地图"列为2011年的重点工作之一。5月24日，徐德明局长主持召开国家地理信息公共服务平台"天地图"建设工作会议。徐局长指出，建设"天地图"就是抢占未来发展的制高点，在提供公共服务、推进信息化进程、繁荣地理信息产业、维护国家安全方面具有重要意义。"天地图"是测绘地理信息工作中服务最广泛、应用最广阔的最有影响、最有作为、最具代表性、最能融入千家万户的重要平台。国家测绘地理信息局要求切实学习好、领会好、部署好、落实好李克强副总理关于"天地图"建设的重要指示，从国家战略的高度认识加快"天地图"建设的极端紧迫性，举全国测绘之力，解放思想、改革创新、抢抓机遇、超常运作，着力把"天地图"建设成为政府服务的公益平台、产业发展的基础平台、方便群众的服务平台、国家安全的保障平台。

"天地图"的意义与发展前景得到了全国测绘行业的高度认同。在"天地图"的建设与运维过程中，武大吉奥、四维图新、东方道迩、吉威数源、天目创新、四维航空、国信司南等企业和武汉大学等科研单位组织队伍，与国家基础地理信息中心一起进行"天地图"建设，在"天地图"开通后，又不遗余力地持续支持软件升级、数据更新、应急服务。各省测绘行政主管部门对"天地图"的建设也给予了大力支持，不少省市积极参与平台技术方案、技术规范的讨论、试验，按时开通了本省公众版平台并实现与"天地图"的超链接。

李克强副总理给予"天地图"高度评价，国家测绘地理信息局党组对"天地图"建设与发展寄予厚望，全国测绘行业对"天地图"给予强有力的支持，给"天地图"更快、更好的发展创造了难得的机遇与条件，成为加快"天地图"建设与服务的强大动力。

二 "天地图"面临着巨大的挑战

"天地图"刚刚起步，整体服务能力还不强，与国际、国内一流地理信息服务网站相比还有很大的差距，不能很好地满足各类需求，主要表现在以下方面。

1. 数据资源亟待丰富

中国范围内2~14级电子地图数据现势性不够好；15~18级矢量数据街区、建筑物、POI等信息有待丰富扩充；高分辨率影像数据覆盖范围有待增大、现势性有待提高；三维、公交、街景等各类信息急待扩充。全球范围各类数据均有待大量补充。

2. 服务能力需要提升

服务器、存储等设备规模及网络接入带宽不能满足大量访问服务需求；数据处理、管理、在线服务等核心软件在功能丰富与多样性、运行稳定性等方面还存在许多问题。

3. 运维与运营技术体系与机制有待完善

需要建立健全稳固的数据获取与更新、网站管理与监控、服务聚合与协同等方面的技术支持体系与运维机制，实现数据快速处理与发布，满足大规模、高频率的数据补充与更新需求。此外，信息共享、增值应用、商业赢利等运营模式也有待形成、完善。

4. 顶层设计与人才队伍建设需要加强

"天地图"是一个新事物，涉及诸多测绘、地理信息、网络、计算、通信及各种行业相关技术，以及诸多信息共享、应用合作、商业推介方面的机制与模式，它的持续发展需要强健的顶层规划与技术设计的支持，也需要高素质稳定人才队伍的保障。目前"天地图"顶层设计还需进一步梳理、细化、改进，人才总量、结构、工作机制也亟待提高。

5. 宣传与应用推广有待加强

目前"天地图"的知名度还不够高，成功的应用尚少。迫切需要加强对"天地图"的宣传与应用推广，扩大知名度和品牌效应，推动基于"天地图"的应用开发。

三 "天地图"近期建设任务

"天地图"的建设，要遵循李克强副总理"抢占国际竞争制高点、提供公共服务、推进信息化进程、繁荣地理信息产业、维护国家安全"的指示，按照国家测绘地理信息局党组"高度重视、强化统一、加大投入、形成合力"的要求，大力丰富信息资源、提升服务能力，推进社会化应用，力争早日将"天地图"打造成为具有国际影响力的互联网地图服务民族品牌。

"天地图"在相当长时间内都将处于起步期、追赶期，必须依靠政府强有力的领导与扶持，依靠全国测绘行业的团结合作，依靠企业与科研机构的大力协作与支持。

近阶段的首要任务是围绕公益性服务这一基本点，通过开展对包括主节点、分节点在内的"天地图"整体推进，极大地提升"天地图"的服务能力，使其成为向公众、政府提供权威、可信、统一的公益性地理信息服务的不可替代的平台。与此同时，为企业增值服务提供开发环境，不断创新运作机制，推动我国地理信息产业核心技术的自主创新和产业繁荣。

近期拟从以下几个方面着手提升"天地图"的服务能力。

1. 加强顶层设计与人才队伍建设，提升持续发展能力

一是采用自主与集成创新相结合的方式，加强"天地图"顶层规划与技术设计，提升"天地图"的整体技术水平；二是加强"天地图"全方位、高素质人才队伍的建设，保障"天地图"的持续发展。

2. 丰富数据资源，提高数据鲜活性

联合全国测绘力量，大力丰富"天地图"数据资源，提高"天地图"数据的现势性、鲜活度、精细度。一是利用国家级基础地理信息数据、航空航天影像数据，来自"天地图"合作伙伴的最新导航数据、高分辨率航摄数据，以及来自相关部门、企业的专题信息、兴趣点、街景地图、三维建筑模型等多类型多样化信息，加快全国范围矢量、影像、地名、街景等各类信息的更新、补充。

二是在国家测绘地理信息局的统一部署下，尽快聚合"天地图"省市级节点提供的服务资源，逐步实现国家、省、市"天地图"的高效整合联动，打造核心竞争力。

三是利用中国测绘卫星影像信息，尽快完成全球优于10米影像全覆盖。与此同时，大力加强国际合作，广泛搜集、整理、加工、发布全球各类地理信息，加强"天地图"在国际上的影响和竞争力。

3. 加快整体技术系统建设，拓展服务功能

围绕从数据获取、处理到发布服务等技术流程，研究开发整体技术支持系统和专用软件，实现便捷高效的数据快速加工处理、上载发布、增量更新、版本管理，为"天地图"发布信息的现势性、丰富性提供技术保障手段。与此同时，不断拓展、完善在线服务功能，让"天地图"变得越来越好用。

4. 加强运维管理，扩大设备规模，改善服务性能

在整体技术架构支持下，扩充服务器与存储设备，扩充互联网接入带宽，增加分布式数据中心，合理分担负载，整体上提高"天地图"的响应速度。部署高效的服务管理、用户管理系统，建立高效率的数据获取与更新、网站管理与监控、服务聚合与协同、突发事件响应等方面的工作机制，确保"天地图"7×24小时稳定可靠运行。

5. 大力推动应用，完善工作机制

紧盯市场需求，密切关注形势变化，快速、及时、不断地推出各种新产品，更多地吸引用户的眼球，不断扩大"天地图"的影响。通过多种渠道大力介绍"天地图"，对公众实行免费服务，让更多的网友认识并喜欢"天地图"；向地理国情监测、导航与位置服务、电子政务等国家重大工程提供数据资源支撑和信息发布平台；鼓励和支持企业、专业部门利用"天地图"的服务接口和API搭建各类应用系统与网站。与此同时，逐步建立并完善与省市测绘地理信息部门、有关专业部委、有关企业的信息共享、增值应用、商业赢利机制与模式。

我们有信心按照国家测绘地理信息局党组的要求，联合全国测绘力量，团结一心，加倍努力，攻坚克难，争取尽早把"天地图"建设成为数据覆盖全球、内容丰富翔实、应用方便快捷、服务优质高效的在线地理信息服务民族知名优秀品牌。

B.11
为政府企业市场架桥 促地理信息产业发展

丛远东*

摘 要： 中介组织在地理信息产业发展中发挥着重要作用。本文介绍了中国地理信息产业协会在加强自身建设、协助政府开展工作，以及为企业服务等方面开展的工作。

关键词： 地理信息产业协会 组织建设 自律协调

当今社会，地理信息产业发展迅猛，势头强劲。我国地理信息产业在党中央、国务院的正确领导下，在业务主管部门国家测绘地理信息局的指导培育下，快速发展，已成为国家经济和社会发展中异军突起的重要力量。

1997年美国劳工部将纳米、生物和地理信息技术列为未来科技的一场革命。时下，更有人将近代工业革命的蒸汽机、现代工业革命的计算机与信息革命的地理信息产业相提并论。我国地理信息产业作为新兴产业，发源于20世纪70年代，迅速崛起于近几年。中国地理信息产业协会（即中国地理信息系统协会）正是在这种背景下应运而生，成为联结政府、企事业单位和市场的桥梁和纽带，十多年来协会贯彻中央领导讲话精神和国家测绘地理信息局关于大力发展地理信息产业的指示精神，以"服务、自律、协调、维权"为己任，以"亲和、务实、诚信、创新"为会风，大力倡导大产业、大市场、大服务、大和谐发展观，积极服务企事业单位，努力规范地理信息行业，在加强组织机构建设、建立规范有序的工作机制方面不断取得新进展，在推动应用、促进创新、外树形象、内强素

---

* 丛远东，中国地理信息产业协会秘书长。

质、活跃学术氛围、凝聚行业精神等方面发挥了积极作用，为促进地理信息产业发展作出了重要贡献。

一　科学准确定位，加强组织建设

近年来，地理信息产业迅速发展，地理信息企业如雨后春笋不断涌现，全国地理信息企业已有2万多家，其中500人到1600人或产值在1亿元到20亿元的企业已有20家，地理信息从业人员达40万人。就教育而言，从事地理信息专业教育的高校已近200家，每年毕业的大学生近万人，近些年就业率位居全国所有专业的第二位，成为炙手可热的报考和就业行当。特别是近年来，多家地理信息相关企业已在国内外资本市场上市，地理信息科技水平迅速提高，地理信息产品日益丰富，地理信息基地建设卓有成效，地理信息产业在北京奥运、"神七"飞天、国庆庆典、应急救灾等重大活动和事件中发挥了重要作用。地理信息产业正如一轮朝阳，喷薄而出，势不可当。但在我国地理信息产业发展进程中，也还存在规模不够大，企业聚集程度不高，在企业资本、服务能力、社会影响等方面与国际先进水平存在差距等问题。

面对地理信息产业发展面临的大好形势，以及面对地理信息产业发展中存在的问题，中国GIS协会深刻认识到，作为联系政府和企事业的桥梁和纽带，协会应担当起不断繁荣产业、凝聚行业、促进事业发展的重任，所以必须首先准确定位，加强组织建设。

（一）对自身进行科学准确的定位

协会认识到，有为才能有位，而有为的前提是正确的定位。协会作为市场主体的联合组织，作为自律性的行业组织，既是国家产业政策和法规贯彻落实的引导者，是围绕大局、服务中心的行业管理的协助者，是国家宏观调控下产业发展的推动者，是国家利益的维护者，同时也是维护市场秩序和市场公平竞争的促进者，是企业利益的代表者。因此，中国GIS协会的定位就是联系政府和企业之间的纽带和桥梁，其基本职能就是"服务、自律、协调、维权"。服务，就是既为政府服务也为地理信息企业服务；自律，就是促进地理信息行业自律；协调，就是妥善解决矛盾，促进和谐发展；维权，就是维护国家和行业、企业的权益。

在这种定位思想的指导下，中国 GIS 协会明确了每一年的中心任务，并开展了一系列卓有成效的工作。比如，2010 年协会工作的中心任务是：贯彻中央精神，力促产业发展；加强自律协调，提升品牌服务；营造舆论氛围，创新协会工作。主要工作目标是：践行科学发展观，继续深入贯彻国务院办公厅《关于加快推进行业协会商会改革和发展的若干意见》精神和全国测绘局长工作会议精神，拓展协会工作职能，加强行业自律和协调，推进职业道德建设和诚信建设，探索协会的有效工作机制。协助政府部门开展产业政策研究，提出立项建议，争取协会宽松和谐有为的工作环境和产业发展的政策支撑，扩大产业的社会影响力。

（二）加强组织建设

作为行业协会，就应该维护行业中所有企业的根本利益与整体利益，应该为行业内所有企业获得更好的发展创造条件。协会的覆盖面窄，就意味着协会所能掌握的企业和行业的信息不充分，就难以发挥综合性的服务功能。多年来，中国 GIS 协会不断加强组织建设，不断扩大覆盖面，努力发挥最大的功效。截至目前，协会已有 4 个直属机构、团体会员 1100 多人、个人会员 2400 多人。

协会有一个团结奋进的领导集体。迄今为止，先后有 41 位省部级领导、两院院士，全国人大、全国政协的领导在协会任职。近年来，众多行业和领域的精英们积极参与协会的领导和组织工作，引领着地理信息产业迅猛发展。

协会现有 4 个直属机构：中国 GIS 协会 GIS 所——承担地理信息产业创新发展研究和数字城市工程硕士班的教学和日常管理工作；《地理信息世界》编辑部——承担协会会刊、全国核心技术期刊《地理信息世界》的出版工作；协会资源与环境培训中心——以中科宇图天下科技有限公司为依托的非营利性单位，实行自收自支、自负盈亏的经营管理；协会就业指导中心——以 3sNews 视讯传媒为实体，全面开展毕业生就业、国内外人才交流、就业宣传策划、举办就业招聘会，开展咨询、服务和指导育人，为用人单位做好服务等工作。协会还建立了近 200 人的专家库，专家由测绘、国土、城建、能源、水电、农林、环保、公安等诸多领域的权威专家组成。

协会目前有 14 个工作委员会（分会）。2010 年，为满足产业在国家特殊领域的发展需要，新成立了公共安全工作委员会。各工作委员会积极开展各具特色的工作。例如，2010 年，城市工作委员会、理论与方法工作委员会、标准化与质量控制工作委员会、空间数据工作委员会、教育与科普工作委员会等相继召开了不同主题的研讨会和论坛；GIS 工程应用工作委员会于 3 月至 10 月受协会委托，组织开展了 2010 年中国 GIS 优秀工程评选活动。

（三）适应形势发展而更名

孔子云：名不正则言不顺，言不顺则事不成。中国 GIS 协会自 1994 年成立以来，在促进地理信息科学发展、地理信息技术应用、我国自主版权的地理信息软件应用，以及在政府与地理信息企业的联系等方面做了大量的工作，为推动产业发展起到了有力的促进作用。但是，面对日新月异的地理信息产业，中国 GIS 协会这个名称已经不能适应时代的要求。

如今，地理信息产业发展已经进入新的历史时期。地理信息产业面临难得机遇，发展地理信息产业等新型服务业态已经写进今年两会的政府工作报告；在今年全国人大审议通过的国民经济和社会发展"十二五"规划中，地理信息产业已经列为优先发展的重点；在今年两会上，诸多代表和委员也联名提出了将国家测绘局更名为国家测绘地理信息局的议案、提案。地理信息产业产值近几年每年以 30%～40% 的速率增长，已成为国民经济新的增长点，在国家信息化、现代化建设中发挥了显著作用，在促进经济增长和保持社会稳定中作出了重要贡献。党和国家对地理信息产业的高度重视，地理信息产业在国民经济建设中的重要地位，以及地理信息产业如火如荼发展的大好形势，都要求协会在服务、自律、协调、维权等方面更好地发挥更大的作用。而"中国地理信息系统协会（中国 GIS 协会）"的名称，已经制约了协会发挥更大的作用。

"地理信息系统"是一门介于信息科学、空间科学、管理科学之间的新兴交叉学科，是传统科学与现代技术相结合的产物，以此作为协会名称，不仅偏重于技术层面，而且也名不副实。作为一个有着巨大发展潜力和无限广阔前景的地理信息产业的协会，再拘泥于"地理信息系统"这个偏重于技术层面的名称，显然不能与时俱进地适应时代发展的要求，也不足以发挥好协会"服务、自律、协调、维权"的作用。

鉴于上述原因，经协会会员代表大会审议通过，协会业务主管部门国家测绘地理信息局、国土资源部批准，协会已经向民政部提出将中国地理信息系统协会变更为中国地理信息产业协会（China Association for Geographic Information

Industry，CAGII）的申请，并对其章程作出相应修改。协会更名后，其服务领域将更加拓展，社会影响力将日益显现，将会更加适应地理信息产业发展新形势的要求，在促进产业发展方面发挥更大的作用。

二 协助政府工作，搭建服务平台

面对地理信息产业发展的新形势，协会把工作的重心首先放在服务上。行业协会的本质是社会中介机构，而社会中介机构的特点就在于它的独立性，在于它的民间化、非政府化。对政府而言，协会是独立的社团组织，是企业利益的代表者，要代表企业与有关方面进行求同存异的友好协商，以维系社会经济的稳定发展；对企业而言，协会是服务者而不是管理者，是国家利益的维护者，要在许多政府部门不应管又不便管、管不了也管不好的事情上发挥监督、协调和信息服务作用。因此，协会的首要职能便是为政府服务，为企业服务；首要工作便是协助政府做好工作，为产业发展搭建服务平台。

（一）开展地理信息软件测评

开展地理信息软件测评，对于全面掌握我国测绘与地理信息软件性能和质量总体情况、有效指导相关单位使用符合要求的软件、鼓励有自主知识产权的 GIS 软件开发应用、提高企业创新能力、促进各开发企业间的良性竞争、维护用户和系统集成商的利益等具有重要意义。2000 年以来，中国 GIS 协会在国家测绘地理信息局和科技部的领导下，连续 11 年开展地理信息软件测评工作，并连续两年进行数字城市地理信息软件测评。在测评工作中，协会秉承"公正、公平、科学"的原则，成立了由国家测绘地理信息局、科技部有关领导和专家组成的领导小组，聘请了富有理论和实践经验的测评专家，保证了软件测评的权威性、公信力和影响力，使得一批具有自主知识产权的国产地理信息软件脱颖而出，成为地理信息产业发展的主力军，也使得地理信息软件测评成了协会服务政府、服务企业的一个平台、一个精品。

（二）进行中国 GIS 优秀工程评选

中国 GIS 优秀工程评选，对推动地理信息资源和技术的广泛应用，推动地理信息应用系统的实用化、市场化运行，更加有序地规范地理信息系统工程建设，促进地理信息产业繁荣发展等有着重要意义。2003年以来，受国家测绘地理信息局、科技部的委托，中国GIS协会连续开展了中国GIS优秀工程评选活动，为GIS逐步走进千家万户，渗透到各个领域，作出了积极的贡献。中国GIS优秀工程评选也成了具有鲜明的行业特色和创新亮点的一个优秀工程评选活动，成为协会履行服务职能的又一品牌。

（三）开展中国地理信息科技进步奖评选

面对地理信息产业迅猛发展的大好形势，协会认识到，产业的发展急需国家的政策支持、科技支持，开展地理信息科技进步奖评选，有利于激发产业发展迸发新的活力、新的创新和新的突破。在国家测绘地理信息局、国家奖励办和科技部的大力支持下，协会申请开展这项工作并得到批准，中国地理信息科技进步奖自2010年设立。为做好这项工作，协会起草了评奖条例、细则，评审的规则等，从协会专家库中遴选产生了中国地理信息科学技术奖评审委员会和中国地理信息科学技术进步奖专家评审组，保障了评审工作的有序化、规范化和公正性、权威性。中国地理信息科学技术进步奖的设立在业内产生了积极影响，引起了各方面的高度关注，得到了各级领导的好评。中国地理信息科技进步奖评选工作的开展，标志着地理信息的科技成熟度、产业影响力得到了国家的正式认可，协会因而也有了又一个促进产业科技进步的服务平台和工作推手，新增了一个服务精品。

（四）其他工作

近年来，协会密切配合国家测绘地理信息局开展了GIS产业市场调查工作，调研了几十家地理信息企业，了解它们的需求；与国家测绘地理信息局、武汉大学共同举办数字城市地理信息工程硕士研究生班；协助国家测绘地理信息局开展了地理信息产业发展战略项目课题研究；先后拜访国家发改委、教育部、科技部、信息产业部、劳动人事部、民政部、建设部、国家税务总局等的有关领导，就产业发展、协会职能、政策扶持等，寻求高端支持与帮助；举办了中国地理信息产业论坛、海峡两岸论坛、教育论坛、高校论坛、城市论坛、标准化论坛、政务信息论坛，以及成果展览、大学生知识竞赛、位置应用大赛等活动，表彰特殊贡献单位；走访了劳动人事部、国家测绘地理信息局和有关方面，为将地理信息纳入《中华人民共和国职业分类大典》做好准备；《中国 GIS 快讯》2010 年共发刊 7 期，集中反映地理信息产业的热点、难点和焦点问题，为领导机关和有关方面提供产业发展的重要资讯；《地理信息世界》杂志在推动应用、促进创新、外树形象、内强素质等方面做了大量工作，对活跃学术氛围、凝聚行业精神发挥了积极作用，为促进地理信息产业发展作出了贡献。

协会与国际地理信息产业界的交流合作已日趋活跃、卓有成效，先后组团赴北欧、韩国、美国和中国台湾、澳门等地参加国际会议，访问国际著名企业，进行项目洽谈，建立了互信、互访、互助的合作关系。

三 自律协调维权，当好桥梁纽带

协会作为一种中介组织、一个社团组织，实际上承担着某种意义上的行业管理重任。但这种管理是一种自律性管理，它不是依靠权力和行政手段来实施的，而是依靠会员、企业共同制定的行规行约，来共同维护市场竞争秩序，共同协商、协调利益相关的事宜。多年来，中国 GIS 协会通过积极主动的工作，自觉履行自律、协调、维权职能，努力维护企业合法权益，代表企业和政府沟通，做到"上情下达"、"下情上达"，努力成为政府和企业之间的桥梁和纽带。

（一）加强行业自律、规范市场秩序

协会把加强行业自律、规范市场秩序作为一项主要工作，制定了一系列规章，为加强行业自律、保证产业健康有序发展迈出了一步。在首届中国地理信息产业发展论坛暨 2008 年年会上，审议通过了协会市场专委会起草的《中国地理信息行业自律公约》。2009 年，在行业自律公约的基础上，又发布了《关于规范 GIS 产业社会活动的若干意见》，逐步规范 GIS 产业社会活动中的各种论坛、会议、展览、培训、竞赛，以保障产业活而不乱、健康有序发展。《关于规范 GIS 产业社会活动的若干意见》规定，今后凡是以中国 GIS 协会名义开展的活动都要报送协会批准，凡是冠以"中国"、"全国"、"国际"、"世界"之名以及区域性的 GIS 活动都要报送主管部门批准并向协会备案。

（二）加强协调维权，作用日益彰显

在市场经济中，企业之间的相互关系是以竞争为基础的。有竞争就离不开协商，行业协会的协商功能便是有效竞争的重要前提和条件，因而行业协会在企业竞争、产业发展中具有不可替代的协调、指导作用。在地理信息产业发展过程中，一旦发现地理信息企业间的利益冲突或企业内部需求，中国GIS协会便从行业整体与根本利益出发，努力协调企业间的矛盾，或尽力牵线搭桥，为满足企业需求创造条件，以保证产业内企业的协调和谐发展。近年来，协会走访、考察了多家地理信息企业，为企业提供服务，进行合作交流，牵引十多家企业入驻地理信息科技产业园；开展咨询工作，宣传产业文化。协会还多次接待瑞典代表团访问，与美国、加拿大、德国、法国、瑞典、台湾、香港、澳门等国家和地区开展了广泛的国际合作与交流。所有这些活动都有力地促进了产业的和谐发展。

在地理信息产业发展过程中，协会的维权作用也日益显现。2010年9月，财政部对国土二调延伸审计的14家地理信息企业发出《财政部行政处罚事项告知书》；10月，国家税务部门发出《税务行政处罚告知书》。应企业诉求，协会在认真调研的基础上，致函国家审计署，请求宽容处理这14家企业。11月，国家审计署予以正式回复，避免了14家企业遭受数亿元罚款、几千人失业，企业面临倒闭破产的局面。这一维权事件在业内外引起了积极反响，受到各方面的高度关注与好评。

长风破浪会有时，直挂云帆济沧海。面对中国地理信息产业如日中天的发展形势，更名后的中国地理信息产业协会将紧紧围绕产业发展的重点、热点和难点问题，加强自身建设，加大工作力度，充分发挥在政府、企业和市场之间的联系与沟通作用，团结广大会员，增强行业的整体优势，在服务、自律、协调、维权方面做出更大的成绩，为GIS产业发展作出新的贡献。

B.12 先进测绘技术服务数字城市建设

曹天景　万幼川　陈　军　关鸿亮　曹一辛*

摘　要：在各界的大力推动下，数字城市近年来的发展如火如荼。本文介绍了先进测绘技术在数字城市建设领域的应用，重点介绍了空天地一体化城市空间信息获取技术、海量地理信息自动化处理技术以及数字城市地理信息公共平台等。

关键词：数字城市　测绘　技术

一　引言

数字城市是城市自然、社会、经济、人文、环境等各类信息集成、整合和共享而形成的城市信息化的发展趋势，也是推动整个国家信息化的重要组成部分，自20世纪90年代美国提出数字地球后，世界上一些国家如美国、英国、荷兰、澳大利亚等相继提出本国数字城市建设的构想，并通过行政、法律、经济的手段加以实施。数字城市很快就在城市规划、市政建设、交通设施、公共服务、动态监测、政府决策等方面得到广泛应用。

我国数字城市建设已走过10余年的历程。早在1998年下半年，国家测绘地理信息局就开始组织有关专家学者对数字中国建设进行研究。2003年，胡锦涛总书记在中央人口资源环境工作座谈会上对测绘工作作出的重要批示中，第一次明确提出推进"数字中国地理空间框架建设"，国家测绘地理信息局和国务院信

---

* 曹天景，四维航空遥感有限公司总经理；万幼川，武汉大学遥感学院；陈军（女），国家测绘地理信息局国土测绘司；关鸿亮，北京天下图数据技术有限公司；曹一辛，国家测绘地理信息局职业技能鉴定指导中心。

息化办公室于 2006 年联合印发了《关于加强数字中国地理空间框架建设与应用服务的指导意见》。近几年国家测绘地理信息局已分批在全国 29 个省、自治区、直辖市中遴选出 150 余个城市，开展数字城市地理空间框架建设，超过了我国地级市数量的 1/3。为了加快数字城市建设步伐，并力争在 2011 年再启动 100 个以上的数字城市建设，使数字城市覆盖全国 2/3 以上的地级城市。

测绘先进技术在数字城市建设中的应用，使城市地理空间资料和社会经济资料信息化，加快了城市地理信息资料的获取速度，改进了资料的存储方式并提高了资料使用效率，大大加快了数字城市的建设进程；使城市管理和服务空间化、精细化、动态化、可视化、真实化，为政府构建高效的城市管理新模式提供了有效的技术手段；为广大市民和企业服务提供了城市地图网或地理信息服务网，以便捷查询与日常生活密切相关的衣、食、住、行等信息，服务民生。

二 空天地一体化城市空间信息获取体系已初步形成

数字城市地理空间数据获取进入高分辨率时代，系列遥感卫星及其组网、卫星星座综合观测成为现代卫星遥感系统的核心，天、空、地一体化的综合对地观测和大、小卫星相辅相成的全球性、立体、多维空间的观测体系将是对地观测系统发展的必然。航空遥感具有实时性强、机动灵活、空间分辨率高等特点，在数字城市空间信息获取方面仍然起着主导作用，形成多平台、多传感器、多比例尺和高光谱、高空间、高时间分辨率天地一体化摄影测量与遥感的数据获取方法成为时代的明显特征，在数字城市建设中主要表现为以下几方面。

（一）航空数码摄影成为中流砥柱

随着 CCD 传感器技术的发展，数字航空摄影已呈现明显的优势，航空数码相机面临着前所未有的发展机遇。在 2000 年国际摄影测量与遥感学会（ISPRS）阿姆斯特丹大会上，航空数码相机开始出现。在 2004 年的 ISPRS 伊斯坦布尔大会上，航空数码相机成为一个热点。航空数码相机主要以两种方式发展：一种是基于线阵（Linear Array）的传感器方式，代表产品有 ADS40；另一种是基于面阵（Plane Array）的传感器方式，代表产品有 DMC、UCD 等。我国也开展和研发了具有自主知识产权的航空数码相机 TOPDC、SWDC 等，并进行了多次生产性科研试验。这些航空数码传感器已成为我国高分辨率影像获取的主要设备，同时也是数字城市建设中制作大比例尺数字表面模型（DSM）、数字高程模型（DEM）数字正射影像（DOM）和数字线划图（DLG）的主要数据来源。此外，中低空高分辨率主被动宽幅与三维探测遥感设备、宽幅高精度的航空数码测量型多光谱相机、成像光谱仪、LiDAR 等载荷发展也非常迅速，对地获取高分辨率空间数据的能力明显增强。

（二）高分辨卫星遥感数据广泛应用

自 2000 年以来，高空间分辨率的遥感卫星成为商业遥感卫星的主流，美国 Geo-Eye 公司发射的 GeoEye-1 卫星，可拍摄 0.41m/1.64m 地面像元分辨率的全色与多光谱图像；目前在轨的美国军用成像侦察卫星系统的最高分辨率达到 0.1m（KH12）。在高空间分辨率光学卫星发展的同时，高空间分辨率的 SAR 卫星已进入实用化阶段，2009 年美国已宣布放开 1m 分辨率 SAR 商业卫星限制，目前广泛使用的还有 SPOT5、IKONOS、QuickBird 和 OrbView 等卫星。

我国测绘卫星即资源三号卫星将于 2011 年下半年采用长征四号乙运载火箭于太原卫星发射中心发射升空。卫星升空后，将在轨道高度为 506 千米的太阳同步圆轨道上飞行，可对地球南北纬 84 度以内的地区实现无缝影像覆盖，每 59 天实现对中国领土和全球范围的一次影像覆盖。卫星具有侧摆功能，在应急等特殊情况下，能够在 5 天之内对同一地点进行重访拍摄。卫星数据将通过地面系统由分布在北京、喀什、三亚的三个地面站接收并传输给应用系统。资源三号卫星集测绘和资源调查功能于一体，主要用于生产中国 1∶5 万基础地理信息产品，以及 1∶2.5 万等更大比例尺地图的修测和更新，开展国土资源调查与监测，为防灾减灾、农林水利、生态环境、城市规划与建设、交通和国防建设等领域提供有效的服务，同时也为数字城市建设提供了数据基础。

（三）LiDAR 三维重建成为现实

机载激光雷达（Light Detection And Ranging，LiDAR）是一种新型传感器设备。该设备将激光用于回波测距，直接获取高精度的数字表面模型。通过数据后处理的方式可以获得城市建模、植被参数反演、电力巡线等面向不同行业的数据产品。同时，LiDAR 系统可以携带航空多光谱 CCD 相机，并且能够通过硬件或者后处理软件的方式与 LiDAR 点云直接配准，因此具备了同时获得多光谱 CCD 影像的能力，为后续应用提供了丰富的数据资源。LiDAR 系统集 GPS 技术、IMU 技术、激光测距技术和高分辨率 CCD 相机于一体，是当代对地观测领域的一门新兴技术，不仅为对地观测技术的应用提供了新型数据获取的手段，同时为数字城市中的三维重建提供了重要数据源。

对于机载激光雷达数据的采集，近年来国内引进了多套国外商用机载激光雷达系统，包括 Optech 的 ALTM 系列、Leica 的 ALS 系列、IGI 的 RIEGL 以及 TopoSys 的 FACOLN 等，这些系统均在实际生产中发挥了重要作用。国家"十一五" 863 计划支持对机载激光雷达数据存取与可视化、检校与航带平差、滤波分类、数据配准、波形数据处理、DEM 与 DSM 生产、建筑物重建以及行业应用技术等方面进行较系统的研究，获取了较好的激光雷达数据处理技术经验，研发了涵盖预处理、共性处理以及应用处理三个层次功能的机载激光雷达数据处理软件，并在实际工程当中进行了一定应用。在数字城市建设中提供了高精度数字表面模型、数字高程模型和数字正射影像，为城市三维重建提供了新的技术手段。

（四）低空摄影测量系统全面推广

以卫星遥感和普通航摄技术为主的测图手段由于数据获取能力不足和现势性差的技术局限，已经无法满足中国经济建设的基本需要。而低空无人飞行器航测遥感系统可进行低空飞行作业，从而一方面降低了对天气的依赖，另一方面可以形成高分辨率和高清晰度的影像信息。

低空空间技术是一门新兴的综合性的科学技术，它作为高科技和新兴技术的代表，自我国推广和应用以来，在军用和民用技术领域获得了相当的发展，如今已经成为科学可靠、应用性强、效益明显且发展前景远大的新一代技术手段。

低空无人机是当代低空空间技术应用的主要载体之一，其中低空无人直升机（也称旋翼式低空无人机）已经成为国民经济多个领域所采用的作业手段和提升产业规模水平发展的工具。低空无人机主要应用航空摄影摄像技术为城乡经济建设、国防建设和科学研究提供极为重要的信息资料，直接推动经济建设与社会发展。

目前，我国低空无人机应用方兴未艾，市场需求十分广阔，急需培养大批人才。无人机航空摄像技术是低空空间技术领域必不可缺的一门应用性极其广泛的新兴技术，无论在军事上，还是在人类社会、经济建设发展中都有着非常巨大的应用前景。目前国家测绘地理信息局已颁布了《无人机航摄安全作业基本要求》、《无人机航摄系统技术要求》、《低空数字航空摄影测量内业规范》、《低空数字航空摄影测量外业规范》和《低空数字航空摄影规范》5项测绘行业标准。

在数字城市建设中，无人机通过地面遥控可以实现大倾角（40°~60°）摄影，能够按布设航线获取各建筑物各侧面和顶部影像，遥感影像中心位置的空间分辨率可以达到0.1米甚至更高。因此，可利用所拍摄的高分辨率低空影像作为城市三维模型的影像源，从而充分发挥影像数据的多重作用。低空多角度高分辨率遥感影像是城市景观中三维对象各种纹理信息最可靠的来源。建筑物是城市三维景观的主体，在现有二维数据的辅助下，能够方便、准确地获取建筑物的高度及几何构成信息；其三维模型可以通过低空遥感影像三维重建并映射纹理获得，建筑物屋顶和墙面在三维可视化时分为可见面和不可见面，首先判断屋顶和墙面的"可见性"，然后根据多航带影像进行最佳纹理的映射，结合消隐分析、纹理纠正等技术措施，保证三维模型的最佳可视效果，从而生成与真实建筑物一致的三维模型。

（五）倾斜摄影已崭露头角

倾斜摄影技术是国际地理信息领域近年来发展起来的、融合传统航空摄影技术和数字地面采集技术的一项高新技术。它克服了传统航摄技术只能从垂直角度拍摄的局限，通过在同一飞行平台上搭载多台传感器，同时从1个垂直角度和4个倾斜角度采集影像，更加真实地反映地物的实际情况，弥补了正射影像的不足。

倾斜摄影技术的应用，尤其适合我国这种多山国家。我国西部尤其是西南地区垂直起伏大，有的地域甚至垂直落差超过1000米，面向重大工程应用的坡面测绘是传统地形测绘无法做到的。例如在航空摄影中，坡面和侧面信息往往被严重压缩。国家级的水电工程建设主战场已经从黄河长江流域转移到西南地区，除了对传统地形图的需求外，需要更精准的坡面崖壁的测量数据。为此，有必要研制专用的航空倾斜摄影测量相机及其相关成图技术，以满足国家重大工程建设对测量仪器和坡面崖壁地形信息的需要。

倾斜航空摄影测量技术是国际测绘领域近些年发展起来的一项高新技术，针对传统航空摄影垂直拍摄角度的局限，通过在同一传感器上集成不同拍摄角度的采集影像单元，结合高精度定位和姿态测量系统，获取立面坡面信息，构建地面三维模型以符合地面人眼立体视觉的观察习惯。倾斜摄影技术的研发和应用将开辟遥感影像应用的新领域，提高我国数字城市建设中建筑物侧面纹理的基础数据获取效率。

（六）车载移动摄影测量系统已投入实际应用

可量测实景影像（Digital Measurable Image，DMI）包含了传统地图所不能表现的空间语义，是代表地球实际的物理状况，带有和人们生活环境相关的社会、经济和人文知识的"地球全息图"。因此，可量测实景影像地图所包含的丰富地理、经济和人文信息是聚合用户数据、创造价值、实现空间信息社会化服务的数据源。它是在机动车上装配GPS（全球定位系统）、CCD（成像系统）、INS/DR（惯性导航系统或航位推算系统）等传感器和设备，在车辆高速行进之中，快速采集道路及两旁地物的可量测实景影像序列（DMI），这些DMI具有地理参考，并根据各种应用需要进行各种要素特别是城市道路两旁要素的任意任时的按需测量。

车载移动摄影测量系统在多传感器同步集成、海量CCD图像的高速采集、压缩和存储、不间断数据采集、属性记录自动化、有效融合其他数据、高效的数据处理流程等方面具有自主创新性，建立了较完整的空间信息网络服务技术体系。在交通、铁路、公安、数字城市建设等领域得到广泛的应用，可应用于基础测绘、电子地图测制、电子地图修测、公路GIS与公路路产管理、铁路可视化GIS建库、公安GIS、空间信息服务等领域。

车载移动摄影测量系统的另一个应用领域是车载道路诊断，针对运营中的高等级公路、城市道路和机场跑道等路面的破损、车辙变形、平整度等损害进行快速、无损、自动化的采集与智能分析的多传感器集成与处理系统。该系统以机动车为平台，装备高分辨率线阵图像采集系统、激光线结构光三维测量系统、惯性补偿的激光测距系统、GPS/DMI/GYRO组合定位系统等先进的传感器以及车载计算机、嵌入式集成多传感器同步控制单元等设备，在车辆正常行驶状态下，自动完成道路路面图像、路面形状、平整度及道路几何参数等数据的采集与分析。

三 海量自动化地理信息处理技术取得突破

国际上，2006年由法国地理院开发的数字摄影测量处理系统像素工厂（Pixel Factory）开始在中国应用，该系统利用分布式并行计算技术，进行包括利用初始方位元素的空中三角测量、DSM匹配与正射影像制作等一系列自动化的处理。美国的Intergraph公司也准备推出类似的系统像素管道（Pixel Pipe），以致力于提高正射影像图的生产效率。德国的Inpho公司推出的产品Ortho Vista，由于正射镶嵌影像的色彩处理效果较为理想，正射影像制作的自动化程度较高，在国内外得到了较为广泛的应用。ERDAS公司的ERDAS IMAGING软件产品和PCI公司的PCI GEOMATICA软件产品等侧重于利用遥感影像来制作正射影像图。

在国内，武汉大学1978年就开始研究"全数字自动化测图系统"，并于1994年在澳大利亚黄金海岸首次推出"100%具有中国自主版权的数字摄影测量系统VirtuoZo"。该系统由计算机视觉代替了人眼的立体量测与识别，不再需要传统的光机仪器。从原始数据、中间成果到最后产品都是以数字形式存在，有效克服了传统摄影测量只能生产单一线划图的缺点，并且可以生产出多种数字产品。中国测绘科学研究院设计开发了数字摄影测量工作站JX-4。该系统继承了传统解析测图仪的作业习惯，将立体观测环境搬上了屏幕，并且实现了自动内定向、相对定向和自动相关，代替了人眼的立体观察。武汉大学于2002年开始致力于数字摄影测量网格的理论和算法研究，将计算机网络技术、并行处理技术、高性能计算技术引入到数字摄影测量。通过多年的悉心钻研和刻苦攻关，2007年研制了新一代数字摄影测量处理平台——DPGrid（Digital Photogrammetry Grid）。DPGrid将各种高性能计算的新技术与数字摄影测量处理技术进行结合，在高性能航空航天遥感影像数据处理系统设计与开发领域进行了积极的探索。

目前航空遥感影像的数据处理和正射产品的生产技术已较为成熟，但随着计算机硬件的日新月异发展和计算机软件科学的进步，航空遥感数据的处理能力和航空遥感数据正射产品的生产效率并未提高到相应的水平。因此，海量航空遥感数据处理技术的研究还有极大的发展空间，特别是致力于发展我国自主知识产权的海量航空遥感数据正射产品自动化生产系统，将有助于推动我国航空遥感数据智能处理的产业化进程。

四　数字城市地理信息公共平台快速发展

地理信息公共平台是其他专业信息空间定位、集成交换和互联互通的基础，是地理空间框架的重要组成部分。依托基础地理信息标准数据，通过空间分析满足政府部门、企事业单位和社会公众的基本需求，具备实现个性化应用的二次开发接口和可扩展空间。公共平台管理服务软件用以实现在单机、局域网、政务内外网和社会公网等多种环境下的地理信息分布式服务。软件应能够支持海量数据管理以及分布式、多类型、多尺度地理空间数据的一体化管理，具备支持其他专业信息空间定位、集成交换和互联互通的功能，能够通过空间分析满足城市政府部门、企事业单位和社会公众的基本需求，并具备实现个性化应用的二次开发接口和可扩展空间。在网络条件下运行时，系统的服务器端位于公共平台的维护管理机构，客户端位于应用公共平台的政府及其各部门。

2010年，国家测绘地理信息局联合科技部开展数字城市地理信息公共平台国产软件测评。测评涉及软件的数据管理、信息服务、辅助应用和运行维护管理等方面。结果显示，大部分软件具有良好的可扩展性和兼容性；软件性能稳定，网络地图服务、网络要素服务、缓存服务、查询服务速度快，准确性良好；软件成熟度高，容错能力强，易于使用，支持多节点协同服务，支持多种操作系统平台和数据库平台；软件自主化程度较高。国家测绘地理信息局将获奖软件列入了年度优秀测绘产品推荐目录。

五　结语

我国自2006年数字城市地理空间框架建设工作开展以来，在测绘高新技术的支持下，为全国150余座城市建立了统一的城市地理信息公共平台框架，为各类专业信息的交换、整合及应用系统的搭建提供了支撑，有效提升了信息综合利用的水平和能力，避免了城市重复投入、重复建设，以及定位基准、技术标准不统一导致的信息孤岛等问题。建立的典型应用系统，如烟台的公安警用地理信息系统、太原的环保监测管理信息系统、嘉兴的工商管理应用系统、潜江的卫生监测管理信息系统、威海市公安局人口地理信息系统等，在城市规划、管理及公共服务等方面发挥了重要作用。这些系统通过对专业信息与地理信息的叠加，实现了对经济、社会和其他人文信息的空间统计分析和决策支持，提高了政府部门公共服务、社会管理、宏观决策的科学性、准确性和工作效率。随着数字城市建设的不断推进，测绘新技术将更多、更广泛地得到应用。同时，测绘技术也在日益发展，不断创新，推动数字城市建设进程不断加快。

B.13 关于地理信息产业商业模式创新的若干思考

孙 冰[*]

摘 要： 地理信息产业的发展离不开商业模式的不断创新。本文首先分析了我国地理信息产业的发展特征及其面临的挑战，然后探讨了地理信息产业商业模式的内涵，最后提出了产业商业模式创新需要注意的若干方面。

关键词： 地理信息产业　商业模式　创新

当今，整个世界社会经济正密切相关且相互联系。变化是一种常态，"唯一不变的是变化"已经成为一个真理。人们以往通常认为变化有规律可循，而往往忽视规律也是变化的。有规律可循的变化只是变化的一种稳定状态，动荡则是变化的一种无序状态。由于上述原因，从前的经验已经不能为当前所用，从前对地理信息服务的要求也不一定能满足当今的需求。技术的更新与产业的升级必然带来地理信息产业商业模式的改变。

一 我国地理信息产业的发展特征与挑战

（一）我国地理信息产业的跨越式发展历程

回顾我国地理信息产业的发展历程，我们可以看出技术进步带来数据获取能力不断提高、获取手段日益丰富，使得地理信息的应用领域不断拓展、应用前景

---

[*] 孙冰，北京东方道迩信息技术有限责任公司董事长兼总经理。

不断扩大，地理信息对现实的管理成为可能，地理信息进入人们的日常生活。地理信息数据自身不断从二维向三维、四维和实时化、可视化方向发展。我们将地理信息产业的演变历程进行分类（如图 1 所示），并总结出以下特征。

图1 技术和需求推动地理信息产业不断发展

1. 模拟解析时代（1990 年以前）

地理信息主要应用于国防和基础设施建设，90 年代初随着 PC 的普及和性能的提高，传统测绘开始向数字化测绘转变。

2. 2D 时代（1990～2000 年）

地理信息主要应用于科研、教学，地理信息技术还处于"养在深闺人未识"的状态。提供地理信息服务的主体以事业单位为主，企业规模普遍较小，还没有形成产业。这时的地理信息特征表现为二维地理信息。

3. 3D 时代（2000～2010 年）

地理信息在政府和各个行业领域被广泛应用。地理信息企业数量增长明显加快，地理信息产业迅速崛起，产业链逐步完善。测绘实现了从模拟向数字测绘的转变，并与遥感、空间定位和地理信息系统相结合，传统测绘行业向地理信息产业过渡。这一时期，商业高分辨率遥感影像的应用经历了巨大的增长。同时，随着 Google Earth 的出现，地理信息的应用开始与人们的日常生活相结合。

4. 4D 时代（2010 年以后）

地理信息应用向智能化辅助决策、综合管理服务及知识服务发展。最为重要的是，技术应用的主体从政府和行业单位向大众普及，地理信息与公众日常生活相结合，地理信息技术"飞入寻常百姓家"，行业演变为产业。随着技术的进步，地理信息进入四维时代，依靠数据的海量存储和实时更新，在二维、三维信息的基础上增加时间维度，使地理信息不再只是描绘当前的事实，还可以追溯过去，预测未来。航天、航空、地面遥感技术三位一体，将与导航、通信技术结合，对人类生存的空间、地球生态、环境、气候实施实时监测。下一代互联网、第三代移动通信网络和宽带光纤接入网建设，以及物联网的大规模普及，必将为我国地理信息产业发展带来巨大需求，新地理信息时代将随之到来。

（二）我国地理信息产业的特点及面临的挑战

我国地理信息产业具有战略性新兴产业的特点，包括以下几点。

第一，地理信息产业发展迅速、市场前景广阔。近年来，我国地理信息产业呈现蓬勃发展的良好态势，每年以超过25%的速度迅猛增长，正在成为中国乃至全球服务业中迅速崛起的战略性新兴产业，成为国家创新体系和信息化建设的重要组成部分。地理信息产品和技术广泛应用于国民经济社会的几乎每个行业和领域，并进入百姓的日常生活。随着地理信息在政府、企业和公众中的深入应用，地理信息产业市场前景广阔。

第二，地理信息产业链长、产业关联度广、带动系数大。地理信息产业是测绘技术、信息技术和空间技术等交叉、渗透和融合发展的产物，其产业链较长，包括数据获取、处理和应用等各个环节，并具有较强的关联效应。有关统计显示，地理信息产业关联度大于1∶10，直接带动相关设备、软件和服务的发展，带动各行各业的信息化建设，推动国家信息化进程。

第三，地理信息产业是高技术产业。地理信息技术综合集成了计算机、网络、地理信息系统、遥感、卫星导航和现代测量等核心技术，广泛利用了当前信息产业中的前沿、尖端科技成果，使得地理信息产业具有知识和技术密集的特点。

第四，劳动密集型与资金密集型并存。地理信息产业是一个高层次熟练劳动密集型产业，吸纳就业能力强。基础测绘、原始影像的处理以及影像数据的判读都需要人来完成。同时，地理信息产业也具有资金密集型的特点，例如购置地理信息技术装备如卫星接收处理设备、摄影设备、LiDAR设备等需要大量资金。

第五，地理信息产业是环境友好型产业。地理信息产业消耗能源极少，几乎不污染环境，是典型的资源节约型和环境友好型产业。与此同时，卫星遥感、导航定位、智能交通等先进技术的集成应用，还能有效保护环境、促进节能减排。

第六，地理信息产品自身具有生命力，需要持续更新。

当前，我国地理信息产业在快速发展的过程中也面临各种问题和挑战，主要表现在以下几个方面。

第一，企业规模普遍偏小。目前，我国地理信息产业从业单位超过2万家，从业人员超过40万人，但我国地理信息企业规模不大，市场集中度低。以北京地区为例，少于40人的地理信息企业占全部地理信息企业的60%以上。中国地理信息产业龙头企业的规模和国家经济地位极不匹配。中国的GDP大约是美国的1/3，与日本接近，但我国几乎找不到一家地理信息企业在规模和实力上能够和国外的同类大企业相比。

第二，产业链关键环节缺乏核心技术。目前，地理信息产业链的核心技术大多由国外掌握，卫星导航定位系统、遥感卫星等核心基础设施和技术装备主要依赖国外。

第三，产业结构不平衡。地理信息产业链发展不平衡，上游和下游偏弱。地理数据获取能力较低，基础地理信息资源不够丰富，大多数企业的产品单一，地理信息开发应用能力不足，难以满足经济社会多样化的需要。同时，信息统合与地理信息共享机制不健全，地理信息标准化建设有待加强，地理信息服务在政府管理决策中的利用急待深化和拓展。

二 地理信息产业商业模式探讨

（一）当前地理信息产业商业模式

当前我国地理信息产业商业模式与国际上基本相同，包括目前市场需求大的B2G（企业对政府）、增长潜力大的B2B（企业对企业）、发展迅速的B2C（企业对个人）以及新兴的C2C（用户之间）等四种方式，如图2所示。

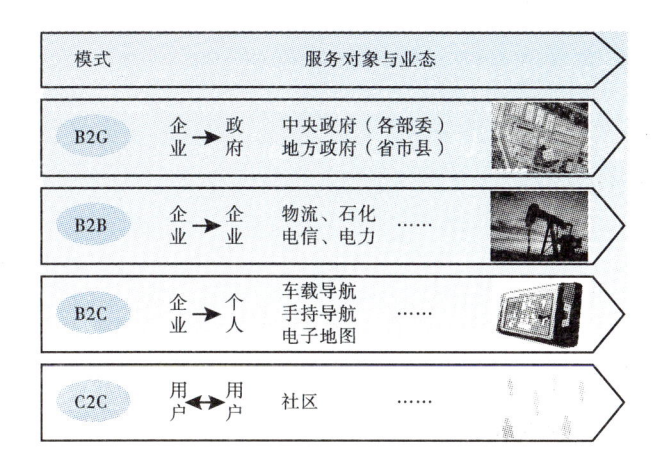

模式		服务对象与业态
B2G	企业→政府	中央政府（各部委） 地方政府（省市县）
B2B	企业→企业	物流、石化 电信、电力……
B2C	企业→个人	车载导航 手持导航 电子地图……
C2C	用户↔用户	社区……

图 2　地理信息产业商业模式

1. B2G

这是已存在的传统市场。地理信息在政府各部门如国土资源、城市规划、环境保护、防灾减灾、应急保障、公安边防、民政、外交、科技、教育、文化、卫生等领域得到广泛应用。以前该市场主要由国有企事业单位主导，由于经济技术的发展，市场需求加大，部分民营企业在一定程度上有所参与。

2. B2B

这也是已存在的传统市场。地理信息和相关技术在电力、石油、交通、物流、电信、商业规划、金融保险、资源勘探等领域广泛应用。由于 IT 技术和专业技术的进步，该市场需求迅速膨胀，该市场专业性强，增长潜力大，目前由事业单位和企业共同参与。

3. B2C

这是一个迅速发展的市场，潜力巨大。国际大型公司积极介入，如 Google、Nokia、Microsoft 等。其中，车载导航、互联网及移动终端位置服务等行业发展迅猛。未来 B2C 在产业中所占比例将越来越大，会呈现出一种"长尾"趋势。

4. C2C

这是一个新兴的市场，国外许多互联网公司积极介入，人气很高，如美国的社交网路服务网站 Facebook。C2C 模式的出现，使得人们对信息的获取、使用更为丰富和便利，同时，也为企业的商业模式创新带来机遇和挑战。

（二）地理信息产业链上价值链的形成

在地理信息产业链上，价值链的形成包括数据获取、数据处理、数据应用（提供产品和服务）等一系列行为和产业，产业链的核心技术大多由国外掌握，如图3所示。随着地理信息产业的高速发展和日趋成熟，地理信息产业链也变得更加复杂和丰富多彩，在纵向的不同环节和横向的不同层次都形成了具有不同特点的价值链。当前，许多地理信息企业在做深做透本专业领域的同时，也不断整合资源，向产业链上下游延伸，以商业模式创新整合产业链资源，抢占产业发展的制高点。

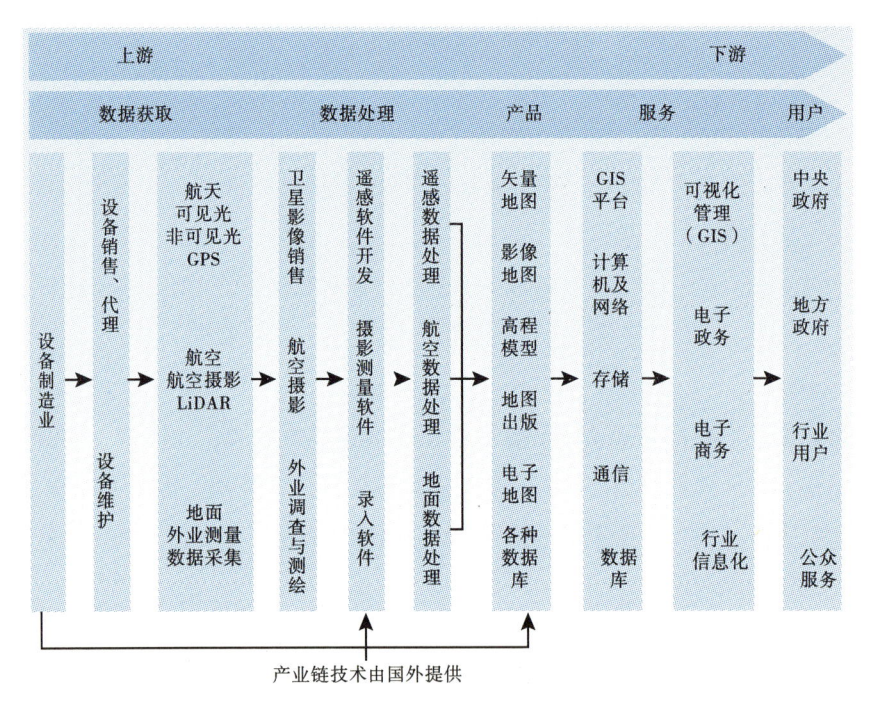

图3　地理信息产业链上的价值链

地理信息产业链的上游包括设备制造和数据采集。数据采集包括航天、航空和地面采集。近年来，随着高分辨率光学卫星及雷达卫星的出现，卫星数据的应用越来越广泛，卫星在数据采集中占有越来越重要的地位。通过卫星、航空等方式采集的原始影像需要通过数据处理才能生成可用的信息。遥感和航空数据的处理越来越依靠大规模智能化的软件处理工具。经过处理的地理信息数据成为产品，这些数据和其他各种专题属性数据进行集成，提升了数据的价值，服务于社会生活的各个方面。

我们也可以把地理信息产业价值的形成和创造看做从数据到信息，再到知识和智慧的一个过程，如图4所示。

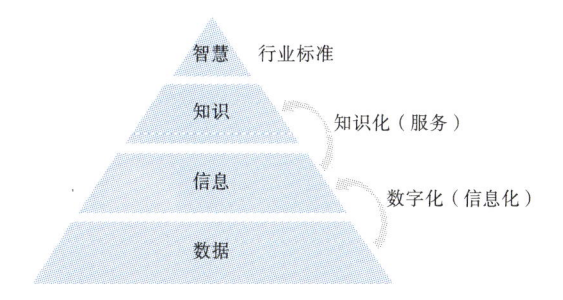

图4 地理信息产业价值的形成和创造过程

三 地理信息产业商业模式创新思考

（一）创新与商业模式

创新不是突发奇想，而是精进过程中的一个升华。子曰："学而时习之，不亦说乎？有朋自远方来，不亦乐乎？人不知而不愠，不亦君子乎？"对于创新来讲，也非常有启发。通过模仿并不断实践，就会产生新的理解和创新，这是很快乐的。当你在某个领域有了见解和创新，别人就会从四面八方来向你请教，这是很高兴的。我们的创新结果当时不被人理解，没被人认识到，这样照样不失为一个君子。

在竞争日趋白热化的市场中，创新无疑是制胜的关键，也成为很多公司的战略焦点，是企业成长的生命线。富有创新力的公司（如3M、Apple、Intel、Google等）确实也表现不俗。但同时，创新又是有风险的，创新成功的概率其实非常低。由于市场和技术的不成熟，很多创新"先驱"成为了创新"先烈"。创新过程中有很多陷阱，造成高昂的成本和时间浪费，这是值得企业特别注意的地方。美国学者罗斯格的研究成果表明，在美国大约每年开发的一万项新产品中，有80%夭折于初期，而剩下的2000项新产品，也仅有100项能真正取得技术和经济的成功。因此，进行技术创新，开发新产品，必须重视其中的风险，及早防范。

著名未来学者保罗·沙弗指出，技术创新从理念生成到付诸实践，再到成为改变人们生活的伟大发明这一过程一般需时20年，因为人们从认知到了解并运用新技术有一个漫长的进化过程。从美国硅谷产业创新的演变我们可以得出一些规律（见图5）。由于技术更新导致的产业变化基本上在10~20年，每次技术革命都带来产业发展的飞跃，平均每10年的变革性标志产品和技术成为硅谷发展的创新之源。

年代	产业演变	代理公司
~1960	国防电子	Hewlett-Packard、Varian
1960~1970	半导体	National Semiconductor、Fairchild
1970~1980	集成电路	Intel、AMD、Applid Material
1980~1990	个人计算机	Apple、Sillcon Graphics、Sun、Intel
1990~2000	网络、互联网	Cisco、Sun、Netscape、Yahoo、eBay、Google
2010~	云计算、清洁能源、生物工程	新技术、新公司、新模式

图5　美国硅谷产业的创新演变

创新的种类有很多，除了技术创新、产品（服务）创新，还有思维创新、商业模式创新、管理创新、营销创新、文化创新等。2005年经济学人智库（EIU）的调查显示：54%的首席执行官认为，商业模式创新将是比产品和服务创新更重要的创新。2006年就创新问题对IBM在全球765个公司和部门经理的调查表明，他们中已有近1/3把商业模式创新放在最优先的地位。而且相对于那些更看重传统的创新者（如产品或工艺创新），商业模式创新者在过去5年中的经营利润增长率表现比竞争对手更为出色（见图6）。

商业模式创新的关键因素取决于企业对客户需求的快速反应和对资源的整合。目前很多地理信息企业正在以产品和技术为基础，向服务创新型企业转型，以客户需求为导向，提供一站式服务，这将带来新的业务模式。例如，未来高分

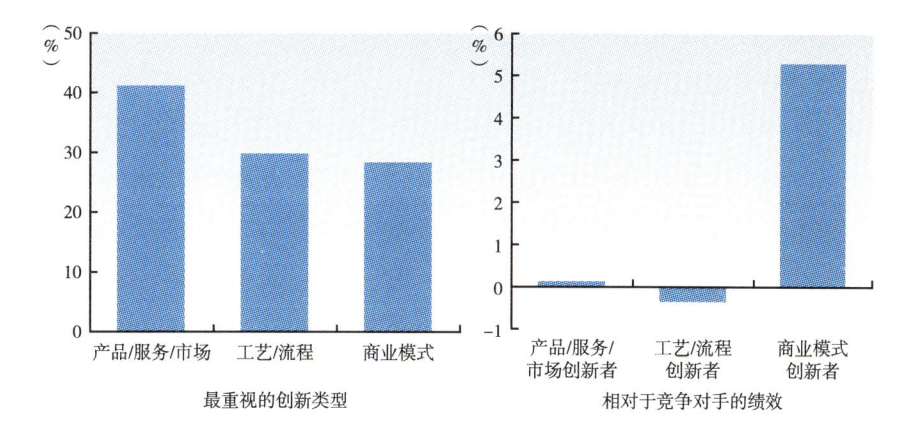

图 6　IBM 创新调查

辨率遥感影像需求将转变，专业或商业客户将由购买影像转为购买服务的商业模式。企业应充分整合价值链，与上下游合作伙伴加强合作。价值整合形成核心竞争力是商业模式创新的核心。

（二）商业模式创新成功的法宝——符合与满足市场需求

创新的方法和种类很多，企业商业模式上的创新主要有两种：市场需求导向型创新和技术研发导向型创新。前者约占 70%，后者约占 30%，但无论哪一种，最终成功的，还是以满足市场需求为导向。

1. 市场需求导向型创新

从硅谷的起源我们知道，20 世纪中期，美国在全球范围内的战争对当时的半导体产业形成了最直接、最强有力的需求拉动，导致半导体产业的迅速成长和"硅谷"的诞生与繁荣。

当前，社会对地理信息的需求非常旺盛。例如，对生态环境、土地利用、粮食生长、交通道路、流域、污染物分布、能源资源分布等地理信息国情的实时动态监测。地理国情监测的需求必将推动地理信息产业创新。

再比如，传统测绘行业的数据处理模式是作业员将图从头做到尾，作业员的培训周期长，成本大。而目前随着数据更新频率的提高，对大规模快速数据处理能力的需求也越来越高，传统的方式很难满足，这就推动我们进行创新，将现代生产管理方法和流程再造技术引入测绘生产领域，对测绘数据生产模式进行产业

化、流程化再造，用新的生产方式满足市场需要。

2. 技术研发导向型创新

从人类产业发展史中可以发现，每一次技术革命必然带动产业发展的飞跃，其中技术创新在产业演进过程中起到关键作用，技术创新是产业演进的动力。从硅谷的发展历史我们也可以看出，技术创新是促进硅谷发展的加速器，众多企业对技术创新的关注度和对技术创新成果商业化的重视，成为推动硅谷成长演化的驱动力。

技术创新必须要满足市场需求才能获得成功，市场是检验技术创新是否成功的标准。美国学者曼斯菲尔德在对美国大公司创新做调查分析后提出，60%的项目通过研究开发能够获得成功，成为技术发明；只有30%的项目获得了商业上的成功；而且最终只有12%的项目给企业带来经济效益，达到创新成功的目的。

地理信息技术和其他技术不断融合，推动了地理信息产业不断创新。例如，随着互联网技术、无线通信技术、移动通信技术的发展，卫星导航技术与GIS结合，特别是3G移动通信的启动，面向社会大众的网络地理信息服务和基于位置的服务（LBS）成为地理信息产业发展的新亮点，并将逐渐成为地理信息产业的重要发展方向。

3. 技术和市场相互推动创新的发展

在技术进步过程中，许多方面不是单纯的技术推动，也不是单纯的需求拉动，两者往往相互促进。新技术的出现，创造出新的产品和服务，满足人们的需求。然后，人们将新技术运用到更多的领域，刺激新的需求产生，推动新的创新。

图7所示的矩阵可以说明企业不断创新的过程。当企业采用传统的技术服务于传统市场时，企业处于矩阵的第1象限。在技术创新初期，企业将新的技术、产品和服务应用于原有的市场，企业在矩阵的第2象限进行试验。当技术成功以后，新技术也逐渐成为成熟的传统技术，企业开始拓展新的市场，进入矩阵的第3象限。当在新的市场取得成功后，该市场也成为企业的传统市场。企业为了进一步提高竞争力，又采用新的技术，进入矩阵的第4象限。依靠这样不断的螺旋式上升，企业保持了自身的竞争优势，同时也推动整个产业的技术进步和不断升级。

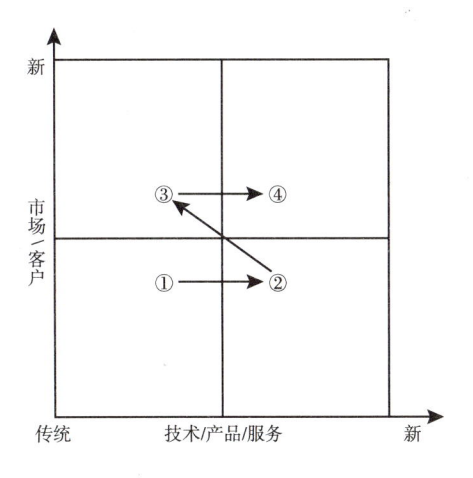

图 7　企业创新矩阵

（三）创新型企业建设三要素

在快速变化的当今世界，企业没有不断的创新就无法保持持续的成长。战略大师加里·哈梅尔调查发现，90%以上的大公司都热衷于创新，它们的高层领导在年度报告或演讲中都再三强调创新是企业向纵深发展的能力，但这些公司的员工绝大多数认为创新"只是停留在口头上，我们没有看见实际行动"。高层的重视和员工的行动并不一致。这其中一个重要的原因就是企业没有建立一个清晰和健全的创新体系。企业创新体系建设必须考虑市场需求、技术实现和创新文化等三方面因素，如图8所示。

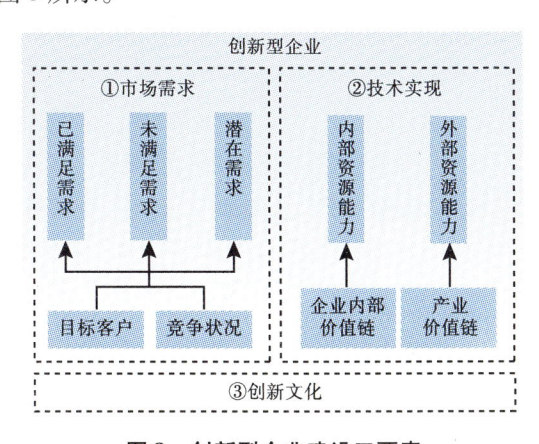

图 8　创新型企业建设三要素

1. 市场需求

商业模式创新成功的法宝是符合与满足市场需求，目标客户的需求是商业模式创新的中心。很多公司都声称客户至上，但是却并不了解客户的真正需求。据统计，80%以上的项目失败都是因为项目的需求不确定造成的。一个成功的项目应该很好了解"我们可以帮助客户解决什么问题？我们能给客户带来什么价值"。

创新需要倾听客户的声音，了解客户需要什么，站在客户的角度来了解客户的需求，不断挖掘客户的深层次的潜在需求，并发现新的需求。同时，企业需要分析市场的竞争状况，了解竞争对手，寻找如何为客户带来更大的价值。

2. 技术实现

技术实现也就是企业如何组织内外部资源来实现创新。一方面，企业要围绕客户需求，分析企业内部价值链上的各个环节，通过优化企业内部的资源配置，使得资源利用最大化，发挥成本优势，同时强化企业执行力。

另一方面，任何一个企业的价值链都不是独立的，而是其所属产业价值链的一部分。创新需要打破传统的企业边界，吸收外部资源参与创新活动。以客户为中心，以合作共赢的观念来建立各种联系，如产学研联盟、上下游伙伴战略合作等，整合企业外部资源，形成整个产业链的协同创新。

3. 创新文化

创新文化是企业创新生长的土壤。创新意味着改变，创新意味着付出，创新意味着风险。企业家创新精神是企业创新文化的前提和基础。企业家能够敏锐地发现和捕捉市场机会，并善于整合、利用和调动一切有利资源，去创造更多的价值，这是创新的关键。

企业的创新思想需要开放的、兼容并包的企业文化，这样企业才能不断从外界吸收新事物、新思想，摆脱陈旧观念的束缚。企业需要强化危机意识，营造创新氛围，制定创新机制，激发员工的创新热情，鼓励员工用挑战精神迎接困难，全员参与创新。

综上所述，基于对地理信息产业特征及商业模式的分析，我们认为地理信息产业目前已成为信息化社会基础建设不可缺少的部分，随着技术的进步，如数据获取、处理能力的增强，经济、社会、管理和人民生活对地理信息的应用在广度和深度上都在不断加强，人们对地理信息的实时性、可视化和持续更新有着旺盛的需求。同时，随着移动通信、互联网、物联网等技术的发展，地理信息产业商业模式需要不断创新。商业模式创新归根到底是要把握经济、社会、管理和人民生活的根本需求，以市场需求为出发点，优化和整合资源，加强企业内部和外部能力建设，在创新文化的培育下不断精进发展。

B.14
无人机遥感系统产业化发展与创新

王 鹏　张宗琦*

摘　要： 本文介绍了无人机遥感系统的发展状况，着重介绍了北京国遥万维公司的Quickeye（快眼）微型无人机低空摄影测量系统；阐述了无人机遥感系统的产业化布局以及发展前景。

关键词： 无人机　遥感系统　Quickeye

一　引言

地理信息数据采集是一项没有终点、不断发展的工作，各种各样持续的需求决定了地理信息数据采集的持续性。当前，我国数字城市建设正如火如荼，道路建设、城市规划、城市管理等对地理信息数据的需求十分旺盛。理想状态下，每年有200多个城市需要平均采集数据4次，以保证数据的时效性和准确性以及城市数据库的建设需要。

面对旺盛的地理数据采集需求，数据的采集方式也是多种多样，星载和机载遥感系统、地面车载遥感系统等均有各自的优势。在各类遥感采集系统中，无人机遥感系统是一个典型代表。其具有机动灵活、经济便捷的技术优势，以高分辨率轻型数字遥感设备为机载传感器、以数据快速处理系统为技术支撑，具有对地快速实时调查监测能力，可广泛用于土地利用动态监测、矿产资源勘探、地质环境与灾害勘察、海洋资源与环境监测、地形图更新、林业草场监测以及农业、水利、电力、交通、公安、军事等领域。研制和生产性能更高、价格更低、安全可靠的无人机摄影测量系统，对促进我国无人机遥感事业具有重大意义，将产生巨大经济利益和社会效益。

---

* 王鹏，北京国遥万维信息技术有限公司市场总监；张宗琦，北京国遥万维信息技术有限公司。

二 无人机低空遥感系统及其创新

（一）无人机低空遥感系统的构成

无人机低空采集系统主要由无人机飞行平台、高分辨率数码传感器、定位与自动驾驶系统及影像处理系统等四部分组成，此外还包括配合无人机的运输及操控便利性的相应的地面运输及测控设备。

1. 无人飞艇低空遥感系统

无人飞艇可以在离地面50～600米的高度，以每小时30～70公里的速度安全飞行，可以获取比其他飞行器更清晰的航空影像，以高清晰度、高分辨率的影像实现高精度摄影测量，因而更适合大比例尺测图等工程需求。无人飞艇低空遥感系统基本组成包括无人飞艇飞行平台、成像传感器和数据处理系统三个基本部分。飞行平台由运载成像传感器沿空中规定航线进行影像获取任务的无人驾驶氦气飞艇、保证平台安全运行的自驾仪、对地通信系统三部分，以及用以获取摄影站点的精确大地坐标来实现高精度地面控制的测图任务的GPS定位系统选件组成。图1为飞艇样图，表1为飞艇产品规格。

图1 CK–FT180飞艇系统

表1　无人飞艇产品规格

规格		产品型号			
		CK－FT070	CK－FT100	CK－FT120	CK－FT180
总体尺寸	总长(m)	12.4	15.3	15.3	18.320
	总高(m)	4.05	4.6	4.9	6.2
主气囊	容积(m³)	70	105	117	180
	全长(m)	15.3	15.3	15.3	18
	最大直径(m)	3.15	3.6	3.8	4.5
	副气囊体积(m³)	无	无	20	40
	最大燃油重量(kg)	12	12	15	18
	任务载重(kg)	6	10	15	18
	起飞重量(kg)	82	130	145	156
性能	最大抗风能力(m/s)	8.0~10.7	8.0~10.7	10.8~13.8	10.8~13.8
	最大飞行速度(km/h)	60	70	70	78
	最大海拔高度(m)	—	1500	2000	2200
	留空时间(h)	—	3	2	2
推荐相机型号		CK－LAC01	CK－LAC02	CK－LAC02/04	CK－LAC04
优缺点对比		体积小，成本低，抗风能力稍弱，只能载小相机作业，作业效率低	性能介于CK－FT07与CK－FT140之间		体积大，成本高，抗风能力强可载大相机作业，作业效率高

2. Quickeye（快眼）－Ⅲ型无人机

此型号无人机针对的主要客户群是那些对飞机操控水平很有限的单位，可能在山区峡谷等地方降落。该飞机具备最基础的弹射模式和把伞降作为标准降落方法来使用的机型。图2是该型号飞机的外观及弹射图，其主要性能参数见表2。

图2　Quickeye（快眼）－Ⅲ型无人机外观及弹射图

表2 Quickeye（快眼）-Ⅲ型无人机性能参数

气动外形	拉进式	最大海平面爬升速率	满载时5m/s
机长	2.3m	航程	400km
翼展	3m	燃油消耗率	2.2L/h
机翼面积	1.0m²	发动机巡航转速	5800~6000r/m
机高	490mm（0度停机角时）	发动机最高转速	7200r/m
载荷仓容积	18L	巡航空速	120km/h
空重	6kg	最大过载	4.4G
适用相机	EOS 5D 以上	航时	3~4h
最大燃油储量	9L	标准作业航程	250km
最大起飞重量	28kg	巡航抗风能力	15m/s
最大任务载荷	8kg	起降抗风能力	5级
最大空速	150km/h	控制半径	200km
最大飞行高度	海拔6500m	搭载相机	EOS 5D 及以上
		成图精度	1:1000;1:2000

3. Quickeye（快眼）-Ⅳ型无人机

此型号无人机正是为了满足更为苛刻的空中作业而设计制造的。该机型发动机为：单缸62CC发动机成纵列在机身任务舱的头和尾部，学名叫串列式发动机动力结构，前方拉进，后方推进，单台可以达到6.2马力，完全可以做到单发起飞。这样就做到了在突发情况下（一台发动机损坏且没有配件）依然可以继续作业，从而不放过每一个好天气和每一个有时效性的任务。图3是该型号飞机的外观，其主要性能参数见表3。

4. 自动飞行控制系统

该系统包含机载飞控、地面站、通信设备，要求可以控制各种布局的无人驾驶飞机，使用简单方便，控制精度高，GPS导航自动飞行功能强，并且有各种任务接口，方便用户使用各种任务设备。起飞后即可立即关闭遥控器进入自动导航方式，在地面站上可以随意设置飞行路线和航点，支持飞行中实时修改飞行航点和更改飞行目标点。单一地面站控制多架飞机的能力和自动起降的功能也正在开发中。

图3 Quickeye(快眼)-Ⅳ型无人机外观

表3 Quickeye(快眼)-Ⅳ型无人机性能参数

气动外形	前拉后推式	最大海平面爬升速率	满载时5.5m/s
机长	2.6m	航程	250km
翼展	3m	燃油消耗率	4.5L/h
机翼面积	$1.1m^2$	发动机巡航转速	6000~6500r/m
机高	480mm	发动机最高转速	7200r/m
载荷仓容积	15L	巡航空速	110km/h
空重	8kg	最大过载	5G
最大燃油储量	8.4L	航时	2~3h
最大起飞重量	38kg	标准作业航程	180km
最大任务载荷	12kg	巡航抗风能力	17m/s
最大空速	135km/h	起降抗风能力	5级
最大飞行高度	海拔5000m	控制半径	200km
搭载相机	EOS 450D 或 EOS 5D	最短起飞距离(满载)	70m
成图精度	1:500;1:1000;1:2000;	最短降落距离	150m

(二)无人机遥感系统的技术发展与创新

随着信息科学和相关产业的快速发展,对空间数据的需求急剧增长。航空摄影测量技术作为空间信息技术体系的两大分支之一，得到了相应的重视。我国在该领域也取得了一系列重大进展，研制出许多航空摄影测量设备。低空无人机航测系统具有运行成本低、执行任务灵活性高等优点，正逐渐成为航空摄影测量系统的有益补充，是空间数据获得的重要工具之一。2009年12月，国遥万维Quickeye（快眼）微型无人机低空摄影测量系统作为我国唯一一家测绘系统以外的无人机遥感应用集成产品，通过国家测绘地理信息局科技成果鉴定，成为国家测绘地理信息局全国推广无人机航测遥感应用的合作方和供应商。

1. 北京国遥万维信息技术有限公司简介

北京国遥万维信息技术有限公司是隶属于中国科学院遥感应用研究所的高科技公司，是遥感所最重要的产学研转化平台。公司成立于2001年，注册资本1000万元，是我国最早进行无人机系统平台研发及无人机遥感应用的高新技术企业。经过近十年的发展壮大，目前已建立起完善的无人机研发部门、生产部门、飞行作业部门、操控人员培训中心以及服务中心，在无人机航摄系统研发与制造、无人机操控人员培训、无人机遥感行业应用等领域达到了国内领先水平。

公司已经建立起国内规模最大、技术水平最高、具有丰富实操经验的无人机操控专家队伍，汇集了全国顶尖的无人机操控技术人员20余人，其中具有10年以上飞行经验的8人，国家级飞行教练2名，经过大范围（10万平方公里以上）、多任务环境（20余个省份）、多任务要求（0.05～0.5M分辨率）作业检验，具备丰富的无人机摄影测量经验，能够熟练飞行、维护多种型号的无人机。拥有无人机30余架分布在我国各行各地，先后承担并成功实施了国家各部委、省市项目总面积超过20万平方公里，已成为我国无人机系统及无人机应用领域的技术领先企业。成立了"无人机低空遥感操控师培训中心"，并在全国设立两个培训基地，聘用国家级专业飞行教练对相关人员实施飞控培训。且基于公司30余支航拍作业队伍，可保证学员有充足的机会进行项目实操训练，更加有效地培养无人机飞控人员。

在不断壮大无人机产业化队伍的同时，无人机技术也肩负起了相应的社会责任，在拥有了无人机人才队伍、无人机技术支持、无人机实践经验的基础上，公司同国家民政部减灾中心成立了国家重大自然灾害应急无人机检测站，与中科院遥感应用研究所成立了Quickeye（快眼）应急空间信息服务中心。公司将立足

"一站一心"的基础,更好地发挥无人机系统的功效。

2. 快眼多光谱相机系统

该系统由中国科学院遥感应用研究所及北京国遥万维信息技术有限公司联合研发,是我国首部可以在民用无人小飞机上搭载的多光谱相机。其经无人机或其他小型航空器搭载,将充分发挥无人机机动灵活、受天气影响小、高危作业、应急性强等特点,经过多个波段的针对性获取,可获取水体、水汽、大气等参数,在水温环保调查、大气监测等领域,可提供比遥感卫星、大飞机遥感更机动、更及时、更方便、更高分辨率的光谱影像,弥补了我国低空无人机搭载多光谱相机系统的空白。另外,通过相机内部滤光片可更换设计,可根据不同用户需要,更换不同滤光片,获取地物相应光谱信息,理论上可获取200多种光谱波段信息。

快眼多光谱相机系统外观如图4所示,具体参数如下。

图4 快眼多光谱相机组件

- 波段数:4个(可调换);
- 光谱范围:0.43 ~ 0.52μm,0.52 ~ 0.60μm,0.63 ~ 0.69μm,0.76 ~

0.90μm（可调换）；
- 单帧像素：1392×1040；
- 视场角：小于等于43°；
- 空间分辨率：高于0.5m；
- 重量：6kg。

在三轴云台自稳系统中，研发的云台装置与飞机机身紧密相连，并实现控制传感器横滚、俯仰，及旋偏、控制精度旋偏改正功能，确保传感器的精确指向及定位。云台自稳系统外观如图5所示。

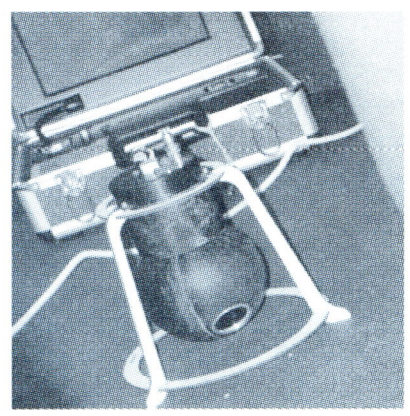

图5 云台自稳装置演示及实体

根据实际应用要求，无人机遥感影像获取下来以后，要进行快速的质量检测。国遥万维使用自主开发的集成软件平台——无人机航片快速处理软件：NCGUAV，版本号为：v1.0。软件功能包括两大功能。

第一，航摄质量快速检查功能，例如重叠度、旋偏角等，并自动形成索引图、自动进行打号、生成相关统计表。

第二，影像快速预处理功能，包括读取相机参数，按输入及输出目录自动批处理原始数据，快速进行影像的畸变差改正，并根据要求进行目标输出。

NCGUAV v1.0功能模块及功能如下。
- 自动形成相片预览索引图，供快速浏览影像质量；
- 检查影像数据重叠度；
- 检查旋偏角指标；

- 影像自动批量打号；
- 形成、输出影像质量检查统计报告；
- 读入相机参数文件；
- 按设定目录进行原始影像导入、自动畸变纠正处理、输出。

截至 2011 年 1 月，Quickeye（快眼）无人机航摄系统已连续安全作业超过 20 万平方公里，作业范围遍及全国 30 余个省、市、自治区，通过高原、山地、丘陵等各种自然环境检验，具备安全、可靠、稳定的优良特质。2009 年 11 月，Quickeye（快眼）无人机航测遥感系统通过了国家测绘地理信息局组织的鉴定，以刘先林院士为组长的鉴定委员会一致认为，该系统实用、可靠，技术达到国际先进水平。今后，Quickeye（快眼）系统将进一步加快工程化、产业化建设，助推我国无人机航测遥感应用快速发展，使低空无人机航摄系统能够得到良好应用。

三　无人机遥感系统产业化布局

伴随着无人机遥感技术的不断成熟，无人机技术应用的产业化进程也在不断前行。在汶川特大地震、玉树强烈地震、吉林化工原料桶泄漏等重大灾害救灾中，无人机遥感系统临危受命；在数字城市信息采集、援建新疆测绘、灾后重建测绘工作中无人机一机当先。无人机正在以一次次的出色完成任务来证明自身的价值，也为其产业化、市场化提供了最有力的佐证。

国家测绘地理信息局对于无人机遥感系统给予高度重视。在全国范围内推广应用国产固定翼轻型无人机航摄系统，为国家应急救灾等工作提供数据获取手段，是国家测绘地理信息局的一项重点工作。预计将分两批完成全国各省、自治区、直辖市测绘行政主管部门，以及有关直属单位和新疆生产建设兵团的无人机航摄系统装备工作，并将适时举办无人机航摄系统操控与管理培训班，尽快在全国测绘系统形成规模和能力，大幅度提高基础地理信息快速获取能力和测绘应急保障能力。2010 年，国家测绘地理信息局向陕西、黑龙江、四川、海南、重庆、河北、辽宁、吉林、安徽、河南、湖北、云南、甘肃、青海、宁夏、新疆等 16 个省、自治区测绘局装备了无人机航摄系统。

为了保障系统在各地装备后能更有效、规范地开展测绘生产作业，国家测绘地理信息局已经出台文件明确了无人飞行器测绘航空摄影资质考核条件，组织相关单位制定了《低空数字航空摄影测量外业规范》、《低空数字航空摄影数据获取技术规定》、《低空数字摄影测量内业规范》等 3 个行业标准，经审查后将颁布实施，《无人飞行器测绘航空摄影管理办法》等相关管理文件也将颁布施行。

四　无人机遥感系统发展前景

经过几十年的发展，无人机的技术性能不断提高，功能日益完善，尤其是近年来航空、计算机、微电子、导航、通信及数字传感器等相关技术的飞速发展，使得无人机技术已经从研究阶段向实用化阶段发展。无人机技术已经被广泛应用于各个领域，成为未来航空器的发展方向之一。随着人们对地理环境的不断理解和对测绘需求的增长，无人机与测绘的关系越来越紧密。无人机遥感技术体现了无人机与测绘的紧密结合，同时也提供了更高效的测绘方式。

制度上，外业规范、技术规定、内业规范都已相继审查颁布，技术上从飞行平台、遥感传感器到飞控系统、数据时传系统，每一个环节上都在不断地改进和创新，国家测绘地理信息局大力倡导提高地理国情监测，提升基础地理信息快速获取能力和测绘应急保障能力。

目前，中国的数字城市建设试点和推广城市已达 130 个，近 60 个城市的数字城市系统基本建成，未来一段时期，将每年遴选 30 至 50 个城市纳入数次城市推广计划，并力争在 2011 年启动 100 个以上的数字城市建设，使数字城市覆盖全国三分之二的地级城市，预计到"十二五"末期我国将建成 333 个地级城市和部分有条件的县市和省区的数字城市地理空间框架建设，基本建成数字城市地理空间框架，并逐步开展三维智慧城市示范工程。这就说明，在未来相当一段时间内，地理空间信息数据的市场是巨大的，也是有着高要求的，这同时也为无人机应用提供了广阔的前景和空间。

借着数字城市建设的顺风车，结合"十二五"政策的大力推动，无人机技术会迎来一个技术高速发展、产业化规模扩展的时期，为国家地理国情监测、遥感影像采集技术提供有力的支持，为国家测绘事业发展提供更高水平的服务。

B.15
以创新为己任
助力地理信息产业快速发展

高霖　栗向锋*

摘　要： 创新，是推动我国地理信息产业近十年来快速发展的动力之一。ESRI公司作为全球领先的地理信息系统平台软件及服务提供商，从推出全球第一个现代商业GIS系统开始，一直将创新放在首位。进入中国30年以来，ESRI中国更是致力于以应用创新来推动我国的地理信息产业发展。本文概述了GIS软件的全球需求与格局，着重介绍了ESRI中国以创新创造价值、推动产业发展的若干实例。

关键词： 地理信息产业　信息化测绘　创新　ESRI

一　引言

在21世纪的第一个十年，随着国家信息化建设的逐步推进，我国的地理信息产业得到了跨越式的发展：2000年的年产值仅有13亿元；之后自2006年起，年均增长速度超过25%；到了2010年，据行业协会不完全统计，年产值已近1000亿元。目前，从业单位近2万家，从业人员超过40万人，形成了一批具有一定市场竞争能力的地理信息硬件、软件和数据产品。

这十年产业规模快速壮大的背后，蕴藏着地理信息方法、技术和服务方式的巨大变化。地理信息从最初的专业名词，到现在越来越多地渗透现代生活；从组件式GIS奠定了地理信息技术在各个行业应用和普及的基础，到云计算带来的产

---

* 作者单位系ESRI中国（北京）有限公司。

业领域向更多行业延伸及其巨大的市场潜力；从专业测绘人员从客观世界采取数据按规范加工后提供数据服务，到逐步利用基础地理信息资源，借助标准制图软件为用户按需定制地理信息产品，地理信息产业紧跟着信息技术和互联网的步伐不断发展。可以说，创新是推动我国地理信息产业快速发展的动力之一。

在当下激烈的竞争环境下，创新也是企业生存和发展的不竭动力。无论是开创商业 GIS 软件先河的 ARC/INFO，还是一举实现协同 GIS、三维 GIS、一体化 GIS、时空 GIS 和云 GIS 五大飞跃的 ArcGIS 10；无论是对数据转换具有重要意义的空间数据格式 Shapefile，还是受到学术界和市场双重追捧的空间数据格式 Geodatabase；无论是自成立之初就提出将地理知识和地理思维作为解决问题的根本，还是现在继续致力于将 GeoDesign（地理设计）的先进理念推广到更多的业务流程，ESRI 一直在扮演着全球 GIS 技术与理念领跑者的角色，并致力于推动全球 GIS 软件乃至地理信息产业的发展。在 2010 年中国 GIS 优秀工程评选中，获奖项目涉及测绘、国土、规划、交通等 21 个行业，其中基于 ArcGIS 平台的有金奖 10 项、银奖 30 项、铜奖 14 项，占全部奖项的 73%。

二 GIS 软件全球需求与格局

创新、高质量、快速响应市场需求，是软件发展的核心动力，GIS 软件也不例外。纵观全球 GIS 软件的发展，正朝着专业化和大众化两个方向前进。专业化意味着需要 GIS 软件提供更加宏大和复杂的架构，为用户的应用提供支撑；需要 GIS 软件能够深度融合到各行各业的主体业务中，为其提供强大的空间信息服务；需要 GIS 软件发挥强大的空间分析能力，为各类业务和决策提供更加科学的辅助和支持。而大众化意味着 GIS 的应用比以往任何时候都更加注重良好的交互性和操作体验，朝着简单、易用、普及的方向发展。

（一）专业化的 GIS 软件

专业化的 GIS 以地理科学为研究和思考的基础，以空间的思维进行设计、思考、管理和决策。包括四个基本概念：一是信息集成，即通过不同的地理图层叠加多种数据；二是空间分析，即分析不同图层之间的关系及关联知识；三是共享，即不同的工作组共享一个通用的数据库，一起工作；四是工作流程，从测量

入手，包括数据储存、分析、可视化以及决策支持。专业化的 GIS 软件又细分为基础平台软件和应用平台软件。

GIS 基础软件平台是指可用以开发 GIS 应用软件和各类应用系统的基础平台软件，是 GIS 应用软件和 GIS 应用系统的开发平台和操作系统，也称为 GIS 技术体系中的操作系统。它具有 GIS 软件的普遍功能，能够提供强大的数据采集、存储管理、空间分析、发布与共享的功能，并且能够提供标准的开发接口与工具，满足不同需求的 GIS 应用系统，以 ESRI、Intergraph 和 Pitney Bowes MapInfo 等为典型代表。

GIS 应用平台软件通常是指在基础平台软件的基础上，对某一领域或行业需求进行提炼，与专业模型相结合，提供针对不同领域或行业需求的特定 GIS 功能，强调量身定做和专业性，以 Bentley、GE Energy 等为典型代表。

（二）大众化的 GIS 软件

大众化的 GIS 软件强调为普通公众提供丰富的信息和前所未有的便利性。互联网巨头 Google 的创新，让人们耳目一新，凭借先进的技术、巧妙的设计，推出了 Google Earth，引发了人们极大的兴趣，使得那些被技术壁垒阻碍在外的人们更加了解 GIS。接踵而至的 Google Map、微软的 Virtual Earth、Bing Map 以及数不尽的各色各样提供地图及位置服务的网站，让人们通过桌面 PC、手持终端、车载设备等，随处可以获取和分享地理信息。

三 创新创造价值，推动产业发展

（一）ESRI 公司与我国地理信息产业

美国环境系统研究所公司（Environmental Systems Research Institute, Inc., ESRI）成立于 1969 年，总部设在美国加州 Redlands 市。全球员工总数超过 6000 名，合作伙伴 2500 余家。从 20 世纪 80 年代初成功推出全球第一个现代商业 GIS 系统，该公司至今已拥有完整的 ArcGIS 产品体系和成熟、先进的遥感与 GIS 一体化解决方案，是全球软件 50 强中唯一的 GIS 公司，与 Microsoft、Oracle、IBM 并列为美国联邦政府四大软件供应商。目前，ArcGIS 在每一个行业都拥有成功的用户应用，遍及全球 200 多个国家和地区，超过百万个用户单位。其中，包括美国最大的 200 个城市、几乎所有的政府部门以及超过三分之二的全球 500 强企业和 9000 余所高等院校。

自 1991 年进入中国市场以来，ESRI 中国秉承"帮助用户成功"的宗旨，应用最先进的 GIS 理念和技术，致力于为用户打造本土化的解决方案。在这 30 年间，ArcGIS 系列软件一直保持着中国市场的最高占有率，成为用户群体最大、应用领域最广的 GIS 技术平台。

测绘一直是 GIS 技术应用最早、渗透最广的行业。随着高新技术的发展和在测绘领域的不断融合，测绘技术体系经历了传统的模拟测绘、数字化测绘，目前已进入信息化测绘时代。测绘技术的自动化、测绘成果的数字化、测绘服务的网络化、测绘产品的社会化，成为信息化测绘体系的主要特征。经过"十五"和"十一五"两个阶段的发展，我国的信息化测绘已进入快速发展阶段。

ESRI 与中国测绘行业结缘已久，进入我国市场服务的第一家用户就是中国测绘科学研究院。而后 30 年间，ESRI 一直关注中国测绘产业的发展，已与国家测绘地理信息局及四大直属局、国家基础地理信息中心和各省市级测绘机构有过多项合作。从数据生产流程改造到数据动态更新体系建设，从数据质量控制到地图制图，从数据的集中管理到分布式网络管理，从内业生产到外业调绘，从内部局域网专用到基于广域网的社会公用再到信息共享相关法规、标准体系和运行机制的参与制定，处处可见 ArcGIS 产品的身影。

（二）ESRI 公司创新实例

1. 缘起划时代的测绘"大专项"

在改革开放之后，我国由传统的测绘模式，顺利进入到了数字化的测绘模式。在二十多年的时间内，数字化测绘技术蓬勃发展，提高了测绘的工作效率，推动了测绘事业和各行各业的发展。20 世纪末，国内外测绘界已出现一系列面向地理信息服务的变革性新动向。例如，现代地理信息产业的兴起和发展、空间数据基础设施建设、"数字地球"的提出和发展等。在世界基础信息产业发展及地理信息服务变革的引导下，2000 年，国家投资 2.56 亿元启动"国家基础测绘设施项目"建设，简称"大专项"建设。

"大专项"不仅是我国整体上实现由传统测绘向数字化测绘历史性跨越的标志性工程，也是我国由数字化测绘向信息化测绘升级跨越的衔接性工程。在这个

具有划时代意义的项目中，ESRI 中国开始了与国家测绘地理信息局的首度合作，多个省的建设都使用了 ArcGIS 作为基础平台。

2. GPS 数据处理网站开创在线新模式

连续运行参考站系统（Continuously Operating Reference Stations，CORS）是大地测量技术中的重要手段之一。CORS 在一定范围内建立若干个连续运行的永久性基准站，不仅可以向各级测绘部门提供高精度、连续的空间基准，并可向导航、时间、灾害防治等部门提供各种数据服务，同时可为社会各行业诸如城市建设、交通管理、抢险救灾等提供迅速、可靠、有效的信息服务，满足基础测绘、交通运输管理、地质灾害预报、气象预报等信息需求。

传统的 CORS 站 GPS 数据处理与服务方式是用户将已获取的 GPS 数据以文本文件的格式，发送邮件至国家基础地理信息中心大地测量部，该部门对数据进行处理后，再将结果反馈给用户单位。这种方式缺少时效性，并且数据处理的规模有限，较为落后。为此，ESRI 中国依托国家 863 项目"大规模 GPS 基准站网数据处理与服务"，开发了 GPS 数据网络化处理与服务系统（见图1），基于云架构的服务器 GIS 技术实现了 GPS 数据处理服务的发布，拓展了 GPS 数据处理的方式。

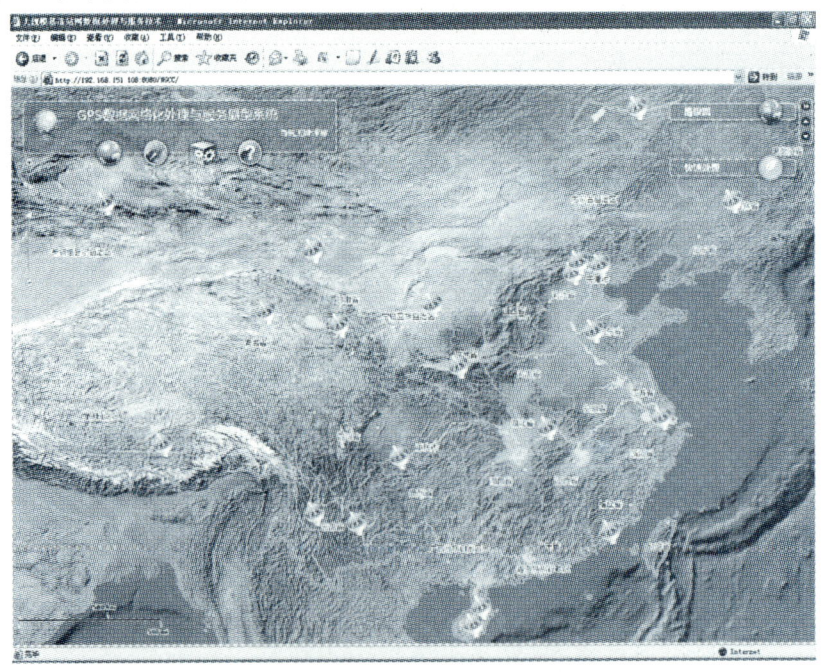

图1 GPS 数据网络化处理与服务原型系统

该系统为用户提供在线直观的 CORS 站数据及信息查询，包括可以通过地图空间选择或对话框列表选择的方式定位和显示 GPS 基准站位置；实现基准站坐标成果、坐标时间序列和坐标重复性的网络化查询和服务；国内基准站年速度值信息查询与应用。除了通过电子地图直观地标识国内主要地面站点外，还创新了"速度场"标绘、参考基站自动选取、时间序列图等功能。实现用户上传数据的实时快速处理和精确处理，并考虑多用户在线处理方式，为用户提供定位数据纠偏处理参考依据。GPS 数据网络化处理与服务可谓老应用搭载新技术，对传统行业需求的新应用模式做了一个有益的尝试。

3. 图数两库一体化实现快速更新制图

地图生产是信息化测绘体系中基础且重要的环节。地图的更新，特别是在尽可能短的时间内进行地图的快速生产至关重要，但更新效率是个很大的壁垒。以基本比例尺制图技术为例，尽管进入计算机辅助制图时代后，引入 GIS（数据管理维护）、AutoCAD、Microstation（制图）等手段实现了制图的半自动化，生产效率较之前的手工绘制大幅提高，但遇到紧急任务时，生产出一幅满足特定要求的地图仍然需要一两天，这中间还不包含收集和整理数据的时间，而且距离国标地形图要求也有一定差距。由于基础地理数据库和制图数据库相互分离，地图更新效率很难保障。

为此，ESRI 中国与国家基础地理信息中心合作，利用已建成的地形数据库快速生产相应比例尺的地形图，实现了制图数据库与地形数据库的一体化存储、集成管理和同步更新，研发了地形图数据生产与集成管理系统。它实现了超企业级规模的数据生产，即成千上万的人可以同时参与数据生产。处理一项测绘任务时，任务分配中心可将全国的数据切块后分发给各作业人员，作业人员领到任务后就将自己负责的那部分数据进行编绘，然后汇交至任务分配中心，这些汇交的数据均是在同一个系统中，大大提高了生产效率。

目前，《1∶50000 地形图制图数据生产技术设计方案》和地形图数据生产与集成管理系统已在国家 1∶50000 数据库更新工程的地形制图生产中得到全面应用。软件系统在陕西、黑龙江、四川、海南测绘局和重庆测绘院的十多个生产单位安装 500 余套；使用该软件已完成更新版 1∶50000 地形图制图数据约 5000 余幅，并实现了在国家基础地理信息中心的统一建库与集成管理，预计在 2011 年内完成 1∶50000 地形图制图生产图幅总数达到 1.9 万余幅。

数据库驱动制图技术成倍地提高了生产效率，保障了成果质量，并大大降低了出成本，以国家1∶50000地形图制图生产为例，节约软件系统购置费用2000多万元，具有很好的示范作用和应用前景。

4. 应急快速制图系统变被动为主动

地图在应急管理的各个阶段都发挥着重要的作用。特别是在相应阶段，地图既可以作为一个综合灾难准备和相应系统所需的集成核心，也可以作为便携的、触手可及的空间信息的来源而使用，这一阶段制作的地图就是应急反应地图。它是以反映突发公共事件为主题的、能够快速制作专题且迅速为人所认知感受的专题地图。对应急反应地图的要求，一是制图的主题是关于应急反应的内容，二是制图的速度要快，需要在紧急情况出现的第一时间输出图件，三是要"指哪打哪"，可将应急指挥者随意指定的区域迅速打印输出。

以往，应急制图面临着数据零散、图示符号缺乏积累手段、没有流程化的方法和工具等诸多问题，因此测绘部门在紧急情况发生时无法快速反应，难以提供有效的应急制图服务。为攻克这一业界难题，ESRI中国研发了应急制图系统（见图2），成功解决了应急反应制图的快速流程问题，实现了"一键式"成图。该系统极大地提高了成图效率，满足了应急部门的需求；同时也减少了人力投入，降低了人员要求，节约了资源。另外，可将制图经验固化，重复使用。

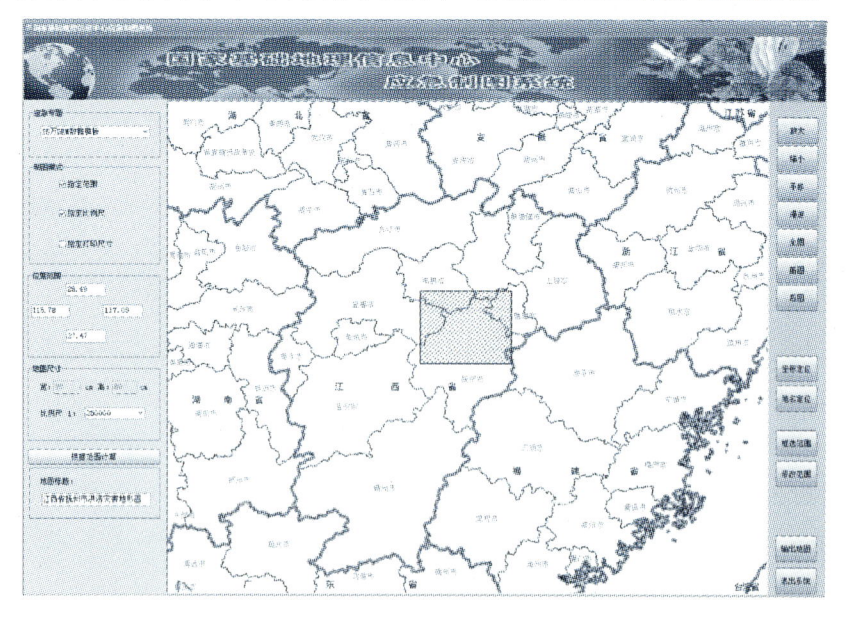

图2 应急制图系统

应急制图系统在 2010 年 6 月的江西抗洪救灾中表现突出。险情发生后，ESRI 中国协助国家测绘地理信息局服务部应急部门，使用该系统在短短一个多小时的时间里就成功输出了灾区相关区域的 1∶100 万、1∶25 万和 1∶5 万数字线划地图（DLG）和数字高程地图（DEM），涵盖了省、市、县三级共五张图，在第一时间为灾区的指挥决策和抢险救灾工作提供了标准翔实的地图资料。在随后出现的国家二级以上应急响应事件中，该系统均充分发挥作用。

如今，随着制图方案的逐渐完善，应急制图系统已经成为国家测绘地理信息局应急服务的主要工具软件，它改变了测绘部门以往在突发事件发生时需要等待数据部门地图数据的被动局面，为其更好地实现高效快速的应急供图提供了有力保障。

5. 公共服务平台让创新带来价值

服务共享的浪潮给 GIS 的应用带来了新的革命和契机，作为数字城市建设的基础平台，基础地理信息共享服务平台已成为当前数字城市建设的核心。作为业界领航者的 ESRI 中国顺势而发，于 2010 年初成立共享服务事业部，专门从事共享服务平台的应用与研发，目的是结合先进的理念和技术优势，开拓共享服务业务，研发共享产品，共同分享共享平台的建设经验和成果，为客户合作伙伴提供更有效的咨询和服务，真正为用户创造价值。

为了能够打造本地化、能够满足用户实际需求的共享产品，ESRI 自主研发了面向服务的空间信息共享服务平台——OneMap Platform v1.0（见图 3）。经过半年多的努力，在陕西测绘局的密切配合下，ESRI 中国深入理解和挖掘共享平台的需求，最终完成了平台的 1.0 版本。该产品的面世意义重大，为后续全国其他各省公共服务平台的建设提供了丰富的成果和宝贵的经验。

地理信息公共服务平台的最终宗旨就是资源共享，服务是形式，内容是核心，用户使用才是真正的价值体现。OneMap 确保了平台的安全、稳定、可靠，既给资源使用者带来了价值，又维系了提供者的利益，使利益达到平衡。平台所支持的多集群的架构模式打破了原有的利益平衡，即使数据资源各自维护，但仍然会带来收益，所以资源拥有者愿意参与到共享环境中来。产品的安全体系，可以有效地全方位对服务运行进行控制和监控，有效地保护了服务的利益。此外通过对服务运行情况的全面控制，确保用户访问的每个服务都是安全稳定运行，出现问题及时响应，从而有效地保障了用户的利益。产品还具有灵活的可定制性，

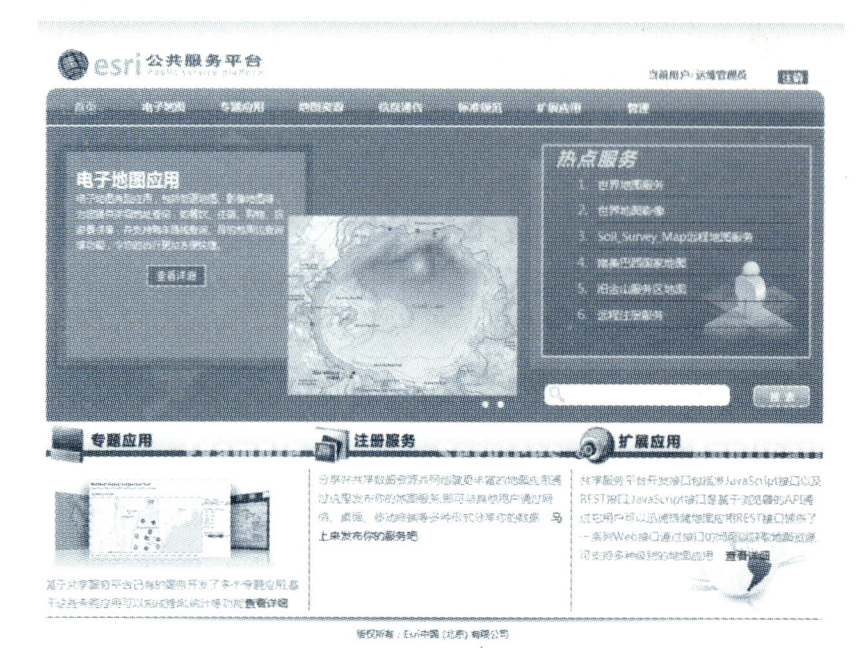

图 3　OneMap Platform v1.0

能够使合作伙伴快速构建一个满足用户需求的产品，大大缩减了项目周期，从而为合作伙伴创造了价值，提升了这种对接成功率，最终让用户满意。

经过一年多的努力，辽宁省公共服务平台在 3 个月之内建设完成，上海测绘院、宁波测绘院等先后都采用了 OneMap 平台产品。

四　结语

地理信息产业的快速发展，离不开国家的政策支持、地理信息及相关 IT 技术的进步，以及产业链条上下游企业的共同努力。国家的"十二五"规划将测绘地理信息放到了前所未有的高度上，ESRI 公司也将继续以创新为己任，助力我国地理信息产业蓬勃发展。

B.16 移动测量系统及实景三维技术的发展与应用

周落根 韩聪颖 王星卓*

摘 要：本文介绍了我国移动测量技术的发展概况，阐述了实景三维地理信息产业的形成和发展，分析了移动测量行业和实景三维地理信息服务的竞争格局，对其未来发展进行了展望。

关键词：移动测量系统 实景三维技术 地理信息服务

一 引言

移动测量技术是当今测绘界最为前沿的技术之一，诞生于20世纪90年代初，集成了全球卫星定位、惯性导航、图像处理、摄影测量、地理信息及集成控制等技术，通过采集空间信息和实景影像，由卫星及惯性定位确定实景影像的位置姿态等测量参数，实现了任意影像上的按需测量。

移动测量的多传感器系统可加载于航天航空飞行器、陆地交通工具、水上交通工具等多种载体上，形成不同的移动测量系统，满足不同的测量需求。例如，陆基移动测量系统通过车载平台上安装的GPS、INS、CCD等传感器协同运行，沿道路采集周围地物的可量测实景影像数据。

二 我国移动测量技术的发展

在两院院士李德仁先生的推动下，我国从1995年开始对移动测量技术进行

---

* 周落根，立得空间信息技术股份有限公司副总经理；韩聪颖、王星卓，立得空间信息技术股份有限公司。

研究，由武汉大学测绘遥感信息工程国家重点实验室在对多个关键技术展开技术攻关并取得突破后，于 1999 年完成移动测量系统样机的研制。

目前国内在移动测量技术领域的研发实力和技术水平与发达国家相比还存在一定差距。此外，国内某些高等院校和研究机构虽然在此领域有着较为深厚的学术底蕴，但其技术水平仅停留在原型样机的阶段，均未实现产业化，行业发展受到限制。为推动科研成果的转化，立得空间于 1999 年成立，其前身是武汉立得空间信息技术有限公司，2008 年 4 月更名为立得空间信息技术有限公司，2010 年 12 月，变更为立得空间信息技术股份有限公司（以下简称立得空间），李德仁院士出任公司首席科学家，并开始主导移动测量技术的产业化。经过十余年的努力，立得空间使中国移动测量行业及其相关产业初具规模，是我国移动测量系统的开拓者。

立得空间研制生产的路基移动测量系统（Land-based MMS）包括：第一代车载 CCD 实景三维采集车系统即 LD2000 系列、第二代激光三维采集车系统即 LD2011 型系列全景激光移动测量系统；空基移动测量设备（Airborne Mobile Mapping Device）包括 LD2011 空基移动测量设备。公司现有移动测量系统（MMS）变形车产品包括：流动执法 MMS、应急测绘 MMS、广告牌测量 MMS、简装版公路巡查 MMS、公路巡查及裂缝测量 MMS、铁路行业 MMS、便携式 MMS、全景激光 MMS，都具有相当成熟的规模（见图 1）。

图 1　移动测量系统大家族

（一）陆基移动测量系统

陆基移动测量系统是一种基于道路的快速移动测量系统，其原理是在机动车上集成全球定位系统（GPS）、摄影测量系统（CCD）、惯性导航系统（INS）等先进传感器和设备，在车辆高速行进时，快速采集道路及周边地物的空间位置和属性数据，并同步存储于车载计算机中，经专门软件编辑处理，形成各种空间地理信息数据成果，如电子地图、设施数据库、兴趣点（POI）数据库等。具有测量精确、采集快速、使用方便、获取的信息丰富等诸多优点，被公认为是最佳的导航电子地图测制、地图修测及道路实景三维地理信息数据采集工具，系统原理如图 2 所示。

陆基移动测量系统在获取目标的地理空间位置的同时，还能够采集地物的实景影像，丰富地理信息数据的内容，从而拓展了地理信息数据的应用领域，因此被广泛应用于军事、测绘、城管、公安、应急、交通、铁路等多个行业。此外，陆基移动测量系统所获取的实景三维地理信息以实景影像方式直观表达，易于被大众用户所接受与使用。

2004 年以前，受制于计算机处理技术、存储技术以及网络带宽技术的局限性，陆基移动测量系统在长时间内仅被应用于军事、测绘、交通等专业领域，并且主要用于二维地图的更新，在基于道路的空间地理信息数据建库等方面的市场需求量较小。随着计算机技术、网络技术和移动测量技术的不断发展与完善，在计算机和网络中传输海量空间地理信息成为可能，以影像融合二维地图的实景三维空间地理信息系统应运而生。相对于传统的二维地图，实景三维空间地理信息系统表达方式更为直观，信息更加丰富，更易被理解和使用，因此 Google、微软、诺基亚等 IT 巨头为争夺未来网络地理信息的霸主地位，纷纷投入了大量资源用于购买、组装移动测量系统，在全球范围内进行街景影像采集。

立得空间的陆基移动测量系统与国外厂商相比，性能与国际顶尖产品相当，性价比极高，主要性能指标见下文系统对比表。

在国内，相关政策和法规规定境外公司不能独自在中国大陆境内进行地理信息数据采集和发布，因此各种行业及互联网地理信息数据服务必须由中国大陆公司主导完成。在政策前提下，作为一种最有效的城市空间信息采集系统，立得空间的陆基移动测量系统在强大核心技术的支撑下，占据了市场垄断地位。

（二）空基移动测量设备

空基移动测量设备以由 GNSS、INS、导航存储设备、数据处理软件等组成的定

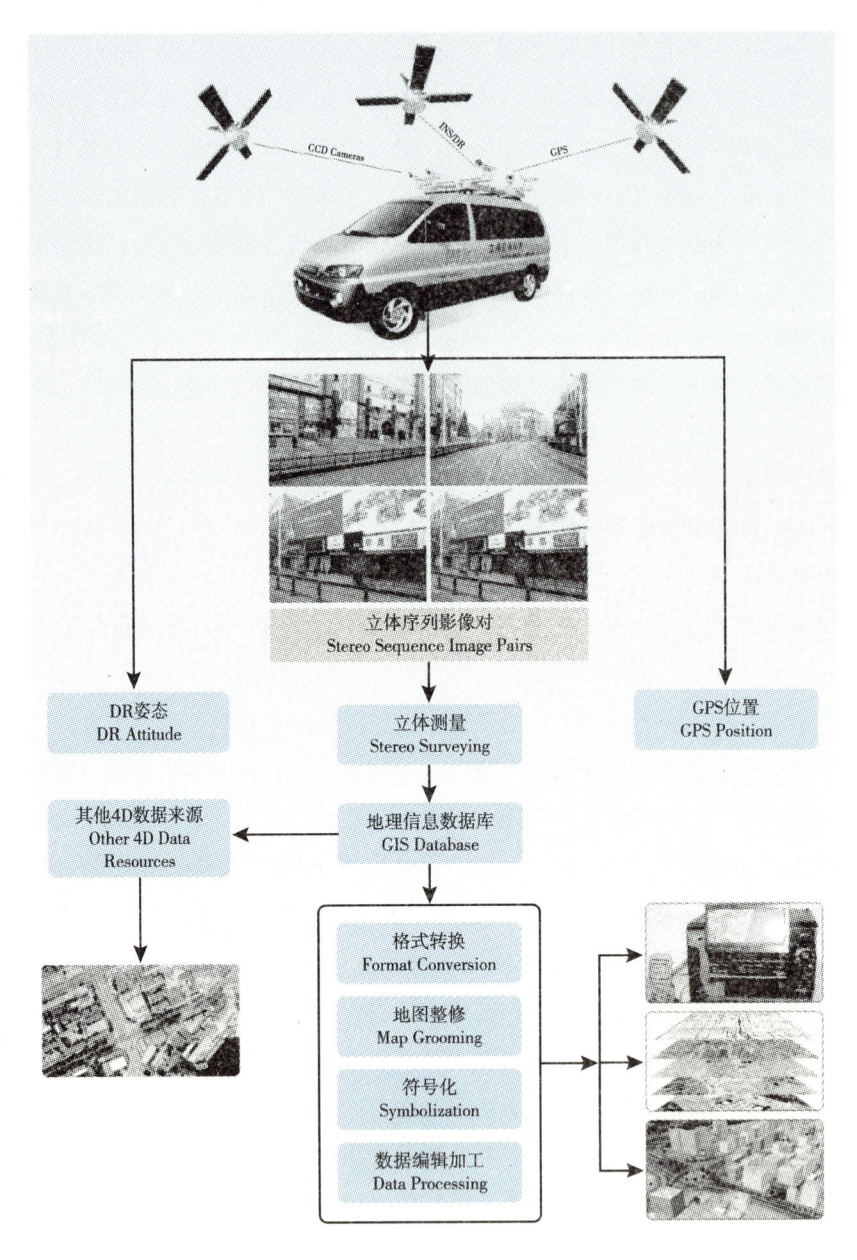

图2 陆基移动测量系统原理示意图

位定向系统（Positioning and Orientation System，POS）为核心部件，装载于飞艇、无人机等飞行器上，系统可以实时获取运动物体的空间位置和三维姿态信息，其原理为：将各个导航传感器获取的信息进行最优化数学处理，为飞行器等设备提

主要陆基移动测量系统对比表

系统名称	Ld2000RH-L	MX8	IP_S2
生产商	立得	美国 Trimble	日本 Topcon
GPS	DGPS	DGPS	DGPS
惯性设备	"战术级"INS (0.3 o/h)	"战术级"INS (0.3 o/h)	"控制级"INS (1~3 o/h)
成像设备	1.4m-10m 相机 全景相机	1.4m-4m 相机 全景相机	全景相机
成像分辨率	10cm	10cm	30cm
实际测量精度	0.5m	0.5m	2m
后处理软件	成图、行业应用	成图	成图
应用领域	行业用户、互联网	行业用户	互联网

供高精度的位置和姿态信息。空基移动测量设备可为机载激光雷达、推扫式超光谱成像仪、大面阵CCD数字相机、合成孔径雷达等测绘遥感设备提供动态坐标及姿态基准，对提高地理信息采集与更新速度、实现我国测绘现代化目标具有重要意义。

定位定向系统（POS）作为空基移动测量设备的核心部件，一直受到西方国家军事禁运的影响。长期以来，我国缺少适用于测量和高精度地理信息数据采集的航空POS。近年来，西方国家对INS的管制小幅放松，多家国外POS生产商开始向我国供货，但价格十分昂贵，限制了我国空基移动测量系统的大规模使用。

为打破国外技术封锁，立得空间自创立伊始即开始POS相关技术研究及产品的开发工作，在突破了载波相位差分、精密动态单点、GNSS/INS紧密组合等一系列技术难关后，自主研制出了与进口产品技术水平和性能相当的POS系统。立得空间研制的航空POS可为各航测设备厂商提供配套服务，同时还适用于飞行器及地面交通工具导航、战术武器导航平台、工业自动控制等高端领域，相关产品外观如图3所示。

采用POS系统直接地理定位具有如下优点：

• 不依赖空中三角测量和一个完整的地面控制测量；

• 简化、自动化数据处理和质量控制的过程；

• 单个的立体模型制图、单幅影像的正射校正可以使用已有的数字高程模型（DEM）；

图 3　立得空间生产的 POS 产品典型外观图

- 在传统的航空测绘应用方面提高了工作效率，从而减少了操作时间，节约了成本，进而提高了精度；
- 易与数码相机、摄影机、LiDAR 系统、SAR 系统、数字扫描仪等传感器结合；
- 适用于应急测绘快速响应。

三　实景三维地理信息产业的形成与发展

随着测绘技术和移动测量技术的发展，实景三维地理信息应运而生，其是在传统二维地理信息的基础之上，增加了连续的地面可量测影像库作为新的数据源，并通过专门的数据开发平台与地理信息行业应用软件无缝集成，从而给用户提供更直观易用的实景可视化环境。

实景三维地理信息服务是指运用测绘技术、计算机软件技术采集地理数据、可量测实景影像数据和行业专题地理数据，主要为政府、企业的决策管理和日常办公提供信息服务，并能为用户带来更多崭新的功能和应用模式，可为城市信息化管理部门提供"数字城市"地理信息整体数据解决方案，其主要的应用领域有：基础地理空间数据框架、地理信息共享平台、电子政务平台、数字城管、公安、应急、智能交通、旅游、公众地图服务等。服务的主要内容为：实景三维地理信息的采集与处理、业务专题数据库建库、可量测实景影像应用开发平台、数据应用部署等，尤其是面向城市管理与决策的高端应用。

国家测绘地理信息局于 2009 年发布行业标准《可量测实景影像 CH/Z

1002-2009》，将实景三维地理信息正式纳入国家基础地理信息数字产品范畴，成为国家空间数据基础设施的重要组成部分。交通部、住建部、公安部等国家有关部委均在数字城市各行业的信息化建设规划中，对采用实景三维地理信息服务制定了行业指导意见。

经过近十年的发展，实景三维地理信息服务逐渐形成如图4所示的产业链。

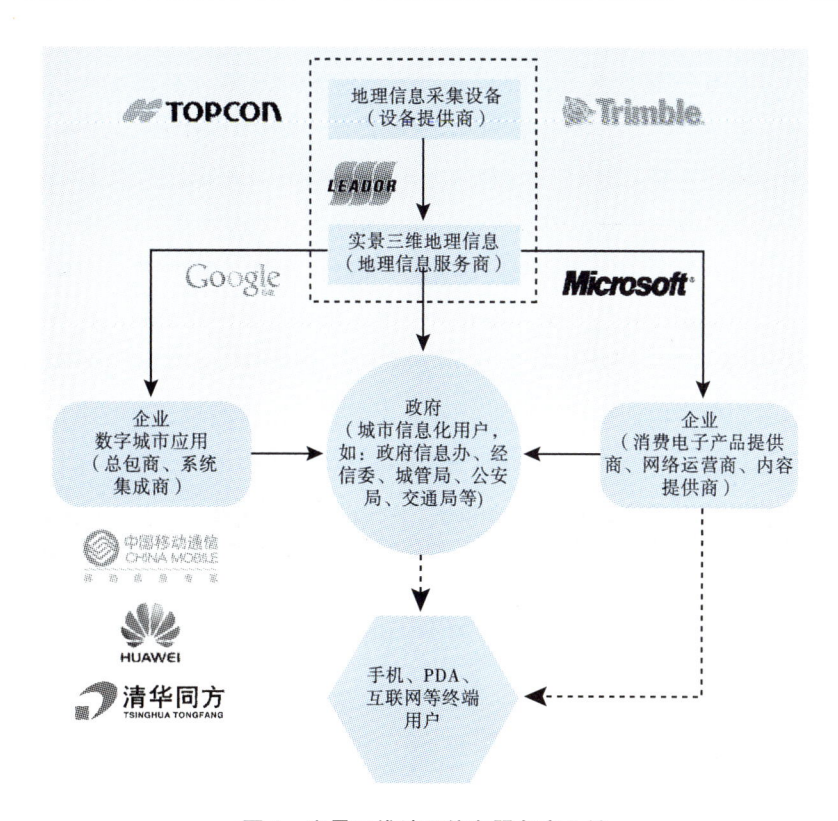

图4 实景三维地理信息服务产业链

实景三维地理信息服务产业的上游为地理信息采集设备提供商，包括传感器、电子电气元器件及设备等的提供商；中游的地理信息服务商提供实景三维地理数据采集与建库服务，通过集成开发商或企业级的数据生产商、网络运营商等为下游的城市信息化用户提供服务，或直接提供服务。随着移动终端、互联网技术的发展，实景三维地理信息服务将从高端行业应用推广至社会大众。

近年来，国外主要以谷歌公司为代表、国内以立得空间为代表的地理信息服

务商已全面开始提供实景三维地理信息服务。截至2010年底，谷歌公司提供的街景地图服务已在欧洲、北美等发达国家和地区实现城市全覆盖；立得空间的实景三维地理信息服务也已在全国29个省，100多个城市、城区得到广泛应用，主要应用于城市地理信息服务共享平台和基础地理数据框架、电子政务平台、数字城管、公安应急、公路交通、旅游招商等诸多领域。

国内的实景三维地理信息服务始于20世纪末，与国外的实景三维地理信息服务处于同样的起步水平，经过数十年的研究与发展，其技术应用模式已趋于成熟。但相比国际著名品牌如谷歌公司的Street View和微软公司的StreetSide，国内实景三维地理信息服务的劣势在于品牌推广力度较小，产业化程度较低。

立得空间不仅是中国移动测量系统的开拓者，还是实景三维地理信息理念的原创者，开创了国内的实景三维地理信息产业，是目前国内唯一可提供可量测实景影像（DMI）技术的公司和实现移动测量系统产业化的生产企业。同时，凭借着实景三维地理信息所具有的富含信息、按需测量、直观易用、更新快捷等诸多优点，公司将业务领域广泛拓展至电子政务平台、数字城管、公安应急、公路交通、旅游招商等诸多领域，创造了国内实景三维地理信息服务的新模式。目前，立得空间引领的国内实景三维地理信息产业已初具规模，呈现快速和多样化发展趋势。立得空间的移动测量系统和实景三维地理信息服务模式已经在全国27个省100多个城市（区县）和青藏铁路、汶川地震、北京奥运、国庆60周年阅兵、广州亚运等项目中得到成功应用，在行业内形成巨大的影响力。

四　行业竞争格局与市场份额评估

（一）移动测量行业

由于移动测量系统技术门槛高，目前完整掌握其核心技术并实现产业化的厂商主要有美国天宝公司、日本拓普康公司和立得空间。虽然还有少量科研机构开展了移动测量系统研制，但仅停留在研究阶段，样机还未产品化。立得空间是国内唯一实现产业化的公司，根据《中华人民共和国标准化法》规定，该产品的质量标准已于 2006 年在质量技术监督局进行了备案。

移动测量系统作为一种新兴产品，价格较为昂贵，尚处于市场导入期，国内仅专业测绘用户（军方等）在使用，主要由立得空间提供。国外产品因价格高昂、缺乏生产配套软件和应用软件、没有完善的售后服务体系等原因还难以为国内用户接受，目前仅有少量几台进口产品。

（二）实景三维地理信息服务

实景三维地理信息服务市场分为两类，一是政府企业的行业市场，二是大众消费者市场。

在行业市场，立得空间一直引领实景三维地理信息的应用和推广，已经在全国 100 多个城市、城区得到成功应用。

由于实景三维地理信息服务具有良好的市场前景，目前，也有一些测绘机构和民营测绘单位购买了移动测量系统，正在进入这一领域，如武汉勘测院、重庆数字城市、江苏兰德数码、北京数字政通等公司。

在大众消费者市场，以谷歌为例，截至 2010 年末其街景地图服务在欧洲、北美等发达国家和地区已实现城市全覆盖，微软计划近年投资数十亿美元在全球开展 3000 个实景三维数字城市建设。由于行业许可方面的制约，它们尚未进入国内市场。

五 未来展望

随着云计算技术变得更加成熟，它将很好地应用到地理空间业务中，地理空间数据就是一个"云"，其储存、管理、应用将更加方便。地理空间数据采集和应用的实时化成为市场的主要需求，快速获取、加工、处理和应用、维护地理空间数据的技术更加成熟，并得到广泛应用，电子地图、遥感影像图、实景影像图将实现从空中到地面、从宏观到微观的集成应用。今后，智慧地球、物联网等将不再只是概念，而是将迎来巨大的现实发展，地理空间信息将与各种移动终端，如手机、相机、探头、监控头、电视机、定位仪等集成应用，将掌上世界转变成为现实，让生活更加精彩。基于地理空间信息的位置服务将成为 3G 的重要功能和卖点，与百姓的日常学习、工作和生活相关的地理空间信

息将进一步提升 3G 的价值。

实景三维技术将面向规划、城管、社区、应急、房产、市政、交通等集成应用服务；突破多元数据获取、融合集成服务及平台顶层设计技术瓶颈；形成基于"端管云"架构统一的城市三维平台高效组织管理与服务能力；为政府、企业和公众提供三维数据应用服务，提升城市规划、建设、管理和服务水平；在数字城市智慧化发展阶段发挥数据和技术支撑作用。

（一）移动测量系统行业发展趋势

1. 向着多数据源方向发展

移动测量系统依托航天航空飞行器、车辆、船舶等运载平台，采用可见光、红外线、高光谱和微波等多种波谱段成像进行目标测量，获取目标的空间信息和属性。在各种波谱段成像中，可见光成像的光谱特征与人眼相同，具有易理解、易被接受的特点，其应用也很快得到推广。随着移动测量成果数据在不同行业的应用发展，新的需求也不断产生，不同波谱成像将获得与可见光成像不同的属性信息，满足更多的应用需求，因此移动测量技术将向着多波谱段成像方向发展，红外、高光谱、微波等波谱段的成像传感器将逐步得到应用和发展。

2. 处理技术的自动化发展方向

数据处理自动化水平的提高将有效提升移动测量数据处理的效率，降低移动测量成本，对移动测量的应用推广将起到极大推动作用。自动化数据处理相关技术也一直是行业内研究的热点，如已经取得阶段性成果的全景影像制作技术、图像模糊化处理技术等都对移动测量数据的应用起到了应有的作用。移动测量数据处理的自动化水平还较低，随着技术的不断进步，数据处理也将向全自动方向发展。

3. 应用范围越来越广泛

测量是移动测量系统的基本功能，其设计的初衷是为了促进测绘技术的革新，军方及专业测绘机构是系统的目标客户。随着移动测量成果的推广使用，其直观、易用、富含信息等优点会逐步得到体现并被更多的客户认可，因此移动测量系统的应用范围也将逐步扩大，其应用领域将向更多行业扩展。

4. 陆基移动测量向着激光测量方向发展

三维激光扫描测量技术是一项创新性的数据测量手段,它克服了传统测量技术因效率低、信息损失大、安全性差、劳动强度大、专业性高而难以推广应用的局限性,采用非接触主动测量的方式直接获取目标环境的高精度三维数据,能够对任意物体进行扫描,且没有白天和黑夜的限制,快速高效地将现实世界的环境信息转换成易于计算处理的数据,并最大限度地还原真实的社会环境,信息量丰富、直观可视、便于使用、扩展性强。

随着三维激光扫描测量装置在精度、速度、易操作性、轻便、抗干扰能力等性能方面的提升及价格的逐步下降,它在测绘领域成为研究的热点,应用领域不断扩展,逐步成为快速获取空间实体三维数据的主要方式之一。车载三维技术作为目前测绘界最先进的数据采集技术将会极大地解放传统测绘工作者外业的工作量,代表着今后测绘行业的一个方向。车载激光扫描系统在大规模城市场景的三维数据获取、建设与应用支撑中具有越来越明显的优势,能充分发挥其精度高、速度快、数据相对完整的特点,从而提升城市信息化建设及管理的水平。

(二) 实景三维技术发展趋势

实景三维地理信息服务目前仍处于起步阶段,随着数字城市、智慧城市、物联网等新兴产业的不断发展,实景三维地图作为二维地图的升级产品,将会运用于更为广泛的领域,其范围将涵盖高端行业用户及大众消费者,成为地理信息使用和消费的新模式。

实景三维地理信息将朝多源数据融合、多视角、多分辨率等方向发展,数据的获取方式和数据类型将越来越多样化,如通过卫星获取的遥感影像数据、专业测绘机构生产的地理信息数据以及社会大众通过手机、PDA 等移动终端采集的数据等。其数据管理软件可以提供自动模糊化、图像识别等丰富功能,为用户提供最佳体验。

实景影像技术与增强现实技术融合,利用可量测实景影像数据(DMI)的三维空间特性,在利用增强现实技术的基础上叠加各种多媒体信息,比如文字、图片、视频乃至虚拟三维模型等,使真实场景与虚拟信息完美融合,并将其应用于实景三维技术中,服务各个行业,例如标绘业务(工作人员将文字、图片或者

视频相关信息标绘在实际场景中，发布并展示）、规划业务（在实景影像中添加虚拟模型，实现整体规划预览效果）等，提高系统的易用性，有效提高工作效率。

六 结语

随着城市信息化进程的加快和数字城市建设的大规模开展，地理信息服务在行业管理和社会公众服务中的作用日益凸显。3S、物联网、云计算、移动测量、实景影像等技术的不断发展与完善，不仅能提升整个GIS领域的应用价值，还将极大提升地理信息产业的发展与服务空间。

BⅣ 资本运营篇
Capital Management

B.17
地理信息产业发展中资本要素问题的思考

北京四维图新科技股份有限公司

摘　要： 全球信息化发展的大趋势以及中国经济的快速增长，为地理信息技术提供了广阔的潜在市场，地理信息技术也因此逐渐从政府应用走向了企业和大众应用，从而形成一个崭新的产业。本文通过对地理信息产业发展中资本要素问题的分析，以及四维图新在成长和上市过程中的几点体会和思考，指出资本要素是地理信息产业发展的重要保证，进入资本市场是地理信息企业做大做强的必由之路。

关键词： 地理信息产业　资本要素　融资　资本运作　企业战略

一　地理信息产业发展中的资本问题

资本，从经济学的角度来看，指的是用于生产的基本生产要素，即资金、厂房、设备、材料等物质资源。在市场经济条件下，资本已成为产业发展的核心要素。特别是产业在发展壮大的进程中，对资本运作的依赖性会不断增强，进入资本市场是地理信息企业做大做强的必由之路。

从近两年我国地理信息产业的发展状况来看，市场的快速发展，技术水平的大幅提升，国家在产业政策等方面的积极努力，有力催生了数家在海内外上市的地理信息企业，为产业发展注入了新的资本活力。不过，总的来说，我国地理信息企业在资本运作和使用能力等方面依然相对薄弱，依据木桶效应原理，资本要素已经成为制约我国地理信息产业快速发展的关键因素之一。

随着资本市场的空前活跃，我们应该从公司发展的战略高度来重视公司的资本战略，应该充分利用多渠道、多品种、多方位的资本来源，实现公司高速发展的目标。资本市场是一个高风险的领域，在考虑资本的来源、资本的投向、资本的出路的同时，资本的风险问题是企业资本战略的核心。

（一）投入不足将严重影响地理信息产业的发展

根据相关资料，所有行业的快速成长，均伴随着大量的市场投入。产业做得越大，对资本的依赖性和需求规模也就越大，产业的发展壮大离不开资本运作，地理信息产业的发展壮大也不例外。为此，努力搭建利于产业发展的可持续、多层次、多来源的融资平台，是推进我国地理信息产业快速发展的战略选择。

在地理信息行业中，卫星导航、航空测量、定位与位置服务等都属于高技术、高投入的行业。首先，在国家基础设施层面，完善、全面、高性能的基础地理信息服务与位置服务属于国家战略安全层面的内容，例如美国的GPS、俄罗斯的GLONASS、欧洲的伽利略计划与中国的北斗，都属于国家级的基础设施建设，是国家战略发展的基础。国家必须建立起不依赖于他国的独立的地理信息基础框架，才能确保国家安全。

其次，围绕国家的发展战略，政府、企业、民营资本需要进行大量的资本投入，推动国家基础地理信息网络与服务的建立。只有有了丰富完善的相关应用，特别是民用方面得到长足发展，国家的基础信息网络才能得到长久持续的发展。美国的GPS与俄罗斯的GLONASS两个导航网络迥异的发展历程深刻证明了这一点。由于GPS的开放政策，强大的民用推动了GPS的高速发展，据测算，在GPS上政府每投入1美元，就拉动了6~10美元的相关行业的投入。

只有巨额的资本投入，才可能造就一个快速发展的行业，并且相关投入要均衡，既要包括卫星、地面站、军用、国家基础网络等基础设施建设，同时也要在民用上加大投入，例如民用终端、行业应用、专业服务等。俄罗斯的 GLONASS 没有发挥其应用效力的重要原因是民用投入不足。国内北斗系统的发展正处在基础网络建设的初期，在卫星与卫星发射、军用等方面已经有了大量的资本投入，而在民用方面的投入也取得了可喜成果，并且融资渠道也得到了多方面的拓展。

地理信息产业的快速发展离不开资本的合理与有效运作。产业规模的扩大、企业竞争力的增强，需要通过资本运作加快实现产业内企业间的兼并或重组，不断优化产业结构，优化产业发展基础，优化企业治理结构，优化企业核心团队力量，进而提升地理信息产业的整体实力。

（二）行业发展不完善影响企业的资本渠道

1997 年国家开始发展地理信息产业，行业本身不完善，导致融资渠道单一，制约着行业的发展。早期是集中去争取国家、部门的项目，通过项目收益来维持企业的生存与发展。一些民营机构介入之后，多是针对一些短平快的产品或项目来获利，对于那些还处在襁褓当中的地理信息企业来说，这是不得已而为之。

2003 年，随着中国汽车工业与移动通信行业的发展，导航产业呈现快速发展态势，大量资本涌入到这个行业。2006 年更被称为"中国导航元年"，但是一窝蜂涌入使大量的山寨机、山寨地图横行，导致市场混乱，严重影响了行业的发展。资本的趋利特性造成这种蜂拥而至又一哄而散的局面，资本的无序性造成了行业发展的混乱，从另外一个层面来讲是地理信息行业本身的发展存在不足，使资本过于追逐短期效益，从而影响了资本对行业的发展信心。

然而，经过这个混乱的过程之后，无论是行业本身还是资本市场都逐渐趋于理性与成熟，地理信息与导航产业迎来了自己的发展契机。一些私募基金相继进入地理信息服务产业，推动了行业与国际接轨；地理信息在互联网与移动通信当中的应用催生了很多新的服务与应用，使资本看到了这个产业巨大的商机，中国的资本市场开始接纳导航与地理信息服务这个并不算新兴的概念。

（三）中小企业的资本与运作存在问题

我国地理信息产业近年来保持强劲的发展势头，2010 年总产值突破 1000 亿元。不过，当前产业的总体规模和竞争力相较实现地理信息企业强国的目标还甚远，外来资本的推动力量远未充分发挥。

当前，我国从事地理信息产业的单位有2万多家，但上市公司只有10家，大部分地理信息企业规模偏小。地理信息企业的资产多是软性资产，固定资产较少，没有抵押，致使企业获得融资和银行贷款的难度较大，获得贷款的额度也有限，制约了企业的做大做强。此外，地理信息企业的融资渠道也较为狭窄，常见的融资渠道PE（私募股权投资）和风险投资对地理信息产业的投资额度明显不足。

地理信息企业创新不足阻碍了资本进入。由于互联网与移动通信的快速发展，地理信息的应用领域迅速拓广，不过由于传统思维的影响，能够在这些领域占一席之地的多是新兴企业，例如移动运营商、互联网运营商，而原来地理服务信息企业多是以项目形式参与其中。地理信息企业只有不断创新发展，不断挖掘新兴服务，才能更好地吸引资本方的关注。

二 拓宽融资渠道是地理信息企业发展的必由之路

地理信息企业破解资金难题的途径有多种。第一是政府融资。以中关村的融资政策为例，主要有重大专项资金、支持企业改制上市资助资金、创业投资风险补贴资金等扶持政策。政府融资的风险和成本都较低，是发展地理信息产业项目的首选融资方式。但国家出于政策的考虑，不可能使每个企业都得到政府融资，所以目前这一方面获得的资金规模有限。

第二是贷款。一些地理信息企业存在怕贷款的意识，北京四维图新科技股份有限公司（以下简称四维图新）早期也是如此，认为没有贷款，企业才是健康的。事实上，贷款是所有资本使用中最经济的，比出售股权换取资金更为安全，是不可忽视的方面。

第三是引入战略投资者。战略投资者的引进，可以提高管理层的监管效率，对企业治理结构产生积极影响。值得注意的是，战略投资者的引入除了资本的考虑，更应该充分考虑战略投资者在资源上的投入或者资源互补。其次是要与战略投资者进行充分的谈判，特别是在控股权、经营权与对赌协议上要特别小心，除非万不得已，否则尽量不放弃对企业的控制权。

第四是财务投资与股权私募投资。财务投资是把双刃剑，具有两面性。一方面，它可以帮助企业扩大生产规模，促进技术研发，提升营销能力；另一方面，在战略不清晰的情况下，它有可能导致盲目投资，进入企业不熟悉的领域，导致偏离主业方向。资本"逐利性"的本质，使其对回报的追求加大了经营压力，有可能带来企业行为的短期性。

股权私募投资可以使投资基金成为企业的合法持股人，既可增加企业长期发展的资本金，又能改变股权结构，分散出资人的风险。很多已经上市的企业，在上市之前都得到过股权私募的投资。

第五是公开上市。这是企业发展到高级阶段的一种表现形式。企业上市，能广泛吸收社会资金，弥补在技术创新、产品研发、人才引进等方面的资金不足，快速提升企业的自主创新能力，迅速扩大企业规模，增强企业竞争力，获得广大股民乃至全社会的关注，从而提升企业知名度，增强行业影响力。世界知名大企业，几乎都是通过上市融资、资本运作，实现规模的裂变，迅速跨入大型企业的行列。目前，地理信息产业的8家上市公司，融资总额约为53.77亿元，是注册资本总额（8.96亿）的6倍，是2010年利润总额（5.7亿元）的9.4倍。

上市之后，应该进一步拓宽融资渠道，包括企业债、增发、资产注入等。这样可以让企业迅速扩展，巩固在行业内的领导地位，同时也可以吸引资本市场的注意力，为业务的发展提供良好的社会基础。

第六是三板市场。由于多数地理信息企业的规模相对较小，因此，那些无法满足上市条件的公司可以考虑三板市场。2007年，国务院对三板市场进行改革，推出了新三板市场，主要是为那些不满足创业板与中小板上市条件的、有一技之长、发展迅速的企业提供融资渠道。当前，满足进入创业板和中小板条件的地理信息企业数量很少。但是如果按照三板的要求，很多公司都有了进入的资格。虽然三板的融资规模并不大，但是对于地理信息企业来说，这些资金无异于雪中送炭。三板上市还有更多的好处。第一，经过会计师事务所与保荐机构的辅导与审计，公司的经营将从原来的粗放经营逐渐规范，这有利于企业经营的规范。第二，由于实现了股权的公开定价，股权的交易、质押都有了明确的定价。第三，通过上市扩大了公司的知名度，有利于公司业务的扩展。第四，如果公司的业务能够快速扩张，可以转创业板或中小板，转板之时可以实现企业的二次融资。截至2011年6月，已经有五家三板企业成功转至创业板或中小板。

第七是收购、兼并、投资、合资。这是国外很多企业快速做大做强的必由之路。例如，导航领域的两大巨头 Tomtom 与 Garmin，每家企业的成长历程当中都有几十次收购。卫星导航芯片的行业翘楚 SiRF 公司也是通过不断的收购兼并来保持其在行业中的领先地位的。国内的一些企业也在这方面做出了积极的探索。例如，四维图新分别与丰田成立了北京图新经纬公司，与诺基亚成立了上海纳维信息公司。2011 年 1 月，通过收购荷兰地图企业 Mapscape 的 100% 股权，掌握欧洲下一代导航数据标准格式（NDS）数据编译的核心技术，从而使该公司在 NDS 技术上占据了有利地位。2011 年 5 月通过与上汽信息的合资，抢占了国内汽车电子的先机。对于那些手中已经握有一定资金的企业来讲，应该学会"聪明"地利用手中的资金，采用风险投资、种子资金等多种方式，挖掘行业内的创新应用，为公司未来的发展积累技术资源、人才资源与市场资源。

三 企业融资时应注意的两个问题

（一）企业的融资途径应与企业的战略互相配合

在企业长期的发展战略当中，资本战略应该是其中的重要组成部分。从股改到风险投资、战略投资者引入，从上市到公司债、增发与定向增发，从投资合资到兼并收购，每一步都应该与企业的长期发展战略建立关系。

每次资本运作所对应的项目与产品投资，实际上都是公司发展战略的具体实现。公司应该根据发展战略制定长期的资本战略，规划每年投入资金的形式、投入方向、投入规模，并根据行业市场与资本市场的发展情况，不断调整资本战略，实现资本战略与企业发展战略的同步。

即使在那些非常成熟的行业，能够提出完善的资本战略的企业也不多。我国企业的投资、收购、兼并多是根据市场热点来进行，而不是根据企业的发展战略来实施，这种方式虽然可能会见到短期效益，却并不是一个长期完整的战略。国外的很多企业能够在本行业做成领导者的原因之一，就是战略的长期稳定。

（二）资本市场的风险控制

资本市场是一个高风险市场，风险控制一直是资本市场的核心环节。对于企业来说，资金到账只是万里长征的第一步，资金的到来，同时也意味着风险的到来。必须严格控制各种风险，才能确保所获资金能够得到充分利用，才能满足投资人的要求，才能为后续的资本运作预留足够的空间，才能在资本市场建立起诚信的形象。

第一，对于不同来源的资本要进行严格的监管，按照相关的融资要求对资金的投向、资金的管理、资金的运营进行严格控制，在项目的选择、人员的管理、资金的监控上采取严格的措施，确保资金的安全与投资项目的正常运行。

第二，对于项目的选择要非常谨慎，要选择有发展、有潜力的项目，要分批投入，随时跟踪项目的进展与变化，严格遵循相关时间表。

第三，对于相关人员要严格监管，避免出现各种经营失误、违法乱纪等行为。

第四，要按照相关要求，做到公开透明地运用资金，保证资金的安全，在资本市场上建立起诚信的形象。

第五，公司要凭借资本的要求，规范全公司的经营，使金融市场成为企业发展壮大的"活水"。

四　四维图新上市案例

2010年5月，四维图新在深圳证券交易所挂牌上市，为此进行了2年的上市筹备。在整个过程中积累了以下几点经验。

第一，在上市之前首先要获得一个授权，成立一个机构，然后明确一个重要的选择方向，是选择国内项目还是国外项目。

第二，要选择一家好的证券公司。尽早选择律师事务所和会计师事务所。尽可能从公司成立那天开始，把所有的法律问题、财务问题都理顺理清，无论将来公司上市也好，重组兼并也好，都要提前做好充分准备。

第三，要做到尽职调查，编写好招股说明书。聘请一个专业财经顾问公司，做上市路演和上市之前所需要的方方面面的报道。

第四，要做到企业收入与利润的持续、稳定增长，保持产品技术的领先和创新优势，利用灵活而富有吸引力的商业模式，时刻占据市场领先地位。逐步完善公司的治理结构，重视优秀核心团队的构建和培养。

五 结语

资本要素不仅是事关地理信息企业生存的关键因素，也是目前我国地理信息产业进一步发展壮大所面临的难题。同时，资本的获得与使用既与当下地理信息企业自身的运营能力有关，也与国家各方面的政策相关。客观地说，资本要素已成为新时期我国地理信息产业能否做大做强的一道坎。为此，要想方设法地加大筹资力度、拓宽融资渠道、创新融资方式，使我国地理信息产业向更大、更强、更优的阶段发展，逐步构建跨国地理信息企业雏形，不断增强国际竞争力。在本行业当中的领先企业，或者那些已经占据资本优势的企业，更应该制定资本战略，充分利用资本工具，合纵连横、投资合资、收购兼并，迅速抢占行业制高点或者在某个独特的领域形成市场优势、品牌优势，这样也就占据了资本优势。

B.18 地理信息企业兼并重组分析

雷方贵*

摘 要： 近年来，各行业、各领域的企业不断通过股权转让、资产收购、合并等多种途径，积极进行兼并重组，使得产业结构不断优化，增强了抵御市场风险的能力，实现了可持续发展。本文介绍了地理信息产业中企业兼并重组的概况，对兼并重组进行了价值分析，详细介绍了奇志通公司兼并灵图公司的案例。

关键词： 地理信息产业 企业 兼并重组

近年来，各行业、各领域的企业不断通过股权转让、资产收购、合并等多种途径，积极进行兼并重组，使得产业结构不断优化，增强了抵御市场风险的能力，实现了可持续发展。联想集团在2004年斥资12.5亿美元收购了IBM的PC业务。这笔轰动全球IT业界的大收购，使其一举登上了全球PC业务的第三把交椅。2011年初，联想以1.75亿美元收购了NEC的PC业务，实现了以51%的持股比例控股日本市场占有率第一的个人电脑公司。2011年6月，联想又以2.31亿欧元收购了Medion公司，使得联想在德国PC市场的份额扩大了一倍。联想的多次兼并重组举措，使其更加国际化和多元化，正在为其打入全球500强积蓄力量。类似的兼并重组案例数不胜数，总之，兼并重组，做大做强，是各类企业快速成长、增强竞争力的捷径，中国地理信息企业也不例外。

一 我国地理信息产业发展现状

我国地理信息产业近年来发展迅猛，已成为国家经济和社会发展中异军突起

---

* 雷方贵，北京灵图信息技术有限公司总经理。

的重要力量。当前正处于机制多元化、资本市场化、专业精细化的扩张、聚变、升腾的爆发式增长期。地理信息产业的竞争力和影响力进一步扩大。

一是规模迅猛扩大。据不完全统计,2010年我国地理信息产业的从业单位已超过两万家,从业人员超过40万人,产值达到1000亿元,并以每年超过25%的速度持续快速增长。二是市场快速繁荣。2010年汽车导航、手机定位等产品的销量比2008年增长两倍以上,在线地理信息服务市场产值超15亿元,用户数量超过1亿;国产GIS软件市场占有率由2003年的30%增加到2010年的70%以上,数字摄影测量处理软件占领了90%以上的国内市场。三是需求十分旺盛。在国土、环保、交通、农耕、水利、应急服务等领域,地理信息已成为必不可少的信息资源支撑;互联网地理信息服务、车载导航和手机位置服务等需求快速增长,已经延伸到人民群众的衣食住行等各个方面。

我国地理信息产业正处于爆发式增长期,正因如此,地理信息产业发展中存在的一些问题也凸显出来。一是基础地理信息资源不足。基础比例尺地形图没有实现必要的覆盖,且现势性差,更新缓慢。二是基础设施和重大技术装备水平低。特别是在卫星遥感、导航定位方面还主要依赖国外。三是地理信息企业竞争力不强、规模小、自主创新能力不强,地理信息产品不丰富,市场和产品推广能力普遍较弱。四是地理信息产业发展的环境有待优化。大部分地理信息涉及国家秘密,导致信息资源的应用深度和广度不够,利用率较低。

二 地理信息产业的兼并重组

地理信息产业中最活跃的元素是企业。目前我国地理信息企业鱼龙混杂,规模普遍较小、缺乏竞争力、产业集约化程度较低。这显然制约了地理信息产业的高速发展。同时,当地理信息产业逐渐进入成熟期,市场横向纵向发展趋于爆发式扩张时,大企业为了补充自身的短板,扩张市场份额,提高市场竞争力,企业间的兼并重组就成为一种锐不可当的趋势。以下是近年来地理信息产业兼并重组的一些案例。

2005年4月,搜狐公司斥资1180万美元收购地图公司Go2Map及图行天下,在其基础上推出了"搜狗地图"。

2005年9月,百度地图正式上线,合作伙伴为北京图为先科技公司(Mapbar)。

2006年1月,高德软件公司收购北京图盟科技公司(Mapabc),并为谷歌、新浪等提供地图服务。

2006年5月,灵图软件公司获得风险投资3000万美元。

2006年10月,瑞图万方公司收购具有导航资质的上海畅想电脑公司。

2006年11月,北京图为先科技公司完成第二轮1000万美元的融资。

2010年1月,国家创业风险投资向北京天下图数据公司注资2100万元。同期,伟景行公司获得达晨创投等6000万元注资。

2010年4月,北京奇志通数据公司并购重组灵图软件公司。

2010年8月,阿里巴巴向易图通公司注资3500万美元,控股易图通公司。

2010年10月,北京天下图数据公司并购北京海澄华图科技公司。

2011年4月,四维总公司重组天目创新科技公司。

2011年,方正国际收购山海经纬公司,拥有公安GIS70%以上的市场份额。

三 兼并重组的价值分析

企业兼并重组的价值来源主要取决于以下几个方面。

1. 获取战略机会

兼并者的动机第一是要购买未来的发展机会。当一个企业决定扩大其在某一个特定行业的经营时,一个重要的战略是兼并在那个行业中的现有企业,而不是依靠自身内部的发展。其原因首先在于,这样可以获得时间上的优势,避免企业组织建设延误时间。第二是直接获得其在行业中的地位(包括各种资质和企业在行业中的市场占有率、品牌知名度、企业美誉度等)。

2. 发挥协同效应

企业重组的协同效应是指重组可以产生1+1>2或者5-2>3的效果,产生这种效果的原因主要是来自以下两个方面。在生产领域通过重组,可产生规模效应,可直接获取新的技术,可充分利用未得到充分使用的生产能力。在市场领域通过重组,可产生规模经济能力,这更是进入新市场的捷径。同时,扩展了现存的分布网,增加了产品市场的控制能力。

3. 增加人才积累

首先,直接获取了正在经营发展的研发部门;其次,多种研究与开发部门融

合，增强了重组效果。

4. 提高管理效率

企业兼并重组的另一价值来源是增加了管理效率。当一家企业被比其更有效率的企业收购后，原先的管理者将被现有的管理者替换，从而使管理效率更高。要做到这一点，财务分析有着重要的作用。分析中要观察兼并对象的预期会计收益率在行业分布中所处的位置，以及分布的发散程度。

5. 发现资本市场错误定价

如果能发现资本市场证券的错误定价，将可以从中获益。财务出版物经常刊登一些报告，介绍某单位兼并一个公司，然后出售部分资产就收回其全部购买价格，结果以零成本取得剩余资产。

当然，企业重组影响还涉及许多方面，如所有者、债权人、员工和消费者等。在所有企业重组中，各方面的谈判能力强弱将影响公司增加价值的分配。即使企业重组不增加价值，也会产生价值分配问题。重新分配财富也是企业重组的明显动机之一。

四 案例分析：奇志通公司兼并灵图公司

本节介绍北京奇志通数据科技有限公司（以下简称奇志通公司）兼并北京灵图软件技术有限公司（以下简称灵图软件公司）的案例。

灵图软件公司自 2008 年下半年以来，经历了前所未有的艰难困顿。由于种种原因，造成了现金流断裂，不要说员工的福利，就连工资都难以为继，企业的生存岌岌可危。在这种情况下，奇志通公司的管理者们决定并购灵图软件公司。

（一）灵图软件公司简介

灵图软件公司成立于 1999 年，注册资金 6000 万元，是一家以自有知识产权的软件产品为核心，以地理空间信息数据产品与服务为基础，以全球定位技术、地理信息系统技术、遥感技术、通信和网络技术为支撑，致力于中国的 LBS（定位信息服务）与数字城市（区域）建设的高新技术企业。公司拥有甲级测绘资质（含导航和互联网地图制作）、跨地区增值电信业务经营许可证、电信和信息服务业务经营许可证、ISO 9001 国际质量体系认证证书。

灵图软件公司还拥有 25 项专利权、69 项软件著作权、20 项商标权；同时，公司拥有国内最早领先的具有自主知识产权的导航软件"天行者"，累计用户数已超过 500 万；灵图旗下的"我要地图"网站是国内最早的地图门户网站，每日浏览量超过 500 多万次；其领先的三维可视化 GIS 平台软件 VRMap 和 GPS 车辆监控平台软件，累计平台建设均已超过 200 家用户。以上产品先后多次获得科技部、中国软件行业协会、国家测绘地理信息局等部门颁发的"国家重点新产品"、"国产优秀软件"、"自主创新产品"等奖项。

灵图软件公司的基础地图数据库，从拓扑关系、分层代码、库体结构这三个方面进行改进和更新，以全国 1：25 万的基础数据和拥有自主知识产权的包含了高速、国道、省道等各级道路的全国路网数据为基础制作，代码分层达到近 1000 层；在数据分类上采用了更加人性化、更加贴近日常应用的思路来划分图层类型，为今后的上层应用更加贴近人性化服务打下了基础，为提升用户体验预留了足够的空间。灵图的地图数据库覆盖了全国 333 个地级城市，POI 信息达到 1500 万个，全国路网总里程达到 240 万公里，对高速公路、国道、省道做到了全覆盖；实现了五个经济带（环渤海、长三角、珠三角、成渝、海西）、31 个省会、计划单列市及国内热点地区的路网畅通，整个数据库建设设计达到国内一流水平。

（二）兼并原因

经过调查研究，奇志通公司的管理者们之所以认为并购灵图软件公司是可行的，主要基于以下原因。

首先，灵图软件公司曾经的辉煌，决定了其在业内的地位和影响，这样一家地理信息产业自主创新国产软件的老牌高新技术企业如果在业内消失，也算是一件憾事。

其次，尽管在资金链断裂时，部分技术人员选择了离开灵图软件公司，但是更多的骨干因为"灵图情结"而选择了坚持，选择了留下。俗话说：瘦死的骆驼比马大，灵图的技术底蕴、灵图的市场份额、灵图的文化内涵、灵图的基本架构还在。

再次，奇志通公司和灵图软件公司的业务范围、方向是互为补充的，兼并重组只能是 $1+1>2$。

最后，灵图软件公司的导航、互联网资质，都是极具分量的行业资质，得之不易。

鉴于以上原因，奇志通公司的管理者们决定并购灵图软件公司。虽然等灵图软件公司宣布破产后再收购，会节约收购成本，但从稳定大局出发，从减少对灵图员工伤害的大局出发，应海淀区政府的要求，新投资方冒着风险，在重组尚无定论之时，即先行通过借款的方式，注资灵图软件公司，在2010年4月补发了全部拖欠工资，并陆续补缴了各项社保和公积金，为社会和行业的稳定及企业重组营造了良好的氛围。

到底是历史造就了英雄，还是英雄造就了历史？千百年来，众说纷纭，可谓"仁者见仁、智者见智"。但是，毋庸置疑的是，奇志通公司并购灵图软件公司这一国内地理信息产业发展历程中的历史性事件，是依托中国地理信息产业历史发展的大背景顺势而成的。如今，地理信息产业在国内的商业利益和社会价值正在趋于同一个方向，彼此能够达成一致；奇志通公司正是着眼于灵图软件公司所在行业的大好发展契机和未来升值空间而义无反顾地果断收购，并以长远的目光去考虑未来发展，不惜重金挽留和培养人才。

企业能否成功并购重组，不单单要看企业自身是否具有收购的经济实力和管理能力，政府的政策引导和扶持以及整个行业的相关管理规定和扶持力度对于不同时代企业间的相互并购也是影响巨大的。"十二五"伊始，中国的地理信息企业正是遇到了行业蓬勃兴起、备受关注的大好时代。

五　结语

今年《政府工作报告》首次提出要"发展地理信息新型服务业态"。胡锦涛总书记在5月30日举行的中共中央政治局集体学习时强调要切实加大工作力度，推动战略性新兴产业快速健康发展。李克强副总理在此之前的5月23日视察指导测绘地理信息工作时，明确指出测绘是古老的行业，也是充满活力的事业，地理信息是经济社会活动的基础，测绘地理信息是战略性新兴产业和生产性服务业的重要结合点，这是站在国家发展角度对测绘地理信息作出的科学完整界定。这一切都彰显了测绘地理信息工作得到了党和国家的充分肯定和高度重视。同时，经国务院批准，国家测绘局更名为国家测绘地理信息局，突出了地理信息资源的基础性、战略性地位，营造了测绘地理信息产业发展的良好氛围。

地理信息产业是与国家安全紧密关联的高新技术产业和最具发展潜力的战略性新兴产业，事关经济社会发展，事关人民生活质量，事关国家安全和利益，事关应急救急保障，且具有技术含量高、增长潜力大、应用范围广、资源消耗少、环境影响小、吸纳就业强等优势。发展壮大地理信息产业，是加快转变经济发展方式、应对经济全球化挑战的客观要求，对于促进经济增长、促进国家信息化建设、满足社会大众迫切需要、提高人民生活水平、增强国防能力，都具有极为重要的意义。在国家测绘地理信息局党组领导的带领下，各级各地相关单位，齐心协力，多措并举，多管齐下，努力实现发展壮大地理信息产业的战略目标。

B.19
接轨资本市场　加快发展步伐
——北京数字政通科技股份有限公司上市历程

吴强华*

摘　要：目前，资本市场向大量快速发展的中小企业打开了大门，尤其是创业板的设立，为地理信息企业建造了一个高速发展的平台。本文介绍了北京数字政通科技股份有限公司借助资本市场的力量进一步推动地理信息行业发展壮大的历程。

关键词：中小企业　资本市场　地理信息产业　上市

2004年5月，深圳证券交易所中小板顺利开板；2009年10月，深圳证券交易所创业板成功开板。这两个板块的创立，标志着我国资本市场开始向快速发展的优质中小企业敞开大门。监管部门和交易所也希望通过中小板和创业板的广阔平台，为优质中小企业的快速发展提供优越条件，培养出具有中国特色的"微软"和"苹果"。北京数字政通科技股份有限公司就是在这个良好的政策、市场环境下，把握机会成功登陆深圳证券交易所创业板，并以此为契机，利用募集资金扩大主营业务规模，强化科技研发力度，加大人才引进规模，充分运用和体现创业板开板意图的企业实例之一。

一　深圳证券交易所中小板发展情况

2004年5月27日，肩负着支持中国中小企业发展的使命，中小板应运而生。

---

* 吴强华，北京数字政通科技股份有限公司总经理。

2004年6月25日，首批8家公司率先登场，拉开了中小板发展的序幕。短短七年间，中小板从一棵稚嫩的幼苗成长为高效融资平台。截至2011年5月25日，中小板股票总市值已达3.17万亿元，约占深市市值的40%。

截至2011年5月20日，中小板上市公司数达到580家，是2004年的15.3倍。仅2011年1～5月就实现IPO融资508.01亿元，再融资124.58亿元，是2004年全年融资规模的6.95倍。七年来，从东南沿海经济发达地区的浙江、江苏、广东，到西部地区的新疆、四川、云南，越来越多地区的公司登陆中小板，截至目前，中小板580家公司已遍布30个省级行政区。

中小板已经成为高新技术企业进入资本市场的主渠道之一。据统计，截至2011年5月，中小板公司有430家高新技术企业，占比为74.14%。其中拥有国家火炬计划项目的公司达197家，拥有国家863计划项目的公司达63家，获得国家创新基金支持的公司有81家，拥有与主营产品相关的核心专利技术的公司达420家，占比72.41%。

地理信息行业是国家优先发展的重要行业领域，截至目前，已经有多家地理信息行业的优质企业在中小板挂牌上市，其中包括北斗星通、启明信息、四维图新、合众思壮等。

二 深圳证券交易所创业板发展情况

2010年10月25日，支持高速成长企业进一步快速发展的创业板顺利诞生。创业板的推出标志着中国资本市场的发展进入了一个新的里程。一年多以来，创业板实现了顺利起步、平稳运行、交易活跃的目标，在落实自主创新国家战略、促进发展方式转变方面的效应初显。

截至2011年6月25日，已有234家公司成功登陆创业板舞台，这百余家创业板公司在资本市场上掀起了不小的波澜。据统计，创业板已上市公司总股本超过200亿股，共募集资金净额超过1000亿元。一年多以来，在扩大主营业务生产规模的同时，超过20家创业板公司进行了行业并购，收购同行业及上下游产业链的企业，涉及金额数十亿元。可见，创业板的诞生也为原本上市融资无望的公司提供了作为空间。从长期战略价值来看，创业板的推出不仅适应了市场形势变化和市场发展的要求，而且充分发挥了资本市场对高科技、高成长等创业企业

的"助推器"和"孵化器"功能，是促进经济平稳较快发展的重要举措。

作为扶持高速成长企业的重要平台，创业板自诞生以来就是地理信息企业理想的上市板块。自2009年10月25日创业板创立以来，一年多的时间里，先后有7家地理信息企业在创业板挂牌上市，包括数字政通、银江股份、超图软件、华力创通、国腾电子、天泽信息、易华录等优质企业。

三 北京数字政通科技股份有限公司上市历程

（一）北京数字政通科技股份有限公司上市前基本情况

北京数字政通科技股份有限公司是拥有多项自主知识产权的软件企业和高新技术企业，专业从事基于GIS应用的电子政务平台（包括数字化城市管理、国土资源管理和规划管理等）的开发和推广工作，为政府部门提供GIS、MIS、OA一体化的电子政务解决方案，并为政府提供各个部门间基于数据共享的协同工作平台。在数字化城市管理领域，数字政通占有50%以上的市场份额，是业内的龙头企业。

1. 数字政通在业务发展方面的情况

2005～2009年，地理信息技术在数字化城市管理领域得到了充分运用，数字化城市管理市场得到了飞速发展。在数字化城市管理市场蓬勃发展的环境中，数字政通的数字城管业务也得到了飞速发展。2007年，数字政通承接的数字化城市管理系统项目为13个；到2009年，数字政通承接的数字化城市管理系统项目增加至31个。每年所承接的数字城管项目实现了翻番增长。

2. 数字政通在研发方面的情况

作为软件公司，数字政通一直致力于公司基础技术研发和产品研发，以保证公司的基础技术和产品具有行业先进性，引领行业发展方向。以地理信息与无线通信一体化应用集成技术、组件式电子政务系统构建和零代码维护技术、空间数据发布系统技术和嵌入式地图引擎系统技术等核心技术为基础，数字政通每年在研发方面的投入逐步加大。2007年，数字政通的研发投入为500多万元，到2009年，公司的研发投入已经超过990万元。持续的技术研发投入成为公司业务持续发展的保证。

3. 数字政通的业绩表现

在飞速发展的市场环境下，在持续稳定的研发投入下，在扎实可靠的市场开拓下，公司的业绩也如数字城管市场一样保持持续增长的势头。2007年，数字政通的销售收入为4237.08万元，到2009年，数字政通的销售收入激增至7218.12万元，销售收入增长速度超过70%。2007年，数字政通的净利润为1949.83万元，到2009年，净利润已经超过4000万元，净利润的增长速度更是超过100%。

（二）北京数字政通科技股份有限公司的上市经验

以数字政通为例，笔者认为地理信息企业的上市经验有如下几个方面。

1. 以飞速发展的业绩为基础

创业板对其上市公司的业绩水平要求较低，但是要求公司具有快速发展的潜力。所以，飞速发展的业绩是公司上市的重要基础。

2. 以规范的公司治理为保障

作为创业型公司，出于公司管理规模和业务类型的原因，公司在公司治理、公司制度等方面必然存在一些问题。作为一个拟上市公司，公司管理层必须改变原有的管理理念和管理方式，通过制定科学完备的制度和规范公司内部控制流程来形成科学合理的管理模式。只有在规范的公司治理下，公司管理水平才能符合未来高速发展的需要，规避由于管理水平不足而产生的各类风险。以数字政通为例，公司在上市以前制定了《股东大会议事规则》、《董事会议事规则》、《监事会议事规则》、《总裁工作细则》等一系列现代企业制度所要求的公司治理制度。所以，公司要在制度和内部控制方面进行完善，从而符合上市公司的要求。

3. 以科学合理的募集资金规划为方向

上市不是一个公司发展的终点，而应该是公司进一步发展的起点。如何运用好募集资金，如何将募集资金的效用发挥至最大，让募集资金充分促进公司的发展，是摆在每一个拟上市公司面前的重要课题。数字政通通过合理规划、谨慎决策，制定了"新一代"数字城管系统项目、数字社区管理与服务系统项目、专业网格化系统项目和金土工程"一张图"监管系统研发项目。所以，作为一个拟上市公司，一定要在募集资金项目方面进行充分认证，以保证公司的募集资金投资项目符合公司的发展方向。

（三）北京数字政通科技股份有限公司上市后发展情况介绍

自 2010 年 4 月 27 日，数字政通成功在创业板挂牌上市，募得资金 7.56 亿元人民币以来，公司充分利用募集资金，加大研发和市场方面的投入，并进入数据普查、信息采集等新的业务领域，进一步提高了公司的可持续赢利能力。

1. 经营业绩持续增长为数字政通的发展提供保障

数字政通上市以后，由于知名度的增加和客户认可度的提高，经营业绩继续保持持续增长的势头。2010 年度，数字政通实现销售收入 95741632.41 元，比上年同比增长 32.64%；实现营业利润 45715409.23 元，比上年同比增长 25.43%；实现净利润 51424745.57 元，比上年同比增长 24.66%。数字政通经营业绩的增长主要得力于业务领域及业务范围的快速增长所带来的订单数量的增加。2010 年，数字政通获得订单总计 135310318 元，比上年同比增长 50.36%。

2. 进入新业务领域为数字政通的未来发展奠定基础

2010 年，数字政通新增了数据普查和信息采集方面的技术服务业务。在数据普查方面，数字政通自主研发了数据普查车等移动测量设备。利用移动测量设备，数字政通可在数字化城市管理系统建设初期为客户提供系统所需的部件普查工作，并在系统运行中为客户提供部件普查更新服务。该服务的提供，可以极大地提高数字化城市管理建设的效率和质量，得到了广大客户的一致认可。2010 年，数字政通已为鄂尔多斯东胜区、四川自贡市、淄博高新区、天津开发区等多个地区提供数据普查服务。在信息采集方面，数字政通为客户提供信息采集服务。该服务可大幅度提高数字化城市管理系统运行过程中的信息采集员工作效率，极大地降低数字化城市管理系统的运行成本，契合多地客户提出的建立"节约型数字化城市管理"的要求。2010 年，数字政通为保定市、天津保税区、天津和平区、贵阳市等多个地区提供信息采集服务。技术服务业务的增长，可以在为数字政通提供持续稳定的现金流的同时，进一步提高数字政通的可持续赢利能力。

3. 募集资金的使用为数字政通持续加大研发投入提供了支持

数字政通上市以后为募集资金开立了专项账户。在募集资金的使用上，数字政通一方面根据募集资金使用计划，合理安排募集资金的投入，尤其是在研发方面的投入；另一方面，根据目前公司的新业务发展情况以及新业务发展需要，制订了超募资金使用计划。

（1）计划内募集资金使用情况

2010年，数字政通在研发方面的投入达到1922.08万元，比2009年增长了100%以上。其中，募集资金用于研发的投入就超过980万元。截至目前，四项计划内募集资金投资项目都在按计划进行，其中，多个项目已经取得了阶段性成果。预计四项计划内募集资金投资项目将在2011年末完成。计划内募集资金投资项目的完成，代表着公司的多个软件产品将进行大规模的改造，从而保证公司的软件产品能满足各地客户的需要。

（2）超募资金的募集资金投资项目情况

2011年4月，数字政通使用超募资金中的4627.72万元用于基于Ladybug3的车载激光扫描系统研制、集成和应用项目。该项目能提供完备的数据生产软件，利用这些软件可便捷地对采集数据进行调优、标定、关联、截图等操作。在业务操作中随处可调阅实景三维影像数据，在浏览实景三维影像数据时也能及时查看相关联的案卷信息、部件信息、标注信息等，很好地满足客户对数字化城市管理更高层次的需求，增强数字政通的市场竞争力，为数字政通业务的可持续发展提供动力。

该项目完成后，项目成果不仅能应用在数字化城市管理领域上，还能在不需要任何改进的条件下应用于农业、交通、房地产等行业的数据采集，从而为数字政通业务领域的拓宽打下了坚实基础。

四　上市给地理信息企业带来的好处

目前，资本市场向大量快速发展的中小企业打开了大门，尤其是创业板的设立，为地理信息企业建造了一个高速发展的平台。为此，很多企业都希望通过自身的努力成为一家上市公司。上市给企业带来的好处主要体现在以下几个方面。

（一）丰富融资渠道，增强融资信誉

作为中小企业，融资渠道单一一直是难以解决的问题。尤其在今年，在银根紧缩的宏观经济政策影响下，融资难更是摆在中小企业面前的难题。如果企业成为一家上市公司，通过发行股票即可获得企业发展所需要的资金，从而保证公司

发展不会受到资金瓶颈的限制。若公司在未来的发展中有进一步的资金需求,则可以通过增发股票来获得资金。所以,上市公司通过资本市场可以获得稳定的资金来源。另外,公司在获得雄厚资金以后,其融资信誉会大大提高。公司可凭借雄厚的资产和融资信誉获得银行等金融机构的认可,从而获得银行贷款等更多的资金支持。

(二)规范企业运营,增加企业透明度

为了规范上市公司的运作管理水平,规避上市公司因经营不规范所导致的风险,中国证监会、证券交易所以及各地的证券监管部门制定了《上市公司治理规则》、《上市公司股东大会规则》、《上市公司章程指引》等规范企业运营、提高企业治理水平的法律、法规和相关规章制度。同时,各类监管部门通过辅导、培训、现场检查等手段促进上市公司规范自身运作、提高上市公司治理水平。通过各方面的监督指导,上市公司可建立科学规范的公司治理结构和完善的内部控制制度,为公司健康持续发展奠定坚实的内部基础。

作为公众公司,上市公司必须对公众有较强的透明度。公司不仅要将公司发展情况通过公告方式及时进行披露发布,而且要积极与各类投资者沟通,使投资者能充分了解公司的发展状况。为此,中国证监会、证券交易所等部门发布了《上市公司信息披露管理办法》等制度,规范上市公司的信息披露工作,提高上市公司的信息披露水平。

(三)吸引优秀人才,增加人才储备

公司上市以后,公司股票成为可以公允定价的金融工具。因此,公司可以通过股票期权、限制性股票等多种金融工具对员工和管理层进行激励。股权激励的实施,不仅可以为公司吸引更多的优秀人才,更可以提高公司员工的工作积极性,增强公司发展的后劲。截至目前,包括北斗星通、超图软件、华力创通在内的多家地理信息企业已经实施了股权激励计划,获得了较好的效果。

五 结论

随着中小板和创业板市场的顺利发展,已经有多家地理信息企业登陆中国资

本市场。这些地理信息企业得到了资本市场的认可，获得了企业未来发展所需的资金、人才等资源，它们必将踏上高速发展的快车道。同样，由于已经上市的地理信息企业的良好表现，中国资本市场将继续看好地理信息行业。

随着地理信息行业的飞速发展，在不远的将来，必将有一批新的地理信息企业登陆中国资本市场。这些地理信息行业的上市公司从快速发展的地理信息行业中获得收益的同时，也将借助资本市场的力量进一步推动地理信息行业的发展壮大。

B V 企业管理篇
Enterprise Management

B.20
试论地理信息企业的营销与管理

杨震澎*

摘　要： 作为地理信息产业的主力军，企业在推动产业发展中发挥了很好的促进作用。本文分析了地理信息企业的特点，分析了如何做好地理信息企业的经营与管理。

关键词： 地理信息产业　企业　特点　经营与管理

一　企业必将成为地理信息产业的主力军

地理信息产业的发展，呈现增长快、变化快、普及快的特点，随着需求的增长和应用的广泛，地理信息服务将无处不在，从早年高校、研究所的探索到后来事业单位的实施，再到企业的专业化、普遍性的服务，是一个必然的过程，今后

---

* 杨震澎，南方测绘集团常务副总经理。

一定朝着以企业为主体的服务模式发展。因此，要推动地理信息产业的发展，除了政府要主导、推进和扶持外，更重要的是要有一大批专业化、有品牌、有实力的地理信息企业崛起，真正能担负起无处不在的地理信息服务和建设任务。为此，很有必要探索一下地理信息企业做大做强的路径和办法。本文初步讨论了目前企业普遍头疼的营销与管理问题。只要这两个问题解决好，就可以确保企业持续稳定地发展。否则，企业就会难以突破，永远处在长不大的状态。

二 当前地理信息企业呈现的特点

地理信息产业虽然呈快速增长势头，前景非常看好，但毕竟也是近年才进入到实质性的应用阶段，大多企业都属于新成长的企业，整个产业还比较稚嫩，地理信息企业存在着以下几个特点。

1. 规模小

地理信息企业普遍的状况是规模小。地理信息行业最大的企业也不过十几个亿（南方测绘集团有近 20 亿，但大部分是硬件产品），其他如四维图新只有 6 个亿左右，超图 2 个亿左右，这些都已属于行业翘楚。大多数企业的资本都少于 1 亿元，甚至只有二三千万，人数最多的 2000 多人，少的仅三五人。

2. 专业强

大多数企业都有自己的专长，或者有自己的擅长领域和区域，建立起自己的核心竞争壁垒，要么是技术的，要么是行业的，要么是地域的，总有自己的"领地"。比如超图与中地靠 GIS 平台、东方道迩专注遥感数据处理、数字政通依附于城市管理、广州海维精耕于广州国土市场等。

3. 细分高

地理信息企业属于 IT 软件业中的信息业范畴，其本身已经是一个很窄的细分行业，具体到行业中，按照产业链的分工还细分了很多领域，比如遥感航空数据处理、基础地理信息数据采集、平台软件开发、系统建设、电子导航民用等。

4. 成长快

很多企业做起来就是几年工夫，增长率往往在 50% 以上，大有异军突起的迹象，比如南方数码、苍穹测绘、东方道迩、数字政通等，都是行业内发展迅猛的代表。人数也是迅速扩张，从几百人到一两千人，业绩很快就迈过亿元大关，

成为资本市场追捧的对象。

5. 手尾长

由于地理信息的应用尚属初期，大家的认识还不够，或者由于缺乏心目中的标准，加上开发人员波动大、企业实力不够等，项目往往手尾很长，经常会双方不满意，矛盾重重，两败俱伤。

6. 风险高

尽管机会多、发展快、前景好，但是由于积累少、经验欠缺、人员流动大，加上发展初期产业需求不稳定，因此企业都很脆弱，业绩一旦接续不上，或者主要项目完成时间过长，就很容易陷入财务危机，然后几个关键骨干一流失，这个企业就会急转直下，甚至毁于一旦，这样的例子比比皆是。

三 地理信息企业的营销策略

当企业规模较小、尚未形成很好的品牌时，企业的营销显得尤为重要，这也成为很多企业扩张的法宝。当然营销是贯穿企业经营始终的环节，而且不同阶段有不同的营销策略，这里只介绍常规的思路和方法。

1. 明确定位

是什么、要干什么、能干什么，这是公司在开办之初就要明确的，而且要很清晰地让人知道公司是干什么的、能提供什么服务，这些最好能用最简洁的语言表达出来。比如高德公司的"数字地图内容、导航和位置服务解决方案提供商"，南方数码的"打造中国最大的数字城市'建筑商'"。

2. 重视研发

地理信息是专业性很强的领域，既要有软件开发的能力，更要有地理信息的专业背景，还要熟悉行业的要求，难度较大，要求很高，加上是新兴应用行业，客户还不成熟，因此对研发的要求格外高，既要有水平，也要够人力，还要有耐心，只有这样才能满足客户的需要。哪个公司不重视研发，哪个公司就会寸步难行。这是地理信息领域的营销跟其他领域有很大区别的地方，只有研发做好了，产品稳定了，服务跟上了，公司的营销手段才会发挥作用，否则就适得其反。

3. 由近到远

当做好技术的准备后，就可以去开拓业务。这时，建议不要那么急于贪大求洋，而是量力而行，先就近做起，或者从熟悉的领域做起，这样可以尽可能降低风险。

地理信息应用需要就近服务，实时响应，如果实力不够却又舍近求远，长距离的奔波，反复的差旅，会把公司拖垮，也很难让甲方满意，公司的员工也受不了。因此，最好就在公司所在的城市或省份做起，做好一单是一单，再慢慢扩张，口碑相传是最好的，开始不要急于求成。

4. 注重案例

地理信息业务大多数是项目，往往跟一个单位的业务流程和管理模式结合在一起，项目的成败对一个单位的影响是很大的，而且一般项目都不小，几十万元到过千万元不等，加上软件系统和地理信息不像产品，不是看得见、摸得着、成形的东西，因此，甲方都很谨慎，在上项目以前，都会很注重考察，尤其关注已经建成或做过的案例，有案例，说一顶十，没有则难以信任。因此，地理信息企业一定要注重案例的积累，做好一些样板工程，接下来就好做了，而且样板做好了，别人会替公司传播，起到自己宣传所起不到的效果。

5. 善于公关

地理信息营销的一个特点就是关系营销。尽管公司很有实力，产品服务都不错，但是，如果不善于做好关系营销，就仍然难以得到机会。合作的基础是了解，只有与客户的关系做到位了，客户对公司有了了解，才会与之合作。这点在地理信息业务中尤为明显，特别是大多数项目都是政府部门的，竞争者较多，往往也很难判断谁好谁差，因此经常是谁的关系好，谁的公关做得到位，谁的机会就大。企业的老总主管们往往要花很大的精力来做关系，这是不得已而为之的事。

6. 亮相展会

地理信息行业的展会比较多，这是企业展示实力的机会，因此还是要有选择地参加，对于公司的重点领域，若遇上对口的展会，就要下更大的工夫，比如展台要大一些，甚至要搞特装，投入的人力多一些，资料准备充足些。也许这样做不会有立竿见影的效果，但公司的影响就是靠一次次的积累而来的，准确来说也是用钱堆出来的。这是一种投入，也是一场面对面的较劲，观众凭一种感觉就能从表面大致判断孰强孰弱。

7. 持续宣传

对于企业，除了做足前面所说的外，还要注重宣传，而且是持续的宣传。一是相关的报纸或杂志，甚至网站，要舍得做广告，不做肯定不行，做了也未必有效果，现在的市场竞争就是这样的，要保持你的出现率，人们才会记住你。强烈建议自办刊物，报纸杂志都行，但要办得有水准，否则人们不爱看，而且要坚持不懈办下去，免费赠给客户和相关领导。在这方面南方测绘可谓尝足了甜头。南方测绘的一报一刊在业界是闻名的，深受好评，人们认识它往往从报刊开始，现在它旗下的南方数码公司也办起了杂志《南方数码》，同样起到很不错的效果。

8. 召开会议

地理信息领域专业性较强，需要沟通和了解，因此召开产品发布会或研讨会，把客户请过来，听有关介绍，体验系统，进行面对面的交流，是非常必要的，这样一方面客户可以知道公司的新成果、新进展，另一方面公司也可以知道客户的需求，有针对性地开发产品。有时还可以展开一对一的产品沟通会，就是针对一个单位的相关领导和技术人员，进行单独的沟通交流，那会起到更好的效果。

9. 建立网络

当公司的实力允许的时候，就要考虑在公司所在的区域外设立分支机构，如办事处、分公司、子公司等，总之，要在业务较多的地方设立机构，以便于就近服务和沟通，及时响应客户的需要。这在地理信息行业尤其重要，因为很多基层客户的技术比较薄弱，服务、修改、培训是经常性的工作。如果每次路途遥远，则很不现实，无法实现及时服务。服务网络的疏密，决定了公司业务的大小，缺乏营销网络的企业是很难做大的，客户也是很难信赖的。

10. 上门营销

如前所述，关系营销在所难免。为了做好关系，对每个客户都应该有服务和联络，而且要主动上门，保持经常的沟通，公司跟客户的关系才维系得久。南方测绘在这个方面也是做得很好的，它有遍及全国的网络，有上千的营销和服务队伍，从而和客户保持着良好关系，同时及时掌握客户信息，随时做好服务，因此业务开展得得心应手，做什么都能做起来，这是他们的制胜秘籍。

四 地理信息企业的管理方法

地理信息产业的特点决定了地理信息企业很难管理，因为对人的要求高，无论开发还是服务，抑或营销，都有很高的要求。特别是如果公司想做大，就要扩张，地域广，人数多，需求杂，怎么来凝聚员工，并且能稳定地为公司服务，成为众多老总或老板头疼的事情。

特别是近年来地理信息热潮兴起，引来各行各业的关注和参与，使得本来就缺乏的地理信息人才更加紧俏，以致出现招人难、留人难、用人难的状况，这一问题困扰着每个企业，严重制约了企业的发展。

为此，有必要对地理信息企业的管理作一探讨，否则如企业不能做大做强，中国的地理信息产业就不能做大做强，承担不起地理信息产业发展的重任。

1. 放飞梦想

也许企业暂时还不大，但要有志气、有理想，甚至要敢于有自己的梦想，只有志向高远，企业才可以走得更远，也才可以吸引更多人才，否则就仅仅是做一点生意，而不是做一份事业。不仅要有事业，而且还要让人觉得公司的事业是很有意义的，甚至是有使命感的，真正有才华、有抱负的人才才愿意跟公司合作，共同做大这个有意义的事业。

地理信息产业是新兴产业、朝阳产业，会催生多少梦想、成就多少人的抱负？这一事业是令人充满期待的，令人激动和兴奋的，值得大家去追梦、去奋斗。

2. 以人为本

以人为本体现在尊重人、信任人，平等相处、尊重为怀，做好了得到肯定，做砸了受到鼓励，永远的激励、赞扬，让一个人的潜能充分地发挥出来，这就是以人为本的本质。这个理念和理念的执行，是一个企业凝聚力的基础，有了这个理念，公司将会得到无穷的动力。

3. 文化熏陶

企业文化在现代企业管理中是不可缺失的一环，这在地理信息企业尤为重要。因为要令人员素质高，在精神层面上有更高的追求，就需要营造一个环境，一个宽松和谐、团结奋进的环境，一个适于大家共处、一起干事业的环境，一个充满文化气息、处处洋溢快乐的环境，做到这一点，企业就会像有一个磁场，牢

牢地把大家吸引住。

这就对企业的领导者提出了很高的要求，无论个人情操、思想境界，还是文化底蕴，都要比较出众，然后率先垂范，以身作则，这样才能带动核心层，良好氛围才可能造就，大家才会追随。当一个文化氛围形成以后，后来者就会在其中慢慢得到熏陶，潜移默化，近朱者赤，久而久之，企业的群体就有一种类似的文化气息，大家有共同的追求、共同的理念、共同的文化，从而形成合力，勇往直前，所向披靡。

南方测绘在这个方面也做了很好的尝试，取得了非常明显的效果，成为测绘与地理信息行业大家学习的榜样，吸引了 4000 多人共同奋斗，无论是测绘仪器、卫星导航产品，还是涉足不久的地理信息服务业，都做得有声有色，成为行业强者。

4. 建立制度

虽然一般地理信息企业不是很大，但也要尽早建立和完善各类制度，尽可能用制度管人，这样才能让企业管理有序，诸事有章可循。地理信息人才比较讲规矩，管理者言行有理有据，他们就会比较服气，最忌讳朝令夕改、言而无信，更不应专横独断、一人独大；管理模式应趋向扁平化，在一种平等的、有规则的情况下，大家才容易相处得和谐。

为此，需要花些心思制定一些大家基本认同的制度，然后就按照制度来执行，并不断地修改和完善，使其慢慢地成为员工的习惯，最后变成一种文化。这些制度包括员工的基本行为规范、薪酬制度、项目实施流程、财务制度等，不同的阶段需要配套相应的制度。

5. 合理薪酬

应该清醒地认识到，现在地理信息产业处在迅速发展时期，人才总是稀缺的，因此在薪酬体系设计上要跟上，否则制度文化再好，也难以吸引需要的人才。薪酬设计的基本原则就是个人价值体现、按贡献给报酬。

薪酬讲究"门当户对"，大致上是什么样的薪酬就有什么样的人才，如果想要好些的人才，那么薪酬标准就要相应高些，相信每一位经营者都明白这个道理。不能抱怨老招不到好的人才，也不要埋怨人才总不好用，首先要先检讨一下薪酬制度是否已跟上发展，是否能满足员工的基本需求。近年来地理信息专业人才走俏，薪酬见涨，总体来说不好招人，更别提开发人才。

在一个企业中，薪酬制度一般都会向研发和销售人员倾斜，因为这两个岗位是公司的关键，因此设计的时候要重点考虑。对于研发人员，一般应采用高底薪加奖金的模式，既承认他的价值，也要考虑绩效；对于销售人员，则宜采取低底薪高提成的办法，有效激励每个人挖掘自身潜能。

6. 注重培训

地理信息企业难免人才流失率比较高，因此除了尽力去留人外，还要形成很好的人才复制办法，而培训就是很好的人才复制途径。因此，作为有一定规模的公司，一定要将培训作为管理的重要内容来抓，尤其是新员工培训。

也许公司总处在救火状态，似乎没法抽出时间来培训，但这样公司就永远处在人才紧缺状态，总是人不够用。其实，培训的环节是不可忽略的，所谓磨刀不误砍柴工，否则就会事倍功半。而且培训的过程也是企业文化的灌输过程，对培养新员工的认同感会起到很好的作用，也会加强公司的凝聚力，一举多得。

南方数码公司就很注重培训，新人一进来就要参加为时一个来月的"黄埔新人"培训，这样一方面可以缩短适应周期，另一方面可以增强认同感，凭此可以源源不断地招收新的毕业生。该公司近年扩张很快，就是因为找到了复制人才的办法。

7. 以身作则

以身作则是人人都懂的原则，却没几个主管或经理能做好。在这个方面下属如有微词，就是因为主管、经理说得很好，做得一般，甚至糟糕。

IT企业员工往往比较内敛，说得不多，却人人都聪明，他们往往会看在眼里，明在心里，因此如果老总或经理言行不一，那么威信就建立不起来，信任感也大打折扣，这样的团队一定没有战斗力。因此，为了公司的发展，为了员工的认可，领导必须起到表率作用，既关心下属，又冲锋在前，在企业文化方面垂范于人，这样团队才有可能战无不胜。

五 结语

一个地理信息公司，如果既有明确的战略定位和远大的理想，又有良好的文化和完善的制度，并且精于培训，擅长育人，懂得重点抓研发和销售，在各地拥有自己的销售服务网络，还和客户保持良好关系，又怎能不优秀呢？它一定可以在市场中立稳脚跟，持续发展。

B.21
推动移动互联网位置服务
发展地理信息新型服务业态

成从武*

摘　要： 移动互联网位置服务已成为地理信息新型服务业态。本文分析了移动互联网位置应用的前景，介绍了北京高德软件有限公司在该领域的服务实例。

关键词： 移动互联网　位置服务　地理信息　新型业态

一　引言

温家宝总理在十一届全国人大四次会议上所作的政府工作报告中，明确提出要积极发展地理信息等新型服务业态，为我国地理信息产业发展指明了新的方向。在地理信息新型服务业态中，位置服务（LBS）是其最本质、最主要的形式之一。2009年以来，伴随着3G网络在中国的全面铺开和智能手机的迅速普及，移动互联网开始蓬勃兴起。中国的位置服务产业由此进入了新一轮的成长期。

赛迪顾问研究数据显示，2009年中国位置服务用户规模达1650万，市场收入为23.2亿元人民币。截至2010年上半年，用户规模迅速扩充至2480万，半年的业务收入即达19.3亿元人民币。著名咨询机构易观国际在其分析报告中也指出，随着移动互联网的发展，移动互联网用户将会对移动互联网的应用及内容提出越来越高的要求，特别是将会体现在区别于互联网端的特色应用内容上。位置服务作为移动互联网的特色应用，可以整合各类原有的网络应用，在移动端焕

---

* 成从武，高德软件有限公司首席执行官。

发新的活力。位置服务先天的链接"网上网下"的"节点"作用，更可以进一步丰富原有网络内容的赢利模式。基于以上两方面原因，位置服务将会在移动互联网的未来发展过程中处在越来越重要的地位，并逐渐成为移动互联网的一种基础应用。

因此，推进移动互联网位置服务，对于加速地理信息产业发展、贯彻落实党和国家关于积极发展地理信息新型服务业态的指示精神，具有重要的现实意义。

二 移动互联网位置应用

2010 年，海外兴起的移动互联网位置应用 Foursqure 迅速传入国内。几乎是一夜之间，包括街旁网、嘀咕网、玩转四方、冒泡网等一大批"check-in"（签到）模式的创业公司在中国兴起，位置应用开始被最广大的中国手机用户所认知。然而，就在众多大型网站纷纷进入位置服务领域掘金之时，如何才能超越单一的"签到"功能，真正形成清晰的商业模式，却已经成为难以逾越的一道门槛。

2011 年 4 月的全球移动互联网大会上，众多业内专家在"中国位置服务的商业模式"论坛上进行了深入探讨，认为目前中国的位置服务市场虽然发展迅猛，但尚处于一个高级的培育期，瓶颈仍未突破，其局限也被业界同行清楚认知。那么中国位置服务厂商的发展之路在何方？毫无疑问，只有技术创新才是中国位置服务平台的真正发展动力，"位置服务 + Web 2.0"是未来的商业模式。如何将这个商业模式成功落地，将模糊的商业模式转化为现实，切实解决用户生活中遇到的问题？这就需要核心技术创新的强力支撑。

高德软件自 2002 年成立以来，充分把握了高速成长的导航及位置服务的市场机遇。通过近 9 年的投资和积累，高德已建立起覆盖全国的优质导航电子地图数据库，掌握了全面、精准、深入的数据采集手段，拥有自主知识产权的开发平台，并在此基础上生成了广泛、准确、及时的地理信息和深度数据内容。

作为国内领先的数字地图内容、导航和位置服务解决方案提供商，高德早在 2007 年就开始部署移动互联网位置服务体系的建设，并于 2008 年 1 月发布了首个基于移动互联网的免费手机地图产品"迷你地图"（MiniMap）。"迷你地图"一经推出便广受用户欢迎，并获得了包括"裴秀奖"、"移动互联网影响力应用"

等在内的一系列荣誉。2009年，高德软件开始着手建设面向位置应用、数据生产和产品服务一体化的地图云服务平台，为移动互联网位置服务奠定了强有力的后台支持和服务保障。每天，仅通过互联网和无线平台提供的在线地图服务，用户对高德地图数据的调用量就已超过3亿次。

正是高德长期以来的不断创新、持续的核心技术积累和服务体系建设，使得高德在移动互联网时代到来之时，能够借助其他位置服务厂商所无法具备的核心技术实力，在移动互联网位置服务领域发挥不可替代的核心作用，创造出切实可行的商业模式，成为推进移动互联网位置服务、发展地理信息新型服务业态的先锋。

2011年上半年，高德实施了两个重大举措，为推进移动互联网位置服务、发展地理信息新型服务业态作出了实实在在的贡献。

三　搭建"迷你地图"平台

高德以"迷你地图"为平台，打造了一个全新的"移动生活位置服务门户"，以先行者的姿态为移动互联网位置服务的发展和商业模式的创新树立了典范，并由此带动了各周边行业的互利多赢和共同发展。"迷你地图"经过三年多的发展，到2011年初已达到1500万的用户规模，并以每个月近150万新增用户的速度快速增长。正是看到了移动用户对手机地图产品的强劲需求，高德软件决心将"迷你地图"由以前的纯工具型产品升级改版，打造成一个综合性的移动生活位置服务门户，并将其更名为"高德地图"，于2011年5月17日正式在京发布。

"高德地图"基于高德在地图数据领域全面领先的优势，以及在地图渲染、定位和搜索引擎方面多年的强大技术积累，将免费在线导航、位置服务交友系统、多种垂直生活服务频道、位置广告系统等充分整合，打造出了全新的"移动生活位置服务门户"。它将与人们衣食住行等有关的各种动态、静态信息，以位置为纽带，整合入地图，并和第三方内容及服务提供商合作，将各类生活服务、电子商务融合其中，最终一站式解决用户在移动生活中的种种需求，为国内移动用户提供了生活消费指南及位置交友服务，也为破解国内位置服务行业发展瓶颈提供了清晰的路径。据有关人士推测，全新改版后的高德地图通过实时交通

推动移动互联网位置服务　发展地理信息新型服务业态

路况、在线导航和第三方生活服务资源整合等增值服务，将大大提高用户的使用价值，用户数将持续高速增长，预计到 2011 年底高德地图的用户总数量将达到 2500 万以上。

与此同时，高德软件旗下的另一移动互联网领域的杀手级产品、手机专业导航软件——"高德导航"，也推出 iPhone 和 Android 公众版两个版本，并适应移动互联网的发展，及时推出了在线 POI 搜索、分城市下载地图数据等多种在线数据服务。

高德通过长期探索认识到，在移动互联网时代，要将传统地图打造成"活"地图：内容要"活"，整合各种动态信息；信息要生"活"化，为精彩生活服务；用户要"活"跃在地图中寻找信息、交友等。位置即生活，位置服务的根本就是为精彩生活提供服务。高德地图将成为移动生活门户媒体，本地商家的营销利器，移动用户的生活指南。未来，高德地图将占领更多的智能终端，发展出海量用户，并由此创立崭新的商务模式。

四　融合企业发展文化

高德在努力发展自有品牌的移动互联网位置服务产品的同时，也没有忘记带动地理信息产业和周边产业共同发展，更没有忘记作为一个在党和国家改革开放政策支持下成长起来的民营地理信息企业所应该承担的神圣职责。为此，高德以开放的胸怀，通过 API（应用程序接口）的形式，使得地理信息产业、周边产业以及广大的个人开发者能够分享高德丰富的地图技术和内容积累，促进地理信息新型服务业态更大规模的发展。

高德 MapABC 互联网地图 API 和手机地图 API 是一组基于云的地图服务，通过互联网、移动互联网向桌面和移动终端用户提供丰富的地图服务功能，如地图显示、标注、POI 查询、路径计算、公交查询、地理编码、逆地理编码等；还支持基于云的地图数据处理、地图数据存储、用户数据存储等服务。基于 MapABC 云地图服务，用户无须考虑系统维护，无须购买地图数据，便可以结合业务需求快速构建地图应用，大大降低地图服务的使用成本。目前，新浪、腾讯、京东商城、赶集网、拉手网、搜房网等 3 万多家知名网站都一致调用 MapABC 互联网地图 API 来支持其互联网地图位置业务。

为了鼓励广大位置服务开发者通过调用高德 MapABC 地图 API，开发出立意新颖、专业易用、价值出众、市场认可的位置服务应用，发现位置服务应用的创新人才及项目，为广大用户提供便捷、实用的位置服务，促进中国位置服务领域的创新变革，在国家测绘地理信息局的直接关怀下，2011 年 5 月 18 日，"高德杯"中国位置应用大赛（"AutoNavi"2011 China 位置服务 Challenge）在北京正式拉开帷幕。"高德杯"中国位置应用大赛以"位置助力幸福，应用成就梦想"为主题，由中国地理信息系统协会主办，高德软件有限公司承办，同时还得到了国家测绘地理信息局、中国 GPS 协会、中国互联网协会、国家遥感中心、红杉资本、联想投资、中国移动集团卓望控股有限公司、中小企业全国理事会、全国手机媒体传播委员会、中国移动互联网产业联盟等单位的指导和支持。

五　结语

未来，高德将紧紧抓住移动互联网为位置服务产业带来的巨大机遇，依托在汽车导航市场取得的领先地位，建设以"地图云服务"平台为核心的"四屏一云"战略业务构架，强势进军大众应用和服务市场，努力实现建立"移动生活位置服务门户"的战略，为中国地理信息产业的发展增添新的光彩。

B.22 中国GIS企业的变革之道
——以武大吉奥为例

刘奕夫*

摘　要： 武大吉奥信息技术有限公司是我国地理信息民营企业的典型代表，本文介绍了该公司成长、发展、变革的经历。

关键词： 基础平台　地理信息　企业变革

一　引言

从古老的地理学发展到现代的地理信息技术，随着移动技术、云计算、系统集成和物联网这四大技术的兴起和发展，地理信息技术早已不再局限于"地理"或是"测绘"，地理空间思维更是不断影响和改变着人们的生产、生活和工作方式。在中国的地理信息技术与产业历经30年的发展后，以GIS技术为关键的地理信息产业正以迅猛的姿态高速发展，逐渐渗透到国民经济的各个领域，势不可当。

2011年是"十二五"开局之年，温家宝总理在十一届全国人大四次会议上所作的政府工作报告中，首次提出要积极发展地理信息新型服务业态。"天地图"的正式上线，无疑成为了中国地理信息服务一道光芒耀眼的献礼。"天地图"建设作为测绘地理信息部门的"天字号"工程，与数字城市建设、地理国情监测工作、国家地理信息科技产业园建设共同构成了测绘地理信息部门的"3+1"工程，对于推动我国测绘地理信息成果应用、促进地理信息产业集聚发展有着积极而重

---

* 刘奕夫，武大吉奥信息技术有限公司总经理。

大的意义。

作为国内主要的地理信息服务提供商之一，武大吉奥信息技术有限公司参与了国家测绘地理信息局主导的"天地图"建设。参与如此重大的国家级项目，对于武大吉奥绝非偶然。作为地理信息产业大军中的一支生力军，武大吉奥的发展之路，几乎与中国地理信息技术与产业发展的历史同步。怀揣发展"民族软件"的理想起步，求生存、谋发展，在"快速获取企业利益"与"坚持投入自主创新"的冲突中，"科研成果转化"与"市场需求第一"的角力中，武大吉奥历经了艰难的寻求和突破，最终把握机会锐意改革，从而成就了今天的武大吉奥——肩负使命感，战略目标清晰，具备核心竞争力，高品质管理的现代GIS企业。

二　发展之途

对于企业的生命周期，每一个十年都意味着一个新的开始和新的阶段。成立于1999年的武大吉奥，是武汉大学科技成果转化企业。从最早的十几个人、几套桌椅、几台电脑到今天能够提供"空间数据快速获取与生产、集成管理与更新、共享服务与应用"的完整服务链，员工人数接近400人，武大吉奥经历了新生、成长的阶段，并在第二个十年开始之前，抓住机会，引入民营资本，锐意改革，为今后的长足发展奠定了良好的基础。

（一）新生：民族软件，时不我待

20世纪80年代末90年代初，当国外GIS软件垄断着国内GIS市场的时候，有一个人敏锐地意识到并提出："中国人要用自己的软件来分析自己的地理信息数据！"他就是国际测绘界的杰出科学家、湖北省唯一的两院院士、"武汉·中国光谷"首席科学家、武汉大学教授、武大吉奥公司创始人李德仁。进口GIS软件一度占据主角，这种局面不改变，国家的信息安全难以保障，这位有着强烈爱国热情的科学工作者，决心为打破国外软件一统天下的局面而呼吁奔走。

1988年，李德仁院士与他的博士生龚健雅，结合信息时代发展的新动向，开始了面向对象的地理信息系统的研究课题。1992年，该课题得到当时国家测绘地理信息局的立项支持。李德仁紧锣密鼓地组织人才，筹建GIS研究中心，带领 10 余位 GIS 先行者开始了吉奥之星®软件的艰苦攻关。

当时开展这项研究十分艰难，国内这方面的研究无论在理论上还是经验上都很缺乏，一切都要靠自己去尝试。但是，不管有多艰难，他们发展民族 GIS 软件的热情却十分高涨。经过艰苦的攻关，吉奥之星®系列软件诞生了第一个版本。研发吉奥之星®的主要技术骨干包括多位教授、博导、博士后、博士、硕士，成为了国内 GIS 研发领域实力最强的团队，也为其后我国 GIS 产业强大的人才储备奠定了根基。

随着吉奥之星®在国内市场脱颖而出，吉奥公司应运而生，成为国内具有自主版权软件的主要 GIS 公司之一。经过几年的发展，吉奥之星®投入市场应用，不仅在国内 GIS 市场崭露头角，也带来了巨大的社会效益和经济效益。在 21 世纪初的国内 GIS 企业中，居于领先地位。

高校企业曾一时蔚为风潮，成为中国的特有现象。然而，一份《中关村校办企业现状与问题研究》的报告，却让人们惊讶地发现，高校企业中虽然产生了以北大方正为代表的一大批明星企业，但从整体而言，虽然高校企业平均资产规模较大，资金实力雄厚，其平均主营业务收入却略低于其他企业，而平均经营利润比其他企业低将近一半，出口水平则不到其他企业平均水平的 1/10。而这并不是个别高校企业的特殊现象，说明其中的确存在着整体结构性问题。

高校企业作为特殊时期的产物，有助于科技成果转化，但它无论在体制还是市场方面，都存在着不足和缺陷。如何才能开出知识创新之花、结出经济腾飞之果，高校企业的未来之路在何方？身为高校企业的吉奥，未来之路在何方？

（二）成长：试水资本，夯实基础

2003 年，武大吉奥进行了增资扩股，开始在资本市场伸出了自己的触角。此时的吉奥，已经意识到高校企业在发展的过程中，必须有多元化的资本引入，完成孵化后的成长和蜕变，才能做强做大。这一步，虽然没有给吉奥带来翻天覆地的变化，但是为吉奥在 2008 年跨出突破性的一步做出了有益的探索，并打下了坚实的基础。

在此期间，公司新增了数据获取以及生产加工的业务，完善和健全了产业链，从而奠定了现有的规模。但也因此产生了一个问题，什么都做会导致资源的不足。这个时期内，公司从没有想过要放弃"自主创新"的初衷，但在实际经

营的过程中，为了企业的生存，在 GIS 平台上的研发和市场投入均不足。在这一个阶段，武大吉奥的探索，在业界的沉寂，仿佛都是在蛰伏等待。

（三）突破：民营资本，巧嫁双赢

2008 年，在经过长久思索、多方寻求之后，武大吉奥引入了民营资本。民营资本与高校科技成果转化企业进行了碰撞和对接，不乏激烈的磨合，最后以今天的武大吉奥印证了这条路的正确，成为武大吉奥发展路程上的一道里程碑。

通常，民营资本投资高技术产业，在创业和发展过程中会遇到不少障碍，比如研发力量的不足、高素质人才的缺乏等。但是，武大吉奥作为武汉大学的成果转化企业，已然经历了创业和发展的初步阶段，无论是产学研结合的模式还是拥有的技术人才，都为二者的结合奠定了良好的基础。此时，随着民营资本的大胆引入，高校在管理角色上的完全退出，正好使二者的优势互补，可谓天时、地利、人和一时齐备。这一次碰撞，在企业战略、经营理念、市场方向等各方面都带来了巨大的变革。

三　变革之道

引入民营资本后的武大吉奥，经历了变革途中必然遭遇的磨合，开始全方面地踏上了新的征程。

（一）战略目标：不舍不得找准核心

孟子说："人有不为也，而后可以有为"，应用到企业的经营中，企业有不为，而后可以有为——这就是一个企业战略目标的制定和管理。"战略就是在竞争中做出取舍，其实质就是选择不做哪些事情。"在经济和信息飞速发展的今天，企业战略的核心是定位，是选择发展方向，而选择就意味着"取舍"。引领武大吉奥变革之途的，就是企业战略目标的明确，清理十年发展之途中所积累的经验与挫折，找出核心竞争力，集中火力达成目标。

武大吉奥历经十载，形成了在业界同类公司中产业资质种类最全、等级最高的业务格局，成为能够在地理信息服务领域提供最完整解决方案的服务提供商。正因为有着丰厚的积累，企业在选择时容易被很多因素所蒙蔽。新的资本的注入带来观念上全新的变化，经营团队认识到只有在变革中义无反顾、不断追求、提升自我，才能找到真正踏上变革的通途。2009年温总理在《让科技引领中国的可持续发展》中指出"战略决策、科技创新、领军人才和产业化四个方面决定着中国经济是否能够走入创新驱动、内生增长的良性轨道"。同理，对于武大吉奥，战略决策、自主创新、创新人才和市场开拓决定着公司是否能够走入创新驱动的良性轨道。坚定不移地发展以自主创新技术为核心的软件产品，和以行业需求为导向的行业解决方案是武大吉奥的战略目标。

基于这个目标，武大吉奥正在积极整合和锤炼自己的内外部资源，完善战略管理，逐步将所有经营活动有机地纳入战略目标以确保其实现。同时，武大吉奥的此番战略调整，已在近几年的市场成绩中初显成效。

（二）技术创新：成果转化处处生花

作为武汉大学的科技成果转化企业，武大吉奥与武汉大学探索建立了优势互补的产学研紧密合作模式。武汉大学的最尖端技术持续不断地注入吉奥之星®的技术创新，武大吉奥实现技术创新的产业化。在这种合作模式下，吉奥之星®的研究、开发、生产实现了一体化有机结合，取得了一次又一次的突破。吉奥之星®先后3次获得国家科技进步二等奖，武大吉奥和武汉大学实现了双赢。

20世纪90年代的第一代吉奥之星®，采用当时计算机领域最先进的面向对象技术，创新性地实现了矢量、影像、DEM三库一体化集成管理，成为我国最早的自主版权GIS平台之一，一举打破了国外GIS软件在中国的垄断地位。当时国家测绘地理信息局将吉奥之星®作为首选建库软件，2001年吉奥之星®首次荣获国家科技进步二等奖及信息产业重大技术发明奖。

第二代吉奥之星®实现了互联网与GIS的结合，是我国最早推出的Web GIS产品之一，推动了GIS的大众化。2005年吉奥之星®第二次荣获国家科技进步二等奖。

随着武大吉奥经营模式的转变以及"以用户为中心"观念的建立，公司强烈意识到，自主创新不仅体现在技术上的持续突破，还必须建立在不断满足客户需求的基础之上。公司的自主创新思路由技术导向型转变为需求导向型。以GeoGlobe、GeoOne为代表的第三代吉奥之星®，是面向服务的分布式GIS，不仅在技术上突破了多源多时相海量空间数据分布式管理、异构地理信息互操作等技

术难题，核心技术居国际领先水平，并且，针对我国建设地理信息公共服务平台、数字城市的现实需求，实现了多源异构、在线共享、多维集成、动态更新的共享服务模式，能够满足空间数据快速获取与生产、集成管理与更新、共享服务与应用整个产业链的应用需求。

2010年，吉奥之星®第三次荣获国家科技进步二等奖，同时荣膺国家自主创新产品称号。GeoGlobe应用到了国家地理信息公共服务平台公众版"天地图"的建设中，同时也是国家电网信息化建设唯一采用的国产GIS软件平台。胡锦涛、温家宝、李长春、李克强等中央和国家领导人在视察"天地图"和GeoGlobe的成果演示时，都给予了充分的肯定和赞扬，并勉励武大吉奥积极推进科技创新，为我国战略性新兴产业发展作出更大的贡献。

（三）市场拓展：国内国际比翼双飞

经过十年的发展，吉奥之星®系列产品已在全国三十多个省市得到了广泛应用。2008年之后，在原有的市场基础上，公司着力于国内市场和国际市场两手抓，齐头并进。公司一方面深化和细分国内市场，通过渠道建设、分公司和办事处的建立，形成区域服务体系格局，为国内用户提供更优质的本地化服务，提高了快速响应市场的能力；另一方面积极进军国际市场，通过服务外包，与国际规范，与技术接轨，目的在于推出吉奥之星®国际版软件产品，将中国的软件推向国际。

作为武汉市及东湖高新技术开发区首批服务外包企业，武大吉奥早在2006年就开始与欧美知名企业合作，提供过上百项优质的国际项目服务。近几年来，公司积极响应国家"走出去、引进来"的号召，不断加大拓展国际市场的投入和力度，积极参与各种国际展会和宣传中国地理信息产业的活动，在国际市场开拓方面取得了长足的发展。截至目前，公司已经与多家国际知名企业和机构建立了战略合作伙伴关系，区域遍及北美、南美、欧洲及中东地区，业务范围涉及空间数据生产、自主品牌软件销售以及行业应用解决方案。现在，公司不仅拥有了一支国际化的专业团队，国际业务合同额也连年创新高。由于服务外包表现突出，公司荣获了"2010年中国服务外包成长型企业100强"称号。

（四）人才管理：引育留拔，志士乐土

人才是企业的财富和资本，武大吉奥以"承认人的需要、重视人的价值、

开发人的潜能、鼓励人的创造"为策略指导，制定了"以人为本，人才资源化，人才动态化"的现代化企业人力资源管理理念。围绕人才的甄选、培育、晋升，分别从高级管理人才、核心团队、员工队伍三个不同的层面，采取不同的策略进行人力资源管理，建立了比较完善的招募、培训、晋升、绩效、激励机制。

2008年以后，公司开始注重管理人才的任用和引进。得益于武汉市政府和东湖高新技术开发区对国内国际优秀人才的重视和倾斜政策，笔者作为武汉市东湖高新技术开发区的"3551人才计划"首批引进的对象，被聘为武大吉奥总经理。此外，公司在薪资改革方面有一项重大举措，那就是突破了薪资的地域性限制，建立了新的薪资体系，从而改善了因内地企业薪资普遍和一线城市之间有落差而可能导致的人才流失状况。

公司建立了一套配合公司业务发展战略的员工发展与晋升流程。针对核心关键岗位，着力培养企业的核心人员团队，形成阶梯式队伍。建立人才储备库系统，提高和培养认同企业价值取向、素质高、有潜力的后备人员。追踪高潜质人才的职业发展，定期进行评估，安排合适的工作任务或轮岗等方式进行全方面培养，使其成长为核心管理或者核心技术人员。此外，通过持股，这批核心人员成为企业的主人，真正做到与企业同呼吸、共进退。现在，公司正在结合资本运作考虑制定完备的股权激励机制，以使吉奥能够吸引和留住更多的志同道合的优秀人才。

在员工队伍的建设和管理方面，公司着力于全程职业化教育、人才培养。针对员工进入公司的第一个环节，公司建立了指导人制度。通过经验丰富、忠诚度高的优秀导师，从技术能力、工作、生活、思想等各方面给新员工带来影响，将优秀的企业文化通过这种方式代代传承，使新员工迅速融入企业。为员工提供良好的培训机会，选送优秀的员工参加"工程硕士培训班"的进修。至今已有40名员工在公司的资助下完成了课程，这些员工大多成为了公司的核心力量。另外，通过内训与外训结合的方式，满足员工的学习需求，提升员工的专业技能。公司与武汉大学等各相关高校保持频繁互动，及时进行前沿技术和信息的交流；同时公司内部还开办了各种技术论坛、英语角、读书活动，促进员工的学习和成长。

目前，通过一系列管理制度的完善，以上人力资源的管理措施正在使武大吉奥的人才体系逐步走向良性循环，初步具备了依靠企业自身肌体调整应对人才危机的能力。

（五）质量管理：天时、地气、材美、工巧

质量管理古来有之。《周礼·考工记》载："天有时，地有气，材有美，工有巧，合此四者，然后可以为良。"吉奥之星®也是如此，顺应时势的技术创新就好比享有了"天时、地气、材美"，但如果质量不过关，做工不巧，则不可谓之良品也。武大吉奥早在成立初期就意识到了这一点，并开始了在质量管理之路上的探寻和不断提升。

公司成立伊始，吉奥之星®已初具规模，但是在质量管理层面，公司亟须建立一套全面的规范制度以保障产品的快速发展。2001 年，公司果断决策全面推行 ISO 9001 质量管理体系，初步建立了从设计开发管理、市场管理、行政管理、人员管理到财务管理的全面质量管理体系，快速摆脱了最初作坊式的开发管理模式，质量管理过程从无序逐步变为有序。

随着公司规模的不断扩大，人员从几十人发展到几百人，产品复杂度越来越高，工序的复杂度也越来越高，针对"面"的粗放型质量管理模式已不能满足要求，还必须细化到"工序点"，将产品的每一个细节控制好，实现各"点"的度量化管理。我们深知，在当今激烈的市场竞争中，"细节决定成败"。由此，在已有 ISO 9001 全面质量管理体系的基础上，公司适时引入软件开发成熟度模型 CMMI 体系，重点规范软件开发管理，形成了以"点"带"面"的质量管理体系。

公司建立了工作量、缺陷消除率、可靠性、缺陷密度、平均生产率、顾客满意度等个人级、项目级以及组织级的效率指标、开发能力指标。通过量化管理，不仅进一步保证了软件开发的质量与进度，而且提高了软件开发人员的职业素养，员工的做事方法逐渐变得标准化、规范化。更重要的是，量化管理使得企业能够正确评价自身能力，从而能够准确地向客户表述自己的能力并提供相一致的服务，从而提高客户满意度。

以"点"带"面"的质量管理体系为吉奥之星®的持续技术创新奠定了可靠的质量保证，可谓"天时、地气、材美、工巧"四者合。武大吉奥得以为用户提供更优质的服务，体现以用户为中心的经营理念。

（六）企业文化：自主创新，矢志不渝

随着科技的发展，企业的技术差异越来越小，企业的生命力周期有多长，更

多地取决于一个企业的文化。从 1993 年的 GIS 研发中心到今天的专业 GIS 服务提供商，从高校企业到民营企业，无论在企业文化上有多少的碰撞和改变，有一点始终没变，那就是武大吉奥的灵魂——坚持自主创新，推动民族软件和地理信息产业的发展。

从李德仁院士高举民族软件大旗开始攻克技术难关，以解决 GIS 被国外软件垄断市场局面的那一刻开始，这一腔热情就注入了吉奥人和吉奥公司的灵魂深处。因为有了这种精神的传承，无论面对何种挫折与困难，武大吉奥始终没有放弃"自主创新"，在承接的多个国家级大型项目中，不畏艰难，突破一个又一个的技术难关，最终圆满地完成了任务。

在企业的发展过程中，对中外勘界、北京科技奥运、汶川震灾测绘应急保障、国家第二次土地调查、国家地理信息公共服务平台建设等重大事件或活动，我们均积极响应。为完成以上项目，公司调配最好的资源，员工废寝忘食，将个人利益和安危置之度外，保证了任务圆满完成，为国家建设贡献了自己的一份力量。

四　展望未来

经历了 30 年的发展，中国的地理信息技术与产业已全面进入了快车道，中国已然成为地理信息产业大国。国家测绘地理信息局局长徐德明指出，今后一段时期，国家测绘地理信息局将瞄准社会民生需求，瞄准物联网、智慧地球等发展前沿，力争到"十二五"末基本完成全国地级市和部分县级市的数字城市建设，并逐步实现国家、省、市地理信息资源的上下贯通和横向互联，基本建成由"一个网"（全球卫星定位综合服务网）、"一张图"（国家基本比例尺地形图）、"一个平台"（国家地理信息公共服务平台）组成的数字中国。

这是一张动人心魄的中国地理信息产业以及数字中国的蓝图。身为地理信息产业大军的一员，我们庆幸能将所有的理想与智慧都奉献给地理信息产业和技术的发展，在这幅蓝图上添上浓墨重彩的一笔！

在地理信息产业发展的征途上，武大吉奥的未来，正如中共中央政治局常委、国务院副总理李克强到中国测绘创新基地考察调研时所言："只要坚持到底，一定会见证辉煌！"

B.23
新时期　新机遇　新起点
——从易图通的成长看导航电子地图行业的发展特点

王志纲　刘志勇　刘　永*

摘　要：导航电子地图行业是地理信息产业的一个重要分支，本文介绍了导航电子地图的发展历程和导航电子地图行业发展的特点，介绍了易图通公司的发展历程和经验。

关键词：导航电子地图　地理信息产业　易图通公司　新型业态

一　我国导航电子地图行业发展的特点

我国导航电子地图行业作为地理信息产业的一个重要分支，在2004年法律规范后获得了空前的发展，目前取得导航电子地图甲级测绘资质的企业已经达到11家，其中能够提供覆盖全国范围的达到商用质量的导航电子地图的企业有5家，规模达到千人以上的企业有4家，取得国际汽车行业质量管理体系认证的企业有3家，在国内外上市的企业有2家，完成全国村村通路网的企业有1家。

与其他地理信息领域相比，导航电子地图具有非常不同的特点。第一，导航电子地图必须是全国性的，这就注定了导航电子地图制作企业必须具有导航电子地图制作甲级测绘资质。第二，导航电子地图所必须具有的道路交通属性，必须经过现地调查才能够采集到，这就要求导航电子地图企业必须拥有庞大的外业调查队伍，这个特点也决定了一个好的导航电子地图企业应该不小于

---

* 王志纲，易图通（北京）科技有限技术公司董事长；刘志勇、刘永，易图通（北京）科技有限技术公司。

千人规模。第三，由于我国尚处在大规模道路建设时期，要求导航电子地图企业必须对地图数据进行快速更新，现势性成为地图质量的关键。第四，导航电子地图比人们想象的要复杂得多，制作过程中可能发生的错误种类高达上万种，只有经过长期的实践积累才能够发现和防范所有这些潜在的错误，因此，导航电子地图的最大门槛来自于实践知识的积累，这至少需要一二十年的时间，历史较长的企业拥有明显的技术优势。第五，上述四个特点决定了导航电子地图企业需要巨额的资本投入，也正因为如此，那些成功的导航电子地图企业无一例外地借助资本市场来筹集大量的资金。与测绘行业其他领域中政府测绘系统的企业占主导地位不同，导航电子地图企业中民营企业占据多数。第六，由于门槛高，导航电子地图行业最终将发展成寡头垄断的行业，最后只有少数企业能够生存下来。第七，除了国家耗费巨资制作的全国范围1:50000的地形图外，只有导航电子地图企业拥有全国范围的电子地图，而且也只有导航电子地图企业拥有1:10000的全国范围的电子地图，因此，导航电子地图成为地理信息系统的基础性数据库，应用范围非常广泛，包括车载导航、位置服务、智能交通、公共应急、物流配送、移动互联网等，涉及人民群众的衣食住行等各个方面。

导航电子地图最初发展的原动力来自车载导航系统对导航电子地图的需求。中国已经成为全球最大的汽车市场，车载导航系统从2007年开始发展，到2011年已经走完了第一个五年周期，汽车前装导航仪从2007年的27万台发展到2011年的100多万台，后装导航车机和便携式导航仪合计的年销售量更是达到700多万台。由于便携式导航仪所使用的地图多数为盗版地图，加上后装车载导航仪的恶性竞争，后装车载导航仪和便携式导航仪市场给图商带来的收益只有前装导航仪市场的约六分之一，而且随着车厂前装市场进入第二个五年的快速增长周期，后装和便携式导航仪市场将逐渐萎缩，这就决定了无能力进入车厂市场的导航电子地图企业最终将难于生存。经过第一个五年周期的发展后，我们已经看到有多家导航电子地图企业已经实质性地退出导航电子地图领域的竞争，市场正在逐渐走向集中化。

导航电子地图在车载导航领域的应用从全球范围来看已经发展了二十多年，可以说已经成为传统应用。导航电子地图新一代的应用正在随着下一代通信网络的建立，以及移动互联网和物联网的发展而到来，我们也将迎来大众化和多元化地图应用的时代。新的时代一方面孕育着新的更大的市场机会，另一方面也对导航电子地图企业提出了新的挑战。传统导航应用只需要导航路网和核心兴趣点（POI），新的应用则需要市街图、行人导航电子地图、公交换乘地图、实时交通信息、全门址数据、海量 POI、深度 POI 信息、三维地图等，对于刚刚经历多年才完成传统导航电子地图的企业来说，在面向未来应用市场时大家又回到了同一起跑线上，未来所需要的投入更大，所需要的技术更复杂，竞争也更加激烈。

二 行业发展进入快车道

（一）卫星导航产业纳入"十二五"规划纲要

2011 年 5 月 23 日，中共中央政治局常委、国务院副总理李克强在考察中国测绘创新基地时强调，要围绕加快转变经济发展方式和实施"十二五"规划，积极开发利用测绘地理信息，提高服务大局、服务社会的能力，抢占未来发展的制高点。

根据国家的规划，到 2012 年北斗卫星导航系统将形成区域无源服务能力，到 2020 年北斗导航系统将实现全球无源服务能力。北斗导航系统的建设，最直接的影响是推动政府、军队、行业导航和 GIS 应用的大发展。据预测，到 2020 年，中国的导航产业将从现在的 500 亿元产值增加到远超 4000 亿元。

中国汽车前装导航市场已经进入为期 5 年的初期发展阶段（2007~2011）的最后一年，预计这 5 年间汽车前装导航仪的总装配量约为 300 万台。从 2012 年开始，中国汽车前装导航仪市场将进入第二阶段的快速成长期，预计 2012~2016 年 5 年间汽车前装导航仪的装配总量将达到 1200 万台以上，是第一阶段的 4 倍以上。

（二）车载 Telematics、通信导航、移动互联网成新热点

2010 年是中国通信导航（Connected PND，或称带通信功能的 PND）和车载 Telematics（车载通信导航信息服务系统）元年，丰田 G-book 和美国 On-star 相继被引进中国，国产荣威 350 Telematics 系统的出现以及车灵通的"车行无忧"

通信导航产品投放市场，在 2011 年 4 月刚刚闭幕的上海国际汽车工业展览会上亮相了超过十种 TSP 解决方案，说明中国导航市场正在步入带通信的导航信息服务时代。预计 Telematics 导航系统在汽车前装市场上将从 2012～2013 年开始被大量采用。

通信导航具有四大基本功能：一是通过呼叫中心进行一键式服务，包括设置导航目的地、紧急道路救援等；二是实时交通信息；三是海量的网络即时资讯的搜索和下载；四是自驾游车队的管理（或叫车友会功能）。到现在为止，市场上出现的各种带通信的导航系统的功能，尽管名称叫法不尽相同，但都没有超出这四大基本功能的范畴。未来在图商的支持下，还可以提供地图的快速更新服务。前装 In-dash 带通信的导航系统如果与 CANBUS 相连，还可以增加汽车状态远程诊断和服务提醒，并为车厂积累汽车安全统计信息提供便利条件，这项功能广受车厂和 4S 店的欢迎。

导航电子地图新一代的应用正在随着下一代通信网络的建立，以及移动互联网和物联网的发展而到来，我们将迎来大众化地图应用的时代。车载导航的对象是汽车，2010 年中国的汽车保有量约为 8500 万辆，到 2020 年中国汽车保有量将增加到 2 亿辆，但是这个数量仍然无法与移动互联网时代带来的个人用户和手机用户数相比。中国 2010 年的手机用户数已经超过 8 亿个，约相当于同期汽车保有量的十倍。移动互联网的庞大市场潜力将为导航电子地图及地理信息产业发展带来巨大的商机。

（三）快速更新成为未来重要的竞争焦点

日本最成功的在线位置服务提供商之一 Datacom 曾经做过调查，他们的客户中有 70% 是因为在线地图能够快速更新而购买服务的，这个只有 150 多人的公司每年获得的收入达到上百亿日元，说明市场对地图快速更新有强烈的需求。中国的道路变化比日本频繁得多，对地图的快速更新需求应该比日本用户大，地图公司如果能够通过改革生产方式大大缩短生产周期，利用通信导航带来的条件，采用差分更新的方式来提供地图快速更新，就有可能大大提高用户的满意程度，并获得巨大的商业利益。

（四）全球融合加快，提供国际化导航电子地图成为机遇

为增强我国自主创新能力，提高我国测绘的国际竞争力，获取全球地理信息

资源，服务全球发展，服务国际社会，服务人类进步，推动我国由测绘大国向测绘强国转变，国家测绘地理信息局在2011年3月印发《关于加快实施测绘"走出去"战略的若干意见》。该意见明确了测绘"走出去"的主要目标：到2015年，形成有效服务于测绘"走出去"战略的政策环境和配套机制。参与国际测绘市场竞争的国内单位数量显著增多，国际市场份额稳步扩大，并进一步向高端市场迈进。测绘科技自主创新水平明显提高，部分测绘国家标准成为国际标准。建成较为先进的对地观测体系，实现全球任何区域高精度地理信息的快速获取，全球地理信息资源建设取得重要进展，为地理信息产业的国际化发展提供基础保障。

车载导航、消费电子导航、电子地图服务和基于移动通信技术的位置服务、互联网地图服务以及动态交通信息服务构成了目前导航电子地图行业的主要消费市场。随着全球融合的加快，仅仅提供传统国内地图已经不能满足市场需求，在政策鼓励、市场渴望的双重利好因素下提供国际化导航电子地图将成为行业发展的又一个新的增长点。

三　易图通公司的发展历程和经验

易图通科技（北京）有限公司拥有十四年以上的导航电子地图研制经验，是中国最早从事导航电子地图研究和生产的民营企业，是国内第一批获得导航电子地图甲级测绘资质和互联网地图服务甲级测绘资质的企业，在北京、南京、保定三地建有数据研发和生产基地，并在全国建立了许多数据采集机构，拥有千余名员工。易图通公司取得了国际质量管理体系（ISO 9001）认证和国际汽车工业质量管理体系（ISO/TS 16949）认证，是北京市科委认定的高新技术企业，是目前唯一完成村村通路网的导航电子地图企业，是车厂导航市场三家主要导航电子地图供应商之一。易图通的成长历程和发展经验，是中国导航电子地图企业成长的一个缩影。

（一）长期积累形成了核心技术优势

易图通自1997年成立以来先后自主开发了达到国际先进水平的专用数据采集系统、地图编辑平台、地图修订系统、质量检查系统和生产管理系统，建立了完善的数据标准、工艺规范和工艺流程，形成了以 8 大工序和 102 个生产步骤组成的数据生产流水线，成为国内唯一一家拥有全套自主知识产权的导航电子地图生产企业，而且在国际上首创将 KIWI 和 GDF 两种格式数据的生产统一到一条生产线，掌握了全局永久性唯一 ID 这个国际前沿的技术，可支持数据的快速差分更新。

（二）持续的数据制作完成了村村通路网

经过长期的生产，易图通导航电子地图已经具备了覆盖面广、现势性强、信息翔实准确、兴趣点丰富的产品优势，率先完成了中国首张详细到所有村级可通车道路的村村通导航电子地图，覆盖了中国大陆全境全部 4 个直辖市及 333 个地级市，2859 个县级行政区域以及所有可通车的乡镇和村，还覆盖了香港和澳门，可通车道路总里程达到 442 万公里，是国内同类产品的两倍，可导航公里数达到 261 万公里，在国内名列前茅，实测 POI 数量达到 700 多万个，并制作了全国 100 多个城市的沿街门址。

（三）不断的产品创新造就了差异化优势

凭借雄厚的研发实力和创新精神，易图通不断向市场推出创新产品。

三维地图：2008 年易图通率先发布了带有"三维实景路口放大图"的导航电子地图，并将三维实景路口放大图在全球首创应用到便携式导航仪中，这种在复杂路口完全按照真实场景绘制的"3D 实景导航电子地图"大大提高了驾驶的安全性，深受市场欢迎。

门址地图：针对中国门牌号码没有规则的状况，易图通率先制作了全国范围的点门址数据库，目前已经覆盖了 100 多个重要城市的沿街点门址和 6 个城市的全门址数据库，实现了门到门的精确导航。门址数据库的建立解决了长期困扰互联网公司和内容提供商的定位难题，为互联网公司和内容提供商的海量信息提供了关联位置信息，从而为基于位置的服务（LBS）奠定了坚实的基础。门址数据库还可以广泛应用到物流服务中，是支撑现代化物流配送不可或缺的基础数据平台。

数字旅游："景景通"是易图通专门打造的旅游类专题导航电子地图项目，该项目可以实现全国范围内重要景区景点的导览、导航、导购，帮助旅游者很便捷地制订旅游计划，是专门以旅游为主题的全国交通旅游专用电子地图，包含全国25000多处重要景区景点的详细信息，包括2000多万字规范精彩的解说词、门票价格信息、最佳旅游季节、周边商业服务设施、最佳旅游路线推荐等。在我国政府将旅游产业正式确定为国民经济的支柱性产业之际，易图通就已经适时向市场推出全国首个覆盖范围广、内容专业详尽的旅游专用地图。

（四）注重服务创新创造了用户价值

易图通一直将制作第一流的导航电子地图作为自己的使命。十多年来，易图通秉承着"求精、求实、有为、有道"的企业精神，以客户的需求为中心，以创新精神不断将服务品质推向新的高度。

针对中国道路因大量建设而频繁变化的特点，易图通在国内率先实现每季度发行一版更新地图以满足用户对现势性的要求。除了提供400免费客服电话，还提供QQ、MSN，以及网上客服系统为客户提供咨询服务，用户还可以通过网络下载的方式进行地图更新。

为了迎接通信导航时代的来临，易图通整合了大量第三方动态信息和深度信息，包括实时交通、天气、新闻、餐馆、酒店预定、折扣信息、电影院演播信息等。

（五）厚积薄发铸造了成功之道

易图通虽然是最老牌的导航电子地图公司，但是在市场诱惑面前，却坚持在完善数据规格和生产手段的基础上展开大规模的地图制作。这种在前期看似发展缓慢的路线，为公司积累和形成了诸多重要的长期核心竞争力。这一策略使易图通得以用比较长的时期专心致志地完成一流导航数据的制作，得以率先完成全国村村通的路网制作，得以将数据规格和工艺流程不断完善，得以自主研发全套的生产技术并通过试验不断完善。比之那些曾经昙花一现、风光一时的企业，易图通走了一条更加扎实的道路。如今，易图通已经成为技术创新的领跑者、产品创新的领跑者和服务创新的领跑者。

（六）专注数据本业促进了产业生态链的发展

与多数国内导航电子地图公司不同，在整个导航产业链中，易图通专注于制作导航电子地图，不做导航软件和硬件。公司坚持走专业化分工合作的道路，与导航产业链中其他上下游企业展开广泛的合作，坚持不与合作伙伴产生利益冲突。这一路线，使易图通得以专心将导航电子地图做好，并赢得了绝大多数主流导航软硬件公司的信赖，从而能够向市场提供更多、更优质的产品和服务。目前与易图通合作的国内外应用软件公司多达二十多家，几乎包含了所有最优秀的应用软件提供商。这是一条可以越走越宽广的发展道路。

B.24
把握地理信息新兴业态
促进产业"鲜活"发展

曹红杰*

> **摘　要**：本文介绍了我国地理信息产业的发展历程，分析了地理信息产业的融合和业态演进过程，以合众思壮公司为例介绍了地理信息企业的发展历程。
>
> **关键词**：地理信息　新兴业态　产业融合

一　地理信息产业发展历程

21世纪以来，我国的地理信息产业从无到有，在技术发展与市场开拓等方面都取得了明显的进展，广泛地应用在国民经济的所有行业和大众市场。地理信息系统（GIS）是信息综合处理的平台，遥感（RS）是大范围信息采集的有效手段，全球导航定位系统（GNSS）是精确定位和属性采集的重要工具，通信（Communications）则为信息传递提供了必要的基础设施，以上四项技术构成地理信息技术的核心。地理信息系统的应用已经历了从专业人员，到办公应用，到手持式移动应用，直至网络化的大众应用过程（Professional GIS to Desktop GIS, to Handheld GIS, to Internet GIS）。

经国务院批准，国家测绘局更名为国家测绘地理信息局，标志着我国地理信息产业已渡过其"幼年期"，产业形态也悄然发生着变化：从以单一的政府应用属性和事业单位为主，步入政府主导的公共信息服务和市场主导的经营性产业并存阶段。

---

* 曹红杰，博士，北京合众思壮科技有限公司副总裁、技术总监。

把握地理信息新兴业态　促进产业"鲜活"发展

（一）二十年回眸：地理信息产业的成功崛起

20世纪80年代末期，国内高等院校开设了地理信息系统、全球定位系统专业，传统的摄影测量专业更名为摄影测量与遥感专业，在高等院校与研究院所中，实现了我国现代地理信息产业的萌芽。90年代中后期，一批产业精英走出课堂和研究室，艰苦创业，从使用国外的GIS软硬件搭建我国各行业、各地区的地理信息系统开始，拉开地理信息体制改革的序幕。虽然此时的产业形态仍为计划体制内的物理变动，但是他们为之后十余年民营企业从事地理信息产业的萌生发展，提供了实践素材和背影氛围。进入21世纪，国产地理信息系统软件、国产遥感数据处理软件、国产地理信息采集设备陆续研发成功，由此我国地理信息产业开始了属于自己的通往大发展的时代。

在国家系列化举措推动下，全国很快掀起地理信息系统建设的热潮，几乎所有省市都制定了"数字城市"发展规划，地理信息产业不仅在各行各业广泛应用，并且成为许多区域传统产业的重要替代型产业，实现地域跨越式发展目标的"战略性新兴产业"。

产业的发展变革，调节着资源配置、经济结构的走向，地理信息产业受到资本市场的青睐。2009～2010年，行业内8家企业成功上市，资本市场已然是地理信息产业新的推动力。这标志着地理信息产业滚雪球式的自给自足发展模式已经成为历史，一个以资本带动产业发展的重新整合时代已经到来。

（二）枢纽型产业：强化地理信息的传播力

人类80%的活动与地理信息相关，在网络化的当今世界，地理信息以其独特的产品形式成为其他产业交叉应用的枢纽。枢纽型产业是地理信息产业发展最为显著的新兴业态。它以终端、桌面平台、现代通信设施基础上的远程服务、顾问咨询等为新型产品形式，渗透在各行业和大众消费市场。因此，将碎片状地理资源梳理汇集、转化成规模效益，成为连接消费方与资源方的纽带桥梁，是实现企业价值的关键。

提高地理信息的传播力，是地理信息产业供应链、价值链的要素环节。企业需要把握时机，成为地理信息传播的渠道巨人，实现地理信息市场的网络化，延伸地理信息产品和服务的辐射半径。

（三）地理信息内容服务：活跃的新兴消费市场

地理信息产业应注重内容层面的体验式消费，因此有人将其产业性质冠以"内容为王"之名；最新科技成果带来的许多表现形式、视听效果、消费方法，或令内容如虎添翼，或已是内容的组成部分。"科技型地理信息内容业态"成为产业发展耀眼的新星。导航电子地图、实时路况气象资讯、三维实景动漫等层出不穷的地理信息内容，将随"3G"时代琳琅满目的终端，通过"拇指文化"成为这一业态的强大成员。

地理信息内容融入国家信息化的主流，对国民经济增长有着广泛的影响，具有较强的关联效应，构成了庞大的地理信息产业链和产业关联群。有关统计显示，地理信息产业关联度大于1∶10。在上游直接带动和融合了计算机、网络、移动通信技术、地理信息采集和测绘仪器等设备和产品的生产和制造，以及各种系统软件和工具软件产业的发展。在中游直接带动遥感产业、卫星导航定位产业发展，带动地理信息数据的生产和技术服务以及地理信息系统应用市场发展。在下游直接带动了各行各业的信息化建设，推动国家信息化进程。随着近年来国民经济的不断发展和国家对基础设施建设的战略性投入，同时参考发达国家经济和地理信息行业发展的历程，预计我国地理信息产业的市场和需求在今后的10年内将会有较大增长，我国的地理信息产业将成为万亿元以上规模的产业。

（四）园区型集群生存：会聚各类社会资源

产业是市场的产物，市场是供应与消费会聚的社会现象。作为市场供应主体的产业自然会相应地产生一些有利于分工合作的集群，地理信息产业也不例外。近年来，我国各级中心城市陆续出现地理信息产业集群，它们开始是自然的市场化聚合，后来在政府的鼓励、引导、促进下，有演化为产业主要形态的趋势。地理信息基地、园区、集聚区等称谓的产业集群遍地开花，它们以规模优势、政策先进、管理团队高效率、进入门槛较低、配套条件和设施环境优越等，吸引有核心业务的创业人群和社会资金，成为地理信息产业的新兴业态。

（五）民营主体：添加地理信息产业核心竞争力

社会、民营企业十几年来，以生力军姿态引领地理信息业态的发展，不仅很快从企业总数、从业者总量上成为产业的主体，而且近年来开始逐步成为地理信息市场中产品和服务的佼佼者，代表着与时俱进的核心竞争力水平。

从国有、事业单位的一统天下，到民营产业成燎原之势的地理信息大发展的新兴业态，是地理信息生产力从封闭走向开放，从落后走向先进，从形单影孤走向浩浩荡荡的进步。产业的业态反映出体制机制等诸多深层问题，以及业态变化标志内容、形式、条件、环境等诸多发展，关注产业业态变化有助于把握地理信息产业建设的脉搏，掌握地理信息产业发展的活力，产业主管部门应当将地理信息产业的市场表现，尤其是新兴业态列入观察与研究的视野。

根据我国地理基础数据的基础性、公益性、权威性、统一性特点，以及地理信息服务产业链长、关联效应强和广泛应用的基本特征，我国地理信息产业发展要依靠政府和市场两种力量，实行"国家平台＋商业化运作"模式。

"国家平台"是指国家在地理信息产业发展中具有主导地位，需要增加对基础地理信息资源建设与更新的经费支持，统筹协调全国基础地理信息资源，包括掌握全球基础地理信息资源。"商业化运作"是在地理信息服务与应用领域，建立良好的投资引导机制，允许各类社会资金进入地理信息产业，促进地理信息企业资本多元化，充分发挥地理信息企业的市场主体作用，不断推动地理信息产品升级换代和服务多样化、精准化、网络化。

二 地理信息产业融合与业态演进

（一）地理信息产业的融合发展

近年来，我国地理信息产业积极运用技术、需求、资源改变产业形态，加快产业融合，探索出一条"全产业链"的现代地理信息行业发展道路。

从本质上看，地理信息产业融合与地理信息新业态是一种创新，产业融合的过程产生了大量的地理信息新业态，新业态的大量出现则是产业融合的表现特征。融合多元化为我国地理信息企业的规模化道路创造了本土经验。

在需求持续扩张和技术进步的时代背景下，产业界限开始模糊，产业融合加快，促使地理信息产业与多个产业融合发展形成了多业共生、混业发展的模式，诞生了许多新型复合型业态，如导航与位置服务等。我国地理信息产业与全球地

理信息产业正一起面对着以移动互联网为依托的信息化浪潮，正孕育着丰富的地理信息新业态，重构了地理信息的产业链条。

就我国导航与位置服务市场而言，在线（on-line）地理信息服务所占份额不超过10%，可以断言，我国在线地理信息市场仍是蓝海。各种基于地理信息的电子商务商业模式快速发展，在线服务市场仍处于培育期，我国还未进入成熟的分层竞争与分类竞争阶段。

一个全新的具备无限前景的地理信息应用产业集群正在逐步形成，整个市场会从产品模式切换为服务模式，在这个市场中当前占据领导地位的企业，如果不敢创新，不敢打破旧模式，很可能让后来者淘汰。

（二）地理信息业态演进与资本支持

美国的地理信息产业发展始于20世纪60年代，主管地理信息产业的部门为联邦地质调查局下属的国家测绘部（NMP），主要着眼于数据标准、分发政策和应用技术的制定，建设国家空间数据基础设施（NSDI）和国家卫星土地遥感数据档案（NSLRSDA），具体的数据采集工作则以合同方式承包给其他机构、公司和个人。美国政府对地理信息产业的投入，包括对NMP、私营企业、其他联邦政府机构、各级政府和大学的投入。作为框架的基础地理信息数据基本上是免费的，用户可以通过各网络节点下载。廉价地理信息数据的使用，加速了美国地理信息产业的发展。2001年"9·11事件"后，国土安全概念融入美国政府的日常工作和美国国民日常生活之中，人们更加清楚地认识到了地理信息的重要性，地理信息系统的应用提高了美国的危机处理能力。

在现阶段的地理信息产业发展中，资本已经成为核心驱动要素之一，以资本运作为手段的产业资源重组整合已经成为新业态和产业融合的加速器，以资本运作为手段的并购、联合、整合、重组已经成为产业发展的战略手段。我国地理信息企业要生存发展，必须要有基于资本层面的各种措施，实现规模扩张、优势整合和区域布局，尽快形成内部的整合效益和空间上的战略布局。

企业、机构间的优势互补以及在资本领域、业务领域的创新合作整合，是一种"强强联合"，更是借力发展、互利互赢。通过资本合作，双方不仅在经营层面共同开拓市场，培育新的利润增长点，更以这一实体运营为支点，不断挖掘、激发共振点、兴奋点，拓展新业务、大格局，实现双方有形和无形资源在更大层

把握地理信息新兴业态 促进产业"鲜活"发展

面、更深层次上的互动、激励、整合和创新效应，推动在强强联合中做大做强、做好做优，共同推动我国地理信息服务产业的发展。

三 合众思壮走过的企业之路

（一）地理信息采集产品的需求促进企业规模化成长

空间与属性数据的采集和应用一直是影响我国地理信息产业发展的重要问题之一。在地理信息采集方面，仍然存在着技术先进性和劳动密集性并存的状况。地理信息产业广泛利用了当前信息产业中最前沿、最尖端的技术，比如航空航天技术、空间数据库技术、高速通信技术、虚拟现实技术、人工智能技术等。同时，地理信息产业也是一个高层次的劳动密集型产业，基础定位信息、属性信息仍需要人工采集，影像数据库也以人工纠正、判读。

我国地理信息野外采集设备的研制和应用已初具规模，由北京合众思壮科技有限公司研制的国产 GIS 数据采集产品和移动 GIS 产品，已经在国民经济的诸多行业中得到普及和应用，作为地理信息获取和更新的重要技术手段和装备，填补了国内空白。

野外空间和属性数据的传统采集和编辑一直是耗时且容易出错的工作，导致地理信息数据无法经常更新，精度和可靠性很难保证，给地理信息的分析和决策结果带来极大的不确定性。

1. 地理信息空间和属性数据采集的需求分析

根据行业用户对精确度和属性输入等方面的不同要求，可以形成不同组合的解决方案。对于以空间坐标采集为目标的用户，按照精度区分，包括米级、亚米级、厘米级精度的地理信息采集设备；对于以属性数据采集为目标的用户，按照属性的复杂程度区分，包括具有属性库功能、移动地理信息系统功能的地理信息采集设备（见图1）。

2. "集思宝"空间信息解决方案

依据上述产业需求，北京合众思壮科技股份公司从20世纪90年代开始，在不同行业的诸多地理信息应用领域开展实践应用。在2005年，推出了"集思宝"空间信息解决方案（见图2）。

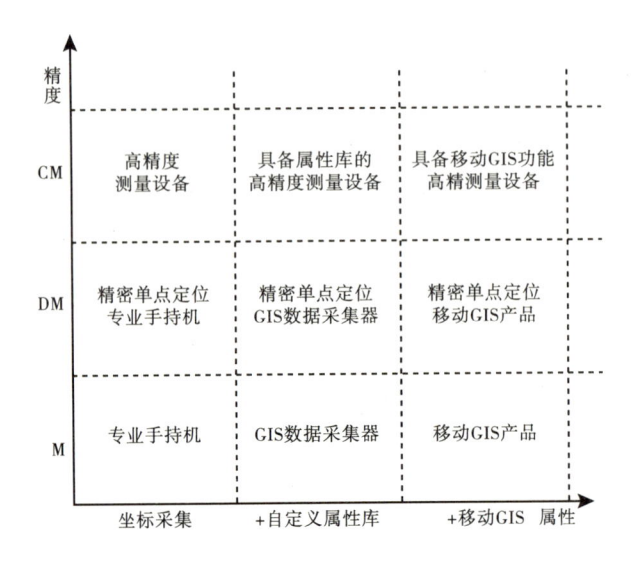

图1 GIS数据采集产品在精度和属性上的需求分析

在地理信息采集的精度方面，需要综合应用全球导航定位系统技术、精密单点定位技术（Precise Point Positioning，PPP）、网络RTK技术，研发制造出专业手持机、亚米级GIS数据采集器和GNSS高精度测量产品。其中，应用精密单点定位技术研发的亚米级GIS数据采集器在我国自主产品中是首次应用。合众思壮在2008年，进行了基于SBAS的Freedom PPP精密定位算法的技术预研工作，2009年开始基于IP的增强数据服务和i-PPP精密定位算法的技术预研工作，并研发出基于精密单点定位技术研发的亚米级GIS数据采集器。

在解决属性采集方面，公司采用具有完全自主知识产权及国际领先水平的数据采集自定义属性库（GeoActive）技术，不同行业的用户都可以通过GIS Office桌面端软件订制适合于本行业应用的特征数据库，实现不同行业的专业数据采集规范标准与工业级产品的完美结合，达到野外快速采集数据的要求。

在产品设计方面，合众思壮坚持走自主创新的道路，自主研发了从GNSS天线、射频前端、基带信号处理、伪距及载波相位导航算法、定制属性的空间数据采集、嵌入式导航引擎、电子地图压缩和空间数据索引等多项在国内外处于领先地位的核心技术，依赖公司20年来在GNSS行业的经验，不断推出各类GIS数据采集产品，全防水一体化工业级坚固设计能适应野外作业的恶劣条件的需要，数字键盘和中文输入让操作像手机一样简单便捷。

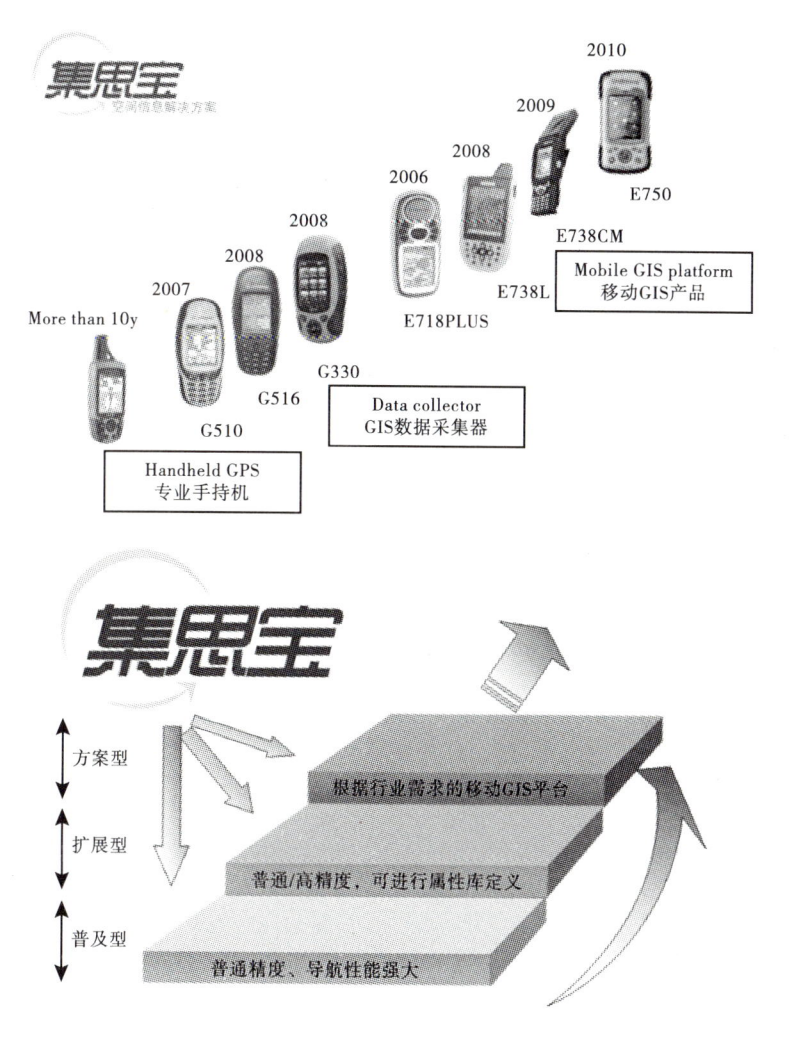

把握地理信息新兴业态　促进产业"鲜活"发展

图2　"集思宝"空间信息解决方案

3. 行业典型应用及市场

行业用户需求多种多样，涉及国民经济的各行各业以及多种科学技术领域的综合与交叉。在多年行业应用中，合众思壮研发了普及型、扩展型、方案型等系列GIS数据采集产品。普及型专业手持机突出简单实用功能；扩展型GIS数据采集器具备自定义的属性库功能；方案型移动GIS产品具备开放操作系统，能够通过嵌入式GIS软件进行野外实时空间分析与辅助决策。

基于上述完整的产品解决方案，合众思壮引领了多项"国内行业第一"，包括：在国家林业部门首次将专业手持机应用于森林防火火险等级预报与救助导航、野生动物普查、一类资源调查、林业资源变化动态监测、林业生态预警；在地质矿产部门首次进行地质界线数据采集；在农业部门首次用于测土配方、精细化农业资源管理信息系统；在环保部门实现固体废弃物、工业污染源普查监测；在电力行业实现配电设备空间定位、应急故障数据采集和电力线路巡检；基于地理信息技术的保险理赔取证、风景旅游区车船报警与调度、海底管道铺设、流行病防治调查管理、地震应急搜求、商业网点分布等。

在全国第二次国土资源调查、全国第三次不可移动文物普查、国家统计局农村经济基础信息普查、青藏铁路勘测建设等国家重大工程中，地理信息采集和移动 GIS 技术在工程设计与实施方面都提供了全面解决方案，改变其传统生产方式，助其提高生产力和作业效率。

伴随着我国地理信息应用市场近年来的快速增长，合众思壮的 GIS 数据采集产品在市场上也取得了较好的业绩，2006～2008 年，GIS 数据采集产品的收入占公司总收入的一半左右（见下表），在国内市场占有率上名列第一，市场份额优势明显，成为行业应用的标准，对合众思壮 2010 年在深交所中小板成功上市起到了积极的推动作用。

合众思壮 GIS 数据采集产品的市场收入与占有率情况表

年份 \ 项目	GIS 数据采集产品		
	公司销售额（万元）	国内市场总额（亿元）	所占比例（%）
2006	16139.36	3.0	53.80
2007	23604.90	4.0	59.01
2008	21441.88	4.2	51.05

应该看到，在我国地理信息产业高速发展的背景下，合众思壮等一些行业龙头企业通过上市融资，成为公众型企业，跨上了企业发展的新台阶。同时，在产业迅速发展和资本市场的双重作用下，新一轮的产业整合发展已经开始。如果沾沾自喜于自主研发的某几种软硬件产品，就无法适应产业进步的要求。因此，需要站在更高的层次、更广的角度、更深的层面去思考，重新审视地理信息产业的新兴业态，确定企业发展的战略和路线图。

（二）集成整合提升企业核心竞争力

地理信息产业当前发展的瓶颈是，不同的需求、不同的技术、不同的资源如何实现融合？是否存在一个开放、包容、优雅、实用的模型，实现多层次开放、多角度交付、多维度整合，达到有机统一？2010年8月25日，合众思壮在北京召开技术发布会，提出"位置云"技术体系。"位置云"是一种基于GIS、GNSS、RS、计算机网络与移动通信技术的综合性地理信息位置服务体系，包含基础设施、服务与开发平台、产品解决方案等部分，吸纳所有与位置相关的地理信息资讯，能够为各行业领域和社会大众提供基于位置的多需求解决方案。

"位置云"是"云计算"方法在地理信息应用领域的具体应用。它将多层技术平台集成整合到一个开放和共享的中心里来，用户可通过手中的终端产品提交不同的服务需求，平台随时反应、处理并反馈，以满足用户不同类型的需求。简言之，"位置云"是一个包含多层设施平台、容纳全息位置资讯的技术体系，产生无穷的解决方案（见图3）。

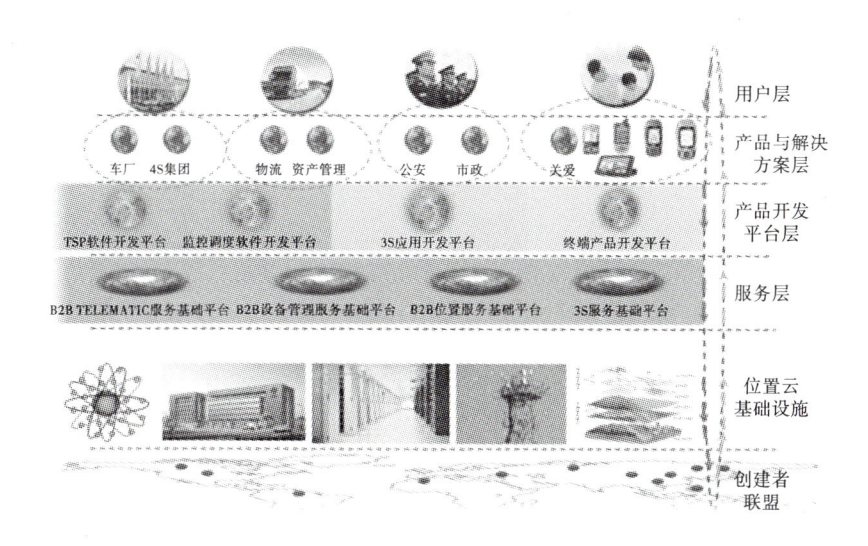

图3 位置云技术体系的层次关系

"位置云"对地理信息产业发展至关重要，它对资源规模使用、长期需求的态势，有助于地理信息技术研发保持内在动力；它若生成产业体系，将有利于促进众多产业的全面提升，对地理信息技术融入国民经济主战场具有划时代的意义；它几乎会聚了全部地理信息内容，是与时俱进的空间信息载体，能够提高产业的规模化，给数百上千家企业带来订单，促进产业供应链的壮大，地理信息消费规模的整体跃升，带动就业岗位的激增。当然，如此业态的提出、建设、发展均有客观需求和规律的驱使。

BVI 国际市场篇
International Market

B.25
国际地理信息产业发展现状及趋势分析

乔朝飞 孙 威*

摘 要：本文通过国际地理信息市场分布状况、技术发展和管理情况等方面了解国际地理信息产业的发展现状，分析其发展趋势，并提出促进我国地理信息产业快速发展的几点启示。

关键词：国际 地理信息产业 现状 趋势

近年来，国际地理信息产业保持了强劲发展势头，产值规模大，市场集中度高，技术发展迅速。全面了解国际地理信息产业发展现状及发展趋势，对于促进我国由测绘大国向测绘强国迈进具有重要意义。

---

* 乔朝飞，国家测绘地理信息局测绘发展研究中心规划与项目研究室副主任、副研究员；孙威（女），国家测绘地理信息局测绘发展研究中心。

一 市场总体状况

国际地理信息产业市场主要分布在北美和西欧，美国在地理信息市场所占份额居于全球领先地位，拉丁美洲、东欧、中东和亚太地区地理信息产业市场也正在蓬勃兴起。

（一）地理信息系统市场

从全球范围看，地理信息产业近年来发展速度较快，势头良好。据美国市场分析公司 Daratech 的统计，地理信息系统（GIS）市场受经济危机等因素的影响，2009 年全球 GIS 市场规模增长率为 1%，虽然远远低于 2008 年 11% 和 2007 年 17.4% 的增长幅度，但是，2010 年，全世界范围内的地理信息软件、服务和数据的销售额共计 44 亿美元，实现了 10.3% 的快速增长，重新达到过去 6 年以来的年复合增长率。Daratech 的报告称，2011 年，地理信息产业的销售额将会以 8.3% 的年增长率达到 50 亿美元。美国 GIS 市场规模近年来的年增长率接近 35%，纯商业化应用的年增长率高达 100%。韩国 GIS 市场在 2005～2007 年的年均增长率为 44%，2007 年市场总规模为 17 亿美元。2008～2009 年度，印度地理信息产业规模达到 83.89 亿卢比，较上一年度增加了 15.59 亿卢比，增长率达 23%。澳大利亚的 GIS 市场 2007 年产值为 11 亿美元。

在 GIS 软件市场，以美国 ESRI 公司、加拿大 PCI 公司等为代表的发达国家 GIS 软件产品和方案提供商，其产品成熟、稳定性好、可靠性强，全球用户也最多。2009 年 ESRI 公司占有全球地理信息系统软件市场 30% 的份额，Intergraph 公司占有 16% 的市场份额。

（二）卫星导航应用市场

卫星导航定位市场方面，以 GPS 为代表的卫星导航应用市场已成为继蜂窝移动通信和互联网之后的全球第三大 IT 经济新增长点。2003 年以来，全球卫星导航定位市场规模逐渐增大，2009 年全球应用市场规模达 660 亿美元，保持 15% 的增长率。LBS 市场正在迅速增长，预计到 2014 年将会达到 129 亿美元。2009 年北美地区 LBS 用户已超过 1600 万人，预计到 2015 年将增至 5000 万人。

目前，国际卫星导航产业呈现以下特点：一是车载导航呈快速增长态势。2001年，全球车用 GPS 硬件市场仅为 34 亿美元，2010 年达 219 亿美元。二是全球便携式导航设备（PND）市场增长呈下降趋势。主要原因是 GPS 导航手机的普及占领了一部分市场份额。三是全球 GPS 手机市场渗透率不断提高。市场研究公司 Berg Insight 发布的最新研究报告称，全球 GPS 导航手机 2010 年销量为 2.95 亿部，与 2009 年相比增长 97%。预计到 2015 年时，GPS 导航手机销量将达到 9.4 亿部，2010～2015 年的复合年增长率将达到 28.8%。

在导航电子地图市场，美国的 NAVTEQ 公司和欧洲的 Tele Atlas 公司几乎垄断了北美和欧洲市场，二者于 2007 年分别被 Nokia 公司和 TOMTOM 公司收购；MapMaster、IPC 和 Zenrin 公司瓜分了日本的全部市场份额。在卫星导航设备方面，美国的 GARMIN 公司和欧洲的 TOMTOM 公司占有主要市场，GARMIN 所占市场份额达到 33%。

（三）遥感市场

遥感市场方面，国际卫星遥感数据应用市场近年来发展迅猛。2004 年，全球卫星遥感市场（除空间系统外）为 14 亿美元，目前世界上 100 多个国家数千个机构或企业从事或参与卫星遥感及其应用活动。其中，遥感商业化做得比较成功的国家有美国、法国等。纵观国际遥感市场，各国政府大力支持遥感产业化发展，并通过政府补贴、放宽行业监管政策促进空间遥感的产业化，通过政府采购，拉动遥感产业市场需求。遥感市场的规模不断扩大，市场需求不断增强，细分市场逐渐形成。

二 技术发展现状

（一）测绘基准建设现代化水平不断提高

大地测量基准框架向全球一致的地心、三维、动态和综合多功能方向发展，空间大地测量逐渐成为基准框架建立和维持的主要理论和技术支撑。重力场探测致力于发展卫星和近地探测技术，特别是卫星跟踪卫星和卫星重力梯度测量技术，提高精度和分辨率依然是未来地球重力场探测的主要目标。GPS 水准方法已

渐成为精化区域性大地水准面和探测局部重力场精细结构的重要手段。大地测量在地球动力学研究、灾害监测和预报等方面的应用得到进一步发展。

（二）地理信息数据获取实现天空地立体化

在卫星导航定位系统领域，美国、俄罗斯和中国已拥有自主的卫星导航定位系统，欧盟的伽利略系统正在建设之中，印度计划在2014年底前完成名为"地区导航卫星系统"的太空卫星导航网的部署，日本版GPS卫星系统——"准天顶卫星系统"的首颗试验卫星已于2010年9月发射升空。到2015年，卫星导航定位的用户将面临一百颗多导航卫星同时并存的局面，导航定位的实时解算速度和成果的精度将成倍提高，定位精度有望达到厘米级；室内定位技术也在不断进步，定位精度将达到亚米级。

在卫星遥感领域，美国、法国、德国、俄罗斯、日本等发达国家已相继掌握测绘卫星研制技术，具备较强的自主获取地理信息数据的能力。中国、印度、泰国等发展中国家也拥有本国的遥感测绘卫星。测绘卫星的空间分辨率正以每10年一个数量级的速度提高，1~5米已成为21世纪前10年新一代测绘卫星空间分辨率的基本指标，分辨率达到0.25米的GeoEye-2卫星已经列入发射计划。除了光学测绘卫星外，各种新型测绘卫星的研制突飞猛进，如干涉雷达卫星、重力卫星、激光测高卫星等纷纷涌现。

在数字航空摄影领域，数字航空摄影系统是近10年来迅速发展起来的新型航摄系统，其采用数字航空相机取代了传统的胶片相机，同时与GPS和IMU集成，具有无地面控制或少量控制点条件下的测图能力。无人机航摄系统凭借使用方便、成本低、安全性好等优势，应用越来越广泛。

在地面测量领域，移动测量系统（MMS）发展较快，利用该系统，能够在汽车高速行进之中，利用激光扫描（laser scanning）设备快速采集行进路线及路线两旁地物的实景影像、空间位置数据和属性数据。国内外各科研院所及商业机构中出现了许多MMS。世界上最大的两家导航数据生产商NAVTEQ和Tele Atlas均将移动测量系统作为其数据采集与更新的主要手段。相比之下，地面常规测量设备的使用率在逐步降低，在英国，地面的地理信息数据中只有10%是通过常规设备采集的。

（三）地理信息数据处理自动化水平不断提高

一系列采用并行处理方式的遥感数据快速处理系统陆续开发成功，如欧盟研制的像素工厂（Pixel Factory）系统、美国 PCI 公司的 GeoImaging Accelerator（GXL）影像处理软件、我国自主研发的数字摄影测量网格系统（DPGrid）等。像素工厂是一套用于大型生产的遥感影像处理系统，代表了当前遥感影像数据处理的最高水平。云计算技术已引入地理信息数据处理中，大大提高了地理信息的分布式计算能力。ESRI 公司宣称，该公司 2010 年发布的 ArcGIS 10 是全球第一个可支持云计算的 GIS 平台。

三 政策现状

近年来，各国对地理信息产业发展十分重视，相继制定了有关战略、规划和政策。美国、加拿大、英国、澳大利亚、日本等发达国家都制定有未来一段时期的地理信息产业发展战略或规划。2008 年金融危机发生后，为了刺激陷入困境的美国经济并降低国内失业率，2009 年初美国 ESRI 公司和博思艾伦咨询公司向国会提交了一项地理信息系统项目建议，建议建设"国家地理信息系统"，计划投资 12 亿美元，在 3 年内完成整个系统建设。2011 年 6 月，美国政府为推动 GPS 商业化运营，向其隐形补贴约 180 亿美元[①]。2011 年 3 月，加拿大政府宣布，将在未来 5 年内为加拿大自然资源部的 GeoConnections 项目提供 3000 万美元的资金，几乎是原来（1100 万美元）的三倍。加拿大自然资源部部长说："该项目将确保加拿大在数字经济中保持其国际领先地位。联邦领导层将继续推进政府工作重点，支持联邦的责任，促进经济发展。"[②] 2011 年 7 月，印度政府通过了《遥感数据政策（2011）》[③]，根据此政策，精度高达 1 米的遥感影像数据应无歧视地分发给用户。

---

① http：//www.geospatialworld.net/index.php？option=com_content&view=article&id=22517%3Aus-provides-usd-18bn-subsidies-to-gps-industry&catid=72%3Abusiness-market-survey-research&Itemid=1.

② http：//www.gisuser.com/content/view/22969/2/.

③ http：//www.geospatialworld.net/index.php？option=com_content&view=article&id=22539：india-adopts-rs-data-policy-2011&catid=78&Itemid=1.

四 发展趋势分析

（一）产业集中度日益加强

伴随着经济全球化、全球一体化步伐明显加快，全球地理信息产业的集中度将不断提高，企业兼并、重组势不可当。企业并购、市场洗牌是地理信息产业发展壮大的必经之路。在地理信息市场竞争日趋激烈的状况下，大企业并购潜在的竞争对手，是补充自身短板、扩大市场份额、提高市场竞争能力的重要手段。当前地理信息产业已经逐渐步入成熟期，市场横向、纵向发展趋于饱和。这就必然促使部分企业通过并购重组，促进企业布局向综合化、规模化、集团化、园区化、连锁化发展，促进配套企业布局朝专业化和园区化转变，并逐步建立起网络化、分散化的服务渠道。同时，随着技术的进步，地理信息产业链条越来越短，单纯进行数据获取或处理的企业生存空间越来越小，客观上加快了企业兼并、重组进程。

（二）卫星导航定位产业引领发展

卫星导航应用产业是当今国际公认的八大无线产业之一。卫星导航定位已经成为手机等终端设备的基本功能，这为卫星导航定位产业进一步加快发展奠定了坚实基础。卫星导航定位产业的应用范围将渗透到经济建设、社会发展、人民生活各方面，成为推进国民经济和社会信息化、方便人民生活的重要基础和地理信息产业龙头。

（三）网络地理信息服务成为重要方向

互联网技术、移动通信技术与地理信息技术将进一步融合，推动地理信息服务向网络化方向发展，并极大提升服务水平。谷歌虚拟地球的推出，引发了地理信息网络化应用的一场革命。各国政府和企业注意到这一发展趋势，纷纷采取措施，以期在网络化地理信息应用中抢占先机。云计算是一种新的商业计算模型，根据 IDC 公司的预测，云计算在未来数年内将以每年 25% 的速度增长，预测到 2014 年云计算的产值将达到 555 亿美元。

五 对我国地理信息产业发展的启示

（一）营造良好的产业发展环境

将地理信息产业纳入国家战略性新兴产业规划，研究制定有利于地理信息产业发展的金融、税收等优惠政策，支持地理信息技术自主创新和产业化，创新地理信息安全保密措施和监管手段，加快出台互联网地图服务、遥感影像统筹管理及公开使用等有关制度，科学调整地理信息产业市场准入政策和机制。

（二）加强地理信息技术创新

引导地理信息企业、研究机构加大研发力度，支持企业建设地理信息工程技术研究中心，鼓励企业参与实施国家科技计划、共建创新基地。建立地理信息技术成果信息交流平台，促进地理信息科技资源和成果的流动和合理配置，促进科研成果的转化和产业化应用。对企业的技术创新给予有效的政策和经费支持，形成一批具有自主知识产权的先进技术，增强核心竞争力。引导地理信息企业不断创新产品形式和服务方式，满足社会需要。

（三）搭建地理信息产业发展平台

统筹规划地理信息产业基地建设，打造一批结构优化、布局合理、创新能力强、规模效益好的地理信息产业园区，发挥园区的孵化器作用和产业集聚效应。充分发挥相关协会、学会的作用，积极开展科技咨询、产品评估、技术交流和诚信建设等活动。加大地理信息产业宣传推广力度，推动地理信息企业"走出去"开拓国际市场。

B.26
国外 GIS 政务信息化和空间信息共享与服务的应用现状和发展趋势

蔡晓兵*

摘　要：地理信息作为各种政务信息关联整合的基础，既是政务信息化建设的重要内容，也是政府信息共享和业务协同的基石。本文指出了 GIS 出现的新形态，并阐述了这种新的发展为政务信息化和空间信息共享与服务带来的变化，介绍了国外在空间信息共享与服务方面的建设成果，最后探讨了新技术与新理念可能为其带来的发展趋势。

关键词：地理信息　政务信息化　空间信息共享与服务　SDI

自 20 世纪 60 年代世界上第一个 GIS——加拿大地理信息系统（CGIS）问世以来，地理信息系统已历经近半个世纪的发展。就全球范围而言，地理空间产业的四大垂直市场（公共事业、政府部门、军事安全、自然资源）中，政府用户仍然占有相当大的比重。空间信息的共享与服务是一个国家迈向信息化的重要举措，也是其政务信息化发展的关键指标。

地理信息作为各种政务信息关联整合的基础，既是政务信息化建设的重要内容，也是政府信息共享和业务协同的基石。因此，地理信息技术及服务模式的发展一方面为政府信息化带来了新的模式，另一方面也促使空间信息共享和服务水平不断提高。许多发达国家在这方面已经走在前列，其经验和思路值得我们借鉴和参考。

---

* 蔡晓兵，ESRI 中国（北京）有限公司副总裁、首席咨询专家。

一 新形态的出现：数十亿人的 GIS

在过去的几十年里，GIS 历经了不同阶段的发展。地理空间技术在商业领域的广泛发展兴起于 20 世纪 70 年代中期，并且大部分都基于大型机。到 80 年代早期，地理空间算法的研究和应用开始加速发展，其运行环境也从大型机转到小型机。80 年代后期，地理空间算法和 GIS 达到空前水平，从小型机迁移到 UNIX 图形工作站。到了 90 年代，随着客户端/服务器技术的出现，GIS 用户平台又发展到个人计算机。进入 21 世纪，不仅 Web 成为共享、浏览、融合以及集成地理数据的重要平台，Web 服务也开始成为公众和个人访问空间信息及处理服务的一种广为接受的方式。现在，GIS 的发展即将迎来另一个飞跃——应用在云计算这一新平台上。

从整个历程来看，GIS 每发展到一个阶段，就意味着一个数量级的用户增长。大型机时代，GIS 更像是几百人所从事的研究类型的项目。到了个人计算机时代，GIS 的用户数量开始增至上百万。而如今，GIS 正应用于 Web 和云计算的新环境，具有轻量级、易操作、大众化的特点，能够将地理信息和其他各种知识加以融合。这使得 GIS 用户能够将平台与他们的传统流程相结合，提供每个人都可以使用的公共服务和应用。另一方面，GIS 的广泛应用带来了思维方式的变化。人们已经可以对地图进行叠加，发现新的关联，了解不同的现象，从而产生新的认知。这一直以来都是专业的部门和人士在专业的应用中使用 GIS 的常见情景，而现在，越来越多的人都可以使用地图叠加和空间分析等功能，GIS 在渐渐走进每个人的生活。从这个角度讲，GIS 平台最终可能会覆盖数十亿用户。

二 GIS 发展提升政务信息化和空间信息共享与服务

GIS 用户呈指数级增长，甚至发展成为"数十亿人的 GIS"，这意味着组织之间需要更多的协同和交流。GIS 的发展一方面为政务信息化和政务公开提供了比单纯的数据本身更有意义的地图与服务，另一方面也提升了政府各部门之间信息共享的水平。

（一）公众参与的数据获取方式

一直以来，政府部门提供的数据都源自权威部门。然而，随着众包（crowdsourcing）模式的不断发展、公众参与的积极程度越来越高、对社会化媒体的认可不断加深，政府部门已经逐渐开始接受将这种非官方的、由公众自发提供的地理信息作为数据源之一，与已有的权威数据一起，为辅助决策提供支持。

这种模式的好处是，地理信息获取的时效快、地域广、数量多，很大程度上丰富了已有的权威数据。对于社会关注程度高的事件，特别是应急救援和灾害处置来说意义重大。2011年3月日本超强地震和海啸发生后，美国国家地质调查局（USGS）发布的地震数据和地震影响区域图，以及路透社、CNN、《纽约时报》等媒体关于此次地震的报道都一起标注在日本地震专题地图上。并且，公众通过Twitter、Flickr、Youtube等社会化媒体提供的文字、图片和视频信息也叠加到一幅地图上。通过互联网或者智能手机进入该页面后，可清晰地看到本次地震主震和余震的分布情况、受地震不同程度影响区域的分布、核电站所在位置及其相应的疏散区域、应急救援物资的分布情况等。同时，这些信息也为救援部门提供了快速、全面和翔实的依据。此外，这种模式也让参与的公众得到了对贡献信息的反馈，良性的互动也会在一定程度上加深公众对政务公开和绩效的认可。

（二）将地图作为政务公开的窗口和信息共享的方式

以地图作为表达政务信息的载体，是当前国际上越来越普遍采用的方式。首先，地图的表现更加直观。"一张图片胜千言"，而一张地图则可蕴涵上百万字的信息量。公众对于政府部门发布的信息，可能很难直接理解数据本身的含义，但通过具象化的地图，则能立即将数据与自己在地理空间方面的生活经验结合起来，从而形成新的认知。在2010年9月的墨西哥湾漏油事件中，很多公众在地图上表达了他们的所见，也了解到其他人所分享的信息。通过这种集思广益的观察方式，就能标示出那些遭受污染的沿海水域，然后人们很快就能了解其中所要传达的信息。

其次，动态的地图服务也保证了数据的真实性。Data.gov网站由美国联邦政府发布，提供数据接口，允许公众通过申请下载数据参与政府事务，提供反馈意见和建议。该网站就已经从提供单纯的数据服务转变为地图服务。管理者认为，如果只提供数据，就难以避免下载后被修改利用的可能，而如果提供的是基于数据生成的地图服务以及有选择性下载的数据，公众获取的就是真实有效的信息。

三 空间信息共享与服务的建设成果

目前，全球很多国家都在实施国家空间信息共享计划。美国、日本、澳大利亚、德国、瑞典等国家都已建立了本国的空间数据交换中心。约有40多个国家制定了致力于本国国家空间数据基础设施（NSDI）建设的相关计划，并将NSDI建设作为向信息社会过渡的重要举措。NSDI是将全国范围的地理空间数据汇集在一起为各类用户提供服务的一种手段。NSDI提供了一种环境，在这种环境里组织和技术相互作用，从而促进空间数据的生产、管理和使用，以确保本国地理空间信息、资源的建设和共享。现在，跨国家的地区性空间数据基础设施（RSDI）和全球空间数据基础设施（GSDI）建设也正蓬勃开展。

（一）美国国家空间数据基础设施（NSDI）

美国国家空间数据基础设施计划由时任总统克林顿于1994年4月签署。它定义了在促进各级政府、私营和非营利机构及学术界范围内共享地理空间数据时所需的技术、政策和人力资源。空间数据基础设施的目标是要尽可能地减少重复工作，提高地理空间信息质量，并使地理空间信息更加便于访问。此外，NSDI还促进各级政府和学术界以及私营企业之间的合作关系，使空间数据充分发挥了作用。

2003年，在NSDI的基础上，美国又颁布了地理空间信息的"一站式"（Geospatial One Stop，GOS）服务的总统动议。其目的是通过更便利、快速和廉价的方式访问地理空间信息，满足政府和社会各界的需求，促进电子政务的发展。通过这项计划，各级政府向公众发布其数据采集计划从而减少了数据的重复采集。

2010年，美国国家空间数据基础设施又有了新进展。为推动地理空间数据、服务及应用的共享，联邦地理数据委员会（FGDC）提出《地理空间信息平台现代化蓝图》，要构建地理空间信息平台（Geospatial Platform），为各级政府提供支持。这种资源管理模式是为了满足政府机构和合作伙伴的需求,由提供权威数据的部门承担主要职能并进行管理,为各合作机构提供可被共享的基础设施。平台(见图1)将带动技术投资和各项功能的研发,并为此提供环境,最大限度地利用日益紧缩的预算资源,来满足公众不断增长的服务需求。由于各个与空间信息相关的部门掌握了大量的数据和经验,平台将会充分利用这些资源,以促进国家空间信息的发展与共享。

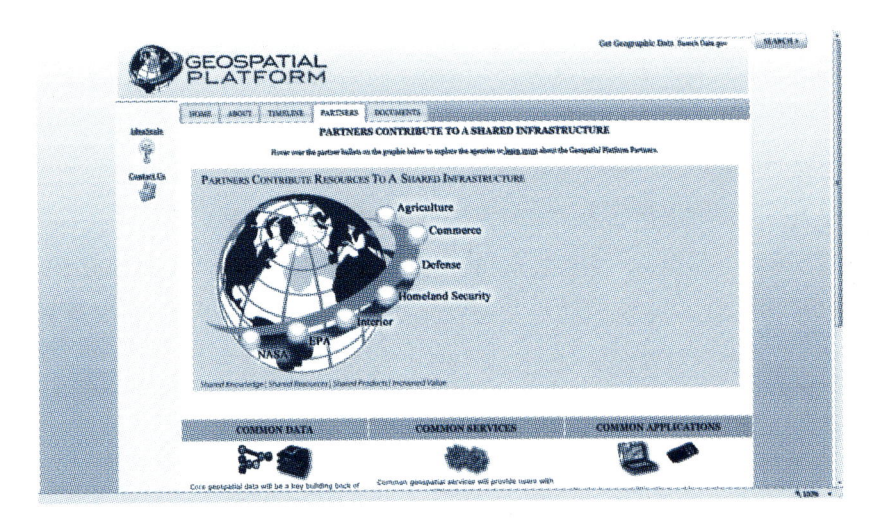

图 1 美国 Geospatial Platform 网站

(二) 欧洲空间信息基础设施 (INSPIRE)

2002 年,欧洲委员会(EC)提出欧洲空间信息基础设施建设计划,希望在全欧洲内形成统一的地理空间信息资源平台,为共同开展相关资源、环境及生态监测、预测及评估工作打下坚实基础。2004 年,欧洲议会和欧盟理事会以欧盟法律形式对 INSPIRE 的建设和应用作出明确规定和长期部署,这在欧洲地理空间信息基础设施发展中具有里程碑的意义。欧洲空间信息基础设施建设计划旨在通过提供数据网络服务规范和标准,使地理信息可以在欧盟范围内以可互操作的方式进行共享,解决欧洲数据的"拼图"问题。INSPIRE 基于各成员国已有的空间信息设施建设,包括制度框架、技术标准、基础数据集、信息服务四个方面。它是地理空间信息生产、共享、商业化应用的基础,特别是在需要把欧洲作为一个整体来处理相关事务的情况下，INSPIRE 可提升欧盟决策制定和执行的能力。目前，欧盟各成员国都在积极实施 INSPIRE。

葡萄牙是最早一批实施 SDI 国家中的代表，现在已经向全葡范围内提供与 INSPIRE 兼容的数据和服务。葡萄牙的国家级地理信息系统——国家地理信息系统（Sistema Nacional de Informação Geográfica，SNIG）是欧洲第一个国家级 SDI，于 1993 年前立法建立，现由葡萄牙地理研究所（Instituto Geográfico Português，IGP）进行维护。借助互联网、用户组和移动技术，SNIG 推动了葡萄牙的 GIS 朝着地理信息协同生产和共享的方向发展。

立陶宛地理信息基础设施（LGII，见图 2）是为将全立陶宛主要的空间信息提供者纳入一个空间信息基础设施而建。LGII 是开放的、可被共享的国家空间数据基础设施，用来在线获取和发布地理信息产品及服务。它通过 2009 年推出的一个互联网门户网站（www.geoportal.lt），将主要的政府公共部门的信息源加以整合。

图 2　立陶宛地理信息基础设施（LGII）

克罗地亚共和国通过一个在线的地理信息门户网站（www.geo‑portal.hr/Portal），简化了全克罗地亚地理数据的获取途径，使公众、政府和私营部门的用户可以更加便捷地访问和获取大量的地理信息和相关服务。该网站由克罗地亚国家大地测量局（SGA）维护，它的价值体现在，它是克罗地亚土地项目的重要组

成部分，简化并规范了土地不动产登记。由于数据更易于访问，处理土地所有权变更事务的平均时间由 400 天缩减至 37 天。

波兰大地测量与制图总局（GUGiK）正在搭建基于美国环境系统研究所公司（Esri）技术和产品的 GeoPortal2，用以遵从欧盟 INSPIRE 指导性文件的要求。该项目旨在改善政府数据集的访问，并为其他政府机构、公众和企业提供测绘和调查服务。该网站计划于 2012 年 11 月完成，将包括全波兰的地名地址、遵从 INSPIRE 指导性文件的空间数据服务的集成和统一、简化并改善数据维护、对中央登记局空间数据资源的长期保存、对所有数据产品和服务的统一维护、对分布式资源的更准确监测等。

（三）加拿大 GeoConnections 计划

加拿大联邦政府从 1999 年实施 GeoConnections 计划，这是一个由联邦政府、各省（区）政府、市和地方政府、科研单位与大学以及私营企业等机构广泛参与的合作伙伴关系的国家级计划，由加拿大政府资助，从 1999 年至 2010 年分两期实施，联邦政府投入 1.2 亿加元，省（区）、市和地方政府及其他机构的投资也将超过上亿加元。

GeoConnections（http：//www.geoconnections.org/en/index.html）的作用主要在于建立加拿大地理空间数据基础设施（CGDI，见图3），实现加拿大地理空间数据库和服务的在线访问。CGDI 是协调加拿大所有地理空间数据库并使其在 Internet 上可以获取的所有必要政策、技术、标准、访问系统和协议的总和。十多年来，GeoConnections 的实施实现了加拿大地理空间数据库和服务的在线访问，并有效协调了联邦、省、地方政府、私人企业与学术团体之间的合作伙伴关系和投资与发展。

（四）澳大利亚空间数据基础设施（ASDI）

澳大利亚空间数据基础设施为用户和提供者（包括政府、经营部门、非营利部门、学术界、一般公众各阶层）寻找、评估、下载和使用空间数据提供基础。其组织机构包括澳大利亚、新西兰土地信息委员会（ANZLI）和测量与制图政府委员会（ICSM）。

澳大利亚空间数据目录（ASDD）是澳大利亚空间数据基础设施的重要部

国外 GIS 政务信息化和空间信息共享与服务的应用现状和发展趋势

图 3　加拿大 GeoConnections 计划

分。ASDD 是在线目录，它可提供全澳大利亚的空间数据。澳大利亚是一个联邦制国家，各州管理体制不同，但是各洲间信息达到高度的共享。

四　新技术与新理念的持续推动

随着未来 GIS 及所处整个 IT 生态环境的发展，新技术与理念的出现和成熟，将会持续推动 GIS 在政务信息化和空间信息共享方面的应用。

（一）从室外走进室内

国际著名 GIS 学者、美国科学院地理信息科学院院士、现任加州大学圣巴巴

275

拉分校地理系教授的 Michael F. Goodchild 在其 2011 年最新发表的 *Looking Forward：Five Thoughts on the Future of GIS* 一文中，提出了他对未来 GIS 发展的几点思考，其中指出了 GIS 将会从室外走进室内。

一直以来，GIS 描述的都是室外的实体。这是由于 GPS 这种靠经纬度定位的方式，在室外的信号强、结果准，目前的空间分辨率可以达到 1 米以下。因此，早期的 GIS 技术应用于林业、自然资源管理、土地利用规划便不足为奇。现在，基于 GIS 的服务可以轻松地帮助人们找到酒店或停车场，但却几乎不可能提供在复杂室内的导航服务，比如购物中心、医院、矿山或者机场。

目前这项技术的壁垒在于，一是数据量庞大，处理能力不够。地球上有十几亿个建筑，如果把这些建筑的表面和内部数据全都建立数据库，其容量可能会达到 3PB（3000TB 或者 3000000GB）。如果将这些数据建库，将花费美国未来 10 年 GDP 总和的 10%，这还不包括数据更新。因此需要更快速、廉价、精确采集三维几何形状和属性的技术出现。二是需要更有效的室内定位方法。目前正在开发的一些技术：Wi-Fi，利用已知位置的发射器；无线电频率识别（RFID），使用固定检测网络；超声波或激光成像相匹配几何特征等。

GIS 走进室内，以及室内与室外的整体解决方案将会带来巨大的变革，必将派生出市场潜力巨大的空间信息服务。

（二）物联网

物联网是一个基于互联网、传统电信网等信息承载体，让所有能够被独立寻址的普通物理对象实现互联互通的网络。知道一件东西当前在哪，曾经在哪，将会产生非常令人关注的发展潜力。所以物体都需要一个二维码来进行标识，当这个图形被智能手机用某个应用扫描之后，连同这个对象当前的地理位置和其他有用的信息都将进入这个对象的在线数据库中，其结果是可以获得该对象的空间地理位置的历史信息。虽然二维码技术已经得到了广泛的应用，但智能手机会使更多新奇有趣的应用成为可能。

（三）云计算

云计算是继个人电脑、互联网之后，信息技术的重大革新。当前，云计算已经不再只是一个设想，信息产业强国纷纷将云计算纳入战略性产业，一些重点国家已开始部署国家级云计算基础设施。云计算在政务领域的应用主要是云计算电子政务平台。而云计算电子政务平台的应用形式大多为政务信息资源的共享平台,即对信息资源的一种共享和信息资源的集中处理。它是指政府机构运用云计算技术,将政府管理和服务职能通过精简、优化、整合、重组后在互联网实现,以打破时间、空间制约,从而加强对政府业务运作的有效监督,提高政府的工作效率,并为社会公众提供高效、优质、廉洁的一体化管理和服务。

美国农业部和 Esri 公司最新创建了地理空间地图服务门户网站,这是私有云 GIS 提供的一种企业级应用。它将由 Esri 管理的美国农业部原型门户网站企业空间地图服务(Enterprise Spatial Mapping Service,ESMS)托管在美国农业部安全环境内的亚马逊云上。该网站用于搜索、查找、托管及发布农业部自己的数据,具备展示和分析数据的功能。部门内的用户可以直接使用中央数据库的权威数据,其他外部政府机构可通过该门户网站访问有价值的农业数据集和地图,并进行空间分析。对于政务管理和空间信息共享与服务来说,云计算已是大势所趋。

五 结语

空间信息共享与服务已成为国家信息化发展的必然趋势,越来越多的国家开始参与其中并且积极推动其实施。地理信息及相关 IT 技术和服务模式的发展为其带来了新的模式与更加完善的机制。相信在不久的将来,地理信息产业将会出现一片新天地。

图书在版编目(CIP)数据

中国地理信息产业发展报告.2011/徐德明主编.—北京：社会科学文献出版社，2011.12
（测绘地理信息蓝皮书）
ISBN 978-7-5097-2934-2

Ⅰ.①中… Ⅱ.①徐… Ⅲ.①地理信息系统-产业发展-研究报告-中国-2011 Ⅳ.①P208 ②F426.67

中国版本图书馆 CIP 数据核字（2011）第 251916 号

测绘地理信息蓝皮书
中国地理信息产业发展报告（2011）

主　　编／徐德明
副 主 编／王春峰　柏玉霜

出 版 人／谢寿光
出 版 者／社会科学文献出版社
地　　址／北京市西城区北三环中路甲 29 号院 3 号楼华龙大厦
邮政编码／100029

责任部门／社会科学图书事业部（010）59367156　　责任编辑／李　响
电子信箱／shekebu@ssap.cn　　　　　　　　　　　责任校对／李海雄
项目统筹／王绯　　　　　　　　　　　　　　　　责任印制／岳　阳
总 经 销／社会科学文献出版社发行部（010）59367081　59367089
读者服务／读者服务中心（010）59367028

印　　装／北京画中画印刷有限公司
开　　本／787mm×1092mm　1/16　　　　　　　印　张／18.75
版　　次／2011 年 12 月第 1 版　　　　　　　　字　数／321 千字
印　　次／2011 年 12 月第 1 次印刷
书　　号／ISBN 978-7-5097-2934-2
定　　价／98.00 元

本书如有破损、缺页、装订错误，请与本社读者服务中心联系更换
▲ 版权所有　翻印必究

专家数据解析　权威资讯发布

社会科学文献出版社 皮书系列

皮书是非常珍贵实用的资讯，对社会各阶层、各行业的人士都能提供有益的帮助，适合各级党政部门决策人员、科研机构研究人员、企事业单位领导、管理工作者、媒体记者、国外驻华商社和使领事馆工作人员，以及关注中国和世界经济、社会形势的各界人士阅读使用。

权威　前沿　原创

"皮书系列"是社会科学文献出版社十多年来连续推出的大型系列图书，由一系列权威研究报告组成，在每年的岁末年初对每一年度有关中国与世界的经济、社会、文化、法治、国际形势、行业等各个领域以及各区域的现状和发展态势进行分析和预测,年出版百余种。

"皮书系列"的作者以中国社会科学院的专家为主，多为国内一流研究机构的一流专家，他们的看法和观点体现和反映了对中国与世界的现实和未来最高水平的解读与分析,具有不容置疑的权威性。

咨询电话：010-59367028　　QQ：1265056568
邮　　箱：duzhe@ssap.cn　邮编：100029
邮购地址：北京市西城区北三环中路
　　　　　甲29号院3号楼华龙大厦13层
　　　　　社会科学文献出版社 学术传播中心
银行户名：社会科学文献出版社发行部
开户银行：中国工商银行北京北太平庄支行
账　　号：0200010009200367306
网　　址：www.ssap.com.cn
　　　　　www.pishu.cn

盘点年度资讯　预测时代前程

从"盘阅读"到全程在线阅读
皮书数据库完美升级

·产品更多样

从纸书到电子书，再到全程在线阅读，皮书系列产品更加多样化。从2010年开始，皮书系列随书附赠产品由原先的电子光盘改为更具价值的皮书数据库阅读卡。纸书的购买者凭借附赠的阅读卡将获得皮书数据库高价值的免费阅读服务。

·内容更丰富

皮书数据库以皮书系列为基础，整合国内外其他相关资讯构建而成，内容包括建社以来的700余种皮书、20000多篇文章，并且每年以近140种皮书、5000篇文章的数量增加，可以为读者提供更加广泛的资讯服务。皮书数据库开创便捷的检索系统，可以实现精确查找与模糊匹配，为读者提供更加准确的资讯服务。

·流程更简便

登录皮书数据库网站www.pishu.com.cn，注册、登录、充值后，即可实现下载阅读。购买本书赠送您100元充值卡，请按以下方法进行充值。

充值卡使用步骤：

第一步
· 刮开下面密码涂层
· 登录 www.pishu.com.cn
  点击"注册"进行用户注册

第二步
登录后点击"会员中心"进入会员中心。

第三步
· 点击"在线充值"的"充值卡充值"，
· 输入正确的"卡号"和"密码"，即可使用。

社会科学文献出版社　皮书系列
卡号：8342957172332909
密码：

（本卡为图书内容的一部分，不购书刮卡，视为盗书）

如果您还有疑问，可以点击网站的"使用帮助"或电话垂询010-59367227。

SSDB
社科文献资源库
SOCIAL SCIENCE DATABASE

广视角·全方位·多品种